环境学原理
及其方法研究

孔健健　张仙娥　唐天乐　编著

中国水利水电出版社
www.waterpub.com.cn

内 容 提 要

　　本书全面、系统地阐述了环境科学及其相关交叉学科的基本理论,并结合学科的前沿领域、热点问题探究实现可持续发展的途径。主要内容包括绪论,环境科学的生态学基础,自然资源的开发利用与环境保护,大气污染及其防治,水污染及其防治,土壤污染及其防治,其他环境污染及其防治,全球环境问题与人口问题,环境法与环境经济学,环境规划、监测与影响评价,可持续发展理论与实践等。

　　本书将自然学科与社会学科融为一体,揭露问题,总结教训,并阐述了解决问题,寻找美好前景的战略和措施。本书可作为从事资源与环境研究、生产和管理人员的参考书。

图书在版编目(CIP)数据

环境学原理及其方法研究/孔健健,张仙娥,唐天
乐编著.--北京:中国水利水电出版社,2015.4(2022.10重印)
　　ISBN 978-7-5170-3043-0

　Ⅰ.①环…　Ⅱ.①孔…　②张…　③唐…　Ⅲ.①环境科
学　Ⅳ.①X

中国版本图书馆 CIP 数据核字(2015)第 056862 号

策划编辑:杨庆川　责任编辑:陈洁　封面设计:崔蕾

书　名	环境学原理及其方法研究
作　者	孔健健　张仙娥　唐天乐　编著
出版发行	中国水利水电出版社
	(北京市海淀区玉渊潭南路 1 号 D 座 100038)
	网址:www.waterpub.com.cn
	E-mail:mchannel@263.net(万水)
	sales@mwr.gov.cn
	电话:(010)68545888(营销中心)、82562819(万水)
经　售	北京科水图书销售有限公司
	电话:(010)63202643、68545874
	全国各地新华书店和相关出版物销售网点
排　版	北京厚诚则铭印刷科技有限公司
印　刷	三河市人民印务有限公司
规　格	184mm×260mm　16 开本　16.25 印张　395 千字
版　次	2015年7月第1版　2022年10月第2次印刷
印　数	3001-4001册
定　价	59.00 元

前　言

环境问题是 21 世纪全球关注的热点问题之一。这不仅是因为环境问题越来越威胁着人类的生存和发展,而且环境问题越来越全球化,需要全世界通力合作才能有效缓解。而经济的高速增长和全球经济一体化进程的加快,又对自然资源的合理利用与开发提出了较高的要求。当前的一切国与国之间和代代之间不公平的资源利用与发展,都以破坏环境为代价。原有的森林植被破坏、土地荒漠化、水资源短缺、全球变暖、酸雨蔓延、海洋污染、生物多样性锐减等全球性环境问题,不但没有缓解,在有些国家和地区甚至变得更加尖锐。当代人们回首既往,必须深思熟虑,保护生态环境,实现可持续发展,这关系到人类的前途和命运,影响着世界上每一个国家、每一个民族以至于每一个人。探索解决环境与发展问题途径,已成为全世界紧迫而艰巨的任务。

"生存还是毁灭?"这是我们每个人都必须认真对待的问题。环境科学正是为解决日益严重的环境问题而逐渐形成和发展起来的一门综合性、交叉性的新兴学科。新问题、新概念、新理论、新技术、新方法,不断产生和改进,推动本学科迅速发展和不断完善。其内容已从早期的"三废"治理模式发展为生态环境建设与综合防治,可持续发展、清洁生产和循环经济等理论也逐步完善,它的主要任务是探索全球范围内环境演化的规律及环境变化对人类生活的影响,揭示人类活动同自然生态之间的关系,最终实现人类和环境的协调发展。环境学已从自然科学发展为与社会科学相结合的综合性学科。

环境科学技术的迅速发展对解决环境问题起着积极的作用,但不是唯一有效的,从大环境、大生态和可持续发展的角度出发,发展清洁生产和循环经济,提高公民的环境素质和环境意识。正是基于对这些问题的思考与总结,作者多年在考虑环境学学科体系,学科内容,编撰了这本既能反映学科系统性、完整性,同时又能较充分反映当前环境保护工作发展趋势的书。本书也是作者多年教学实践和从事环境科学与工程方面研究的总结。

全书共 11 章,第 1 章绪论,介绍环境、环境问题及环境学科的发展;第 2 章为环境科学的生态学基础,讲述了生态学、生态系统、生态平衡、生态学规律在环境保护中的应用;第 3 章为自然资源的开发与环境保护;第 4 章至第 7 章分别为大气污染、水污染、土壤污染、固体废物污染、噪声污染、放射性污染等污染及各自防治方法;第 8 章为全球环境问题和人口问题;第 9 章为环境法与环境经济学;第 10 章为环境规划、监测及影响评价;第 11 章为可持续发展理论与实践。

全书由孔健健、张仙娥、唐天乐撰写,具体分工如下:

第 1 章、第 2 章、第 7 章、第 9 章、第 10 章:孔健健(沈阳师范大学);

第 3 章第 1 节~第 2 节、第 4 章~第 6 章:张仙娥(华北水利水电大学);

第 3 章第 3 节～第 7 节、第 8 章、第 11 章:唐天乐(海南医学院)。

限于作者水平和时间限制,书中纰漏在所难免,恳请广大读者批评指正。

作 者

2015 年 1 月

目　　录

第1章　绪论

1.1　环境概述

1.1.1　环境的概念

环境是一个应用广泛的名词或术语,因此它的含义和内容极为丰富,随各种具体状况而不同。从哲学角度讲,环境是一个相对的概念,是一个相对于主体而言的客体,即组织的外部存在;或者说,相对于某一主体的周围客体因空间分布、相互联系而构成的系统,即相对该主体的环境。

还有一种为适应某些工作方面的需要,对环境所下的工作的定义,它们大多出现于现于世界各国颁布的环境保护法规中。《中华人民共和国环境保护法》(以下简称《环境保护法》)第二条规定:"本法所称环境是指影响人类生存和发展的各种天然的和经过人工改造的自然因素总体,包括大气、水、海洋、土地、矿藏、森林、草原、野生生物、自然遗迹、人文遗迹、自然保护区、风景名胜区、城市和乡村等。"这是将环境中应当保护的要素或对象界定为环境的一种工作定义,它是从实际工作的需要出发,对环境一词的法律适用对象或适用范围所作的规定,其目的是保证法律的准确实施。

人类的环境,其中心事物是人类,即以人类为主的外部世界。它可分为自然环境和人工环境两种(图 1-1)。

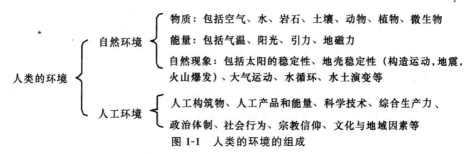
图 1-1　人类的环境的组成

自然环境是人类社会的自然资源和自然条件的总和,即地球的自然界部分。目前所研究的自然环境通常是指适宜于生物生存和发展的地球表面的一个薄层,即生物圈,它包括大气圈、水圈和岩石土壤圈等在内的一切自然因素(如气候、地理、地质、水文、土壤、水资源、矿产资源和野生动物等)及其相互关系的总和。自然环境是人类不可缺少的生存条件,人们在这里工作、生活,它既是社会物质生产的对象,又是社会物质生产的条件,是发展生产,繁荣经济的物质源泉。因此,自然环境是人和社会存在和发展的必要条件。

社会环境是人类在自然环境的基础上,通过长期有意识的社会劳动所创造的人工环境,包括构成社会的经济基础及相应的政治、法律、宗教、艺术、哲学等,及人类的定居、人类社会发展和城市建设发展状况等。它是人类物质文明和精神文明发展的标志,并随着人类社会的发展不断丰富和演变。

环境的概念随着人类社会的发展而发展。随着月球引力对海洋潮汐有影响想象的发现越来越多的人提出月球能否视为人类的生存环境?但由于它对人类的生存发展影响太小了,现阶段任何一个国家及其环境保护法都没有没有把月球视为人类的生存环境。但我们坚信随着宇宙航行和空间科学的发展,我们不仅在月球上建立空间实验站,使地球上的人类频繁往来于月球和地球之间,还要开发利用月球上的自然资源。到那时,月球当然就会成为人类生存环境的重要组成部分。我们要用发展的、辩证的观点来认识环境。人们已经发现地球的演化发展规律,同宇宙天体的运行有着密切的联系,如反常气候的发生,就同太阳的周期性变化紧密相关。从某种程度上说,宇宙空间终归是我们环境的一部分。

1.1.2 环境的形成与发展

环境的形成是一个漫长的发展过程,大致可分为以下几个阶段:

在地球的原始地理环境刚刚形成的时候,只有原子、分子的化学及物理运动,地球上没有生物。

大约 35 亿年前,在太阳紫外线的辐射、太阳外部能量和地球内能的共同作用下,地球水域中溶解的无机物转变为有机物,有机物通过进化发展为有机大分子,进而出现了生命现象。

经过漫长的生物的化学进化阶段,大约在 30 多亿年以前出现了原核生物,它标志着地球环境开始进入生物进化阶段,逐渐形成了生物与其生存环境的对立统一的辩证关系。绿色植物的出现改变了最早生物圈只在水里生存的现象,绿色植物通过叶绿体利用太阳能对水进行光解释放出氧气源源要大于水中的氧气量。

由于绿色植物的大量繁殖,在 2 亿～4 亿年前,大气中氧的浓度趋近于现代的浓度水平,并在平流层形成了臭氧层。臭氧层吸收太阳的紫外辐射,成为地球上生物的保护层。绿色植物的出现和发展繁茂及臭氧层的形成对地球的生物进化具有重要意义。

随着绿色植物的进一步繁殖,森林、草原的繁茂距今 2 亿多年前爬行动物出现,随后又经历了相当长的时间,哺乳动物的出现,这些均为古人类的诞生创造了条件。

古人类在距今大约 200 万～300 万年前出现。他的诞生使地表环境的发展进入了一个高级的阶段,该阶段人类与其生存的环境存在辩证的关系。

环境与人类的辩证关系表现为环境是人类生存与发展的物质基础,人类与其生存环境是统一的,人类是地球的地表环境发展到一定阶段的产物,是物质运动的产物。人可以通过自身的行为来支配自然界,使自然界为自己的目标服务,这便是人与动物的本质的不同。人类与自然界的辩证关系还表现在表现在整个"人类-环境"系统的发展过程中,人类通过用自己的劳动来利用和改造自然环境,将已有自然环境转变为新的生存环境,新的生存环境又反作用于人类。人类就是在这一反复曲折的过程中,改造客观世界,同时也改造着人类自己。人类通过不断劳动与改造,将生物发展的一般规律改变为人类社会的发展阶段,给自然界打上了人类活动的烙印,并相应地在地表环境又形成了一个新的智能圈或技术圈。它是在自然背景的基础上,经过人工加工形成的,是一个由低级到高级、由简单到复杂的发展过程而转化来的。它凝聚着自然因素和社会因素的交互作用,体现了人类利用和改造自然的性质和水平,影响了人类的生产和生活,关系着人类的生存和发展。

1.1.3　环境的要素和属性

1. 环境要素

环境要素也称为环境基质,是构成环境整体的各个性质不同的、独立的、服从总体演化规律的基本物质组分。这些基本物质包括大气、生物、水、土壤、岩石和阳光等。环境要素组成环境的结构单元,环境的结构单元又组成环境整体或环境系统。例如,河流、湖泊、海洋等地球上各种形态的水体组成水圈;地球引力、水蒸气、空气、阳光等组成大气圈;动物、植物、微生物组成生物群落,全部生物群落构成生物圈;岩石组成地壳、地幔和地核;土壤组成农田、草地和林地等;全部岩石和土壤构成岩石圈或称土壤－岩石圈。因此,人类的生存环境是由大气、水、土壤(岩石)和生物四大环境要素及其存在的空间构成的水圈、大气圈、土壤－岩石圈和生物圈。

2. 环境要素的属性

环境要素具有一些十分重要的特点,这些特点是人类认识环境、评价环境、改造环境的基本依据,它们制约着各环境要素间互相作用、互相联系。下面是环境要素的特点。

(1)环境整体效应大于诸要素之和

总体效应是在个体效应基础上的质的飞跃,是环境诸要素之间相互联系、相互作用后形成的效应体系。某处环境所表现出的性质并不是组成该环境的各个要素性质之和,而是比要素之和更为的丰富、复杂。

(2)最差限制律

整个环境的质量是受环境诸要素中那个与最优状态差距最大的要素所控制。换句话说,环境质量的高低只取决于诸要素中处于"最差状态"的那个要素,无法用其余的处于优良状态的环境要素去代替和弥补。因此,人类在改造自然和改进环境质量时,应对环境诸要素的优劣状态进行数值分类,按由差到优的顺序,依次改造每个要素,使之均衡地达到最佳状态。

(3)环境要素的等值性

各个环境要素无论它们本身在规模上或数量上相差多大,但只要是一个独立的要素,那么它们对环境质量的限制作用并无质的差别。换句话说,任何一个环境要素对于环境质量的限制,只有当它们处于最差状态时,才具有等值性。对于一个区域来说,属于环境范畴的土地、空气、水体等均是独立的环境要素,无论哪个要素处于最差状态,都制约着环境质量,使总体环境质量变差。

(4)相互依赖性

环境诸要素之间通过物质循环和能量流动,相互联系、相互依赖。

(5)环境要素变化之间的连锁反应

每个环境要素在发展变化的过程中既受到其他要素的影响,同时也影响其他要素,形成连锁反应。例如,由于温室效应引起的大气升温,将导致干旱、洪涝、沙尘暴、飓风、泥石流、土地荒漠化、水土流失等一系列自然灾害。这些自然现象相互之间一环扣一环,只要其中的一环发生改变,就可能引起一系列连锁反应。

1.1.4 地球环境的构成及其特征

1. 大气圈

大气圈是指受地球引力作用而围绕地球的大气层,又称大气环境,是自然环境的组成要素之一,也是一切生物赖以生存的物质基础。垂直距离的温度分布和大气的组成有明显关联。

大气是多种气体的混合物。此外,还含有少量的悬浮固体和液体微粒等杂质。大气按其数量和变化规律可分为 3 类。

1)恒定的主要气体组分。氮、氧、惰性气体成分,它们占空气总体积的 99.98% 左右,是空气的主体。

2)易变的痕量气体组分。从生态学角度来看,大气的本底组成是地球大气经过几十亿年的演变而形成的稳定状态,人和生物已适应了这种大气环境,这些痕量气体以本底值量存在于大气中,对人类和生物并不产生有害影响。但是由于这类气体含量极低,易受人为因素影响。因此,大气中这些易变痕量气体浓度的增加和空气中本来不存在的气体成分的出现是造成大气污染的主要因素。

3)可变的少量气体组分。它主要是指水蒸气和 CO_2。在通常情况下,水蒸气的含量随着时间、地点和气象条件的不同,有较大变化,一般在 0.3% 以下;CO_2 的含量为 0.03% 左右。大气中 CO_2 和水蒸气的含量虽然不多,但对地球与大气的物质循环和能量平衡起着重要作用,可形成云、雾、雨、雪等气象变化。

2. 岩石圈

距地表以下几 km 到 70km 的一层,称为岩石圈。岩石圈的厚度很不均匀,大陆的地壳比较厚,平均为 35km,海洋的地壳厚度比较小,约为 5~8km。我国青藏高原的地壳厚度达 65km 以上。大陆地壳的表层为风化层是地表中多种硅酸盐矿与丰富的水、空气长期作用的结果,为陆地植物的生长提供了基础。另一方面,经过植物根部作用,再加上动植物尸体及排泄物的分解产物及微生物的作用,进一步风化形成现在的土壤,土壤是地球陆地表面生长植物的疏松层,通常称为土壤圈。

3. 水圈

天然水是海洋、江河、湖泊、沼泽、冰川等地表水、大气水和地下水的综合。由地球上的各种天然水与其中各种有生命和无生命物质构成的综合水体,称为水圈。水圈中水的总量约为 $1.4×10^{18}m^3$,其中海洋水约占 97.2%,余下不足 3% 的水分布在冰川、地下水和江河湖泊等。这部分水量虽少,但与人类生产与生活活动关系最为密切。

4. 生物圈

生物圈是指生活在大气圈、水圈和岩石圈中的生物与其生存环境的总体。生物圈的范围包括从海平面以下深约 11km 到地平面上约 9m 的地球表面和空间,通常只有在这一空间范围内才能有生命存在。在生物圈里有空气、阳光、水、土壤、岩石和生物等各种基本的环境要素,为人类提供了赖以生存的基本条件。

1.1.5　环境的特性

环境系统是一个复杂的,有时空、量序变化的动态系统和开放系统。系统内外存在着物质和能量的变化和交换。系统外部的各种物质和能量通过外部作用而进入系统内部,这种过程称为输入;系统内部也对外界发生一定的作用,通过系统内部作用,一些物质和能量排放到系统外部,这种过程称为输出。在一定的时空尺度内,若系统的物质和能量输入等于输出,就出现平衡,叫作环境平衡或生态平衡。

由于人类环境存在连续不断、巨大和高速的物质、能量和信息的流动,表现出其对人类活动的干扰与压力,具有不容忽视的特性。

1. 整体性

环境的整体性是指环境的各个组成部分或要素构成了一个完整的系统,各要素之间存在着紧密的相互联系、相互制约关系。环境中大气、水、土壤、生物及声、光、电等各个环境要素相互依存,相互影响。局部地区的环境污染或破坏,总会对其他地区造成影响和危害。例如,人类虽然没有在南极生产或使用农药,但是却在南极地衣植物以及企鹅体内检测出 DDT 等残留。由此可见,环境问题具有全球性,人类的生存环境及其保护,从整体上看是没有区域界限的。

2. 不可逆性

人类的环境系统在其运转过程中,存在能量流动和物质循环两个过程。后一过程是可逆的,但前一过程不可逆,因此根据热力学理论,整个过程是不可逆的。所以环境一旦遭到破坏,利用物质循环规律,可以实现局部的恢复,但不能彻底回到原来的状态。

3. 环境变化的滞后性

自然环境受到外界影响后,其产生的变化往往是潜在的、滞后的,这主要表现为:自然环境在受到冲击和破坏的过程中日积月累,在短期内也许不被认识或反映出来,并且发生变化的范围和影响程度也难以预料,一旦环境被破坏,所需的恢复时间较长,尤其是当破坏超过环境承载能力或自净能力时,一般就很难再恢复了。

4. 相对稳定性

在一定的时空尺度下,环境具有相对稳定的特点。环境系统具有一定抗干扰的自我调节能力,只要自然和人类的作用不超过环境所能承受的界限,其可借助于自身的调节能力使这些变化逐渐减弱或消失,表现出一定的稳定性。

5. 脆弱性

生态环境的脆弱性既有自然因素,又有人为因素。自然因素包括地质构造、地貌特性、地表组成物质、地域水文特性、生物群体类型以及气候因子;人为因素即人类滥用各种物质和资源,导致资源枯竭、生态破坏、污染物超标排放等,破坏了生态平衡,对环境构成了巨大的压力。环境的脆弱性与恶劣的自然条件直接相关,但自然条件的不利只决定了环境脆弱存在的潜在性,而引发这一潜在危害的则是人类活动的干扰。因此,环境科学的研究旨在围绕人类与环境这一主题,协调二者的关系,把人类对环境的不良影响控制在最低水平。

1.1.6 环境的功能

对人类而言,环境功能是环境要素及由其构成的环境状态对人类生产和生活所承担的职能和作用,其功能非常广泛。

1. 为人类提供生存的基本要素

人类、生物都是地球演化到一定阶段的产物,生命活动的基本特征是生命体与外界环境的物质交换和能量转换。空气、水和食物是人体获得物质和能量的主要来源。

2. 为人类提供从事生产的资源

环境是人类从事生产与社会经济发展的资源基础。自然资源可以分为可耗竭(不可再生资源)和可再生资源两大类。可耗竭资源的持续开采过程也就是资源的耗竭过程,当资源的蕴藏量为零时,就达到了耗竭状态。可再生资源是指能够通过自然力以某一增长率保持、恢复或增加蕴藏量的自然资源。例如,太阳能、大气、森林、农作物以及各种野生动植物等。许多可再生资源的可持续性受人类利用方式的影响。

在合理开发利用的情况下,资源可以恢复、更新、再生,甚至不断增长。而不合理的开发利用,会导致可再生过程受阻,使蕴藏量不断减少,以致枯竭。

3. 对环境自净能力

环境自净能力(环境容量)与环境空间的大小、各环境要素的特性、污染物本身的物理和化学性质有关。环境空间越大,环境对污染物的自净能力就越强,环境容量也就越大。对某种污染物而言,它的物理和化学性质越不稳定,环境对它的自净能力也就越强。

4. 为人类提供舒适的生活环境

环境不仅能为人类的生产和生活提供物质资源,还能满足人们对舒适性的要求。清洁的空气和水不仅是工农业生产必需的要素,也是人们健康、愉快生活的基本需求。优美舒适的环境使人心情轻松,精神愉快,对人类健康和经济发展都会起到促进作用。优美的自然景观和文物古迹是宝贵的人文财富,可称为旅游资源。随着物质和精神生活水平的提高,人类对环境舒适性的要求也会越来越高。

1.2 环境问题的产生与发展

环境问题是指由于自然原因,或者人类活动使环境质量下降或生态功能失调,对人类的生存和社会经济发展造成不利影响的现象。人类与环境是一个整体,存在着对立统一的关系。人类只是地球环境演变到一定阶段的产物。人体组织的组成元素及其含量在一定程度上同地壳的元素及其丰度之间具有相互关系,表明人是环境的产物。人类出现后,通过生产和消费活动,从自然界获取生存资源,然后又将经过改造和使用的自然物和各种废弃物还给自然界,从而参与了自然界的物质循环和能量流动过程,不断地改变着地球环境。在人类改造环境的过程中,地球环境仍以固有的规律运动着,不断地反作用于人类,因此,常常产生环境问题。环境问题又随着人类改造自然能力的提高而不断变化,呈现出愈演愈烈的态势。环境问题按照产生的原因可以分为原生环境问题和次生环境问题。

1.2.1　环境问题的产生和发展

从古至今随着人类社会的发展,环境问题也在发展变化,大体上经历了 3 个阶段。

1. 环境问题的萌芽阶段(工业革命以前)

人类在其诞生后很长的岁月里,对环境的影响不大,只是对天然食物的进行采集和捕食,那时人类以生理代谢过程与环境进行物质和能量转换,主要是进行生活,利用环境,没有改造环境的意思。当时主要存在由于人口的自然增长和盲目地乱采乱捕、滥用资源而造成生活资料缺乏,引起饥荒问题,这属于环境威胁。为了解除这种环境威胁,人类便开始学会吃一切可以吃的东西,学会适应在新的环境中生活的本领,并不断扩大自己的生活领域。

为了更好的适应生活,人类学会了驯化动物和培育植物,开始发展畜牧业和农业,随着农业和畜牧业的发展,人类改造环境的作用也越来越明显地表现出来,但与此同时也发生了如刀耕火种、大量砍伐森林、破坏草原、盲目开荒,引起严重的水旱灾害频繁、水土流失和沙漠化;又如兴修水利、不合理灌溉,引起土壤的沼泽化、盐渍化,某些传染病的流行等相应的环境问题。但在工业革命前所引起的环境问题并不突出。

2. 环境问题恶化阶段(城市环境问题)

环境问题频繁发生并且开始引起人们关注是在 18 世纪 60 年代到 20 世纪 70 年代。这一时期是资本主义生产完成了从工场手工业向机器大工业过渡的阶段,工业革命迅速发展,人类逐步进入工业文明时代,利用和改造自然环境的能力得到空前增长。正是在这一时期,人类陶醉于社会生产力的突飞猛进,恣意从自然环境中攫取资源和能源,任意排放废弃物,造成了环境问题的大爆发,并且直接导致了当前全球性环境问题的产生。工业革命是人类环境问题的"分水岭"。

伴随着蒸汽机的发明和广泛使用,英国、欧美及日本等国相继建立了以煤炭、冶金、化工等为基础的工业生产体系。这一生产体系需要以煤炭作为燃料,致使煤炭资源的开采量大幅度上升。煤炭资源的广泛利用自然导致燃煤废弃物,如烟尘、二氧化碳、一氧化碳、二氧化硫的大量排放。这一情况导致了部分工业先进城市和国家煤烟污染问题的发生,甚至酿成多起严重的燃煤大气污染公害事件。

随着内燃机的燃料从煤气过渡到石油制成品——汽油和柴油,石油在人类能源构成中的比重大幅度上升。开采和加工石油不仅刺激了石油炼制工业的发展,而且导致石油化工的兴起。然而,石油的应用给环境带来了新的污染。首先,汽车排放的尾气中含有大量的碳氢化合物、氮氧化物及铅尘、一氧化碳、烟尘等颗粒物、醛类、苯并芘和二氧化硫等有害物质,这些气体在静风、逆温等特定条件下,经强烈的阳光照射会产生光化学烟雾,严重危害人类健康。其次,石油的副产品,如:橡胶、塑料和纤维三大高分子合成材料,及合成品如:洗涤剂、油脂、有机农药、食品与饲料添加剂的大量生产和应用,在为人类的生产和生活带来便利的同时,对环境的破坏也渐渐地发生,造成了有机毒害和污染等环境问题。

在这一段时期,先后发生了震惊世界的八大公害事件,分别是马斯河谷事件、多诺拉烟雾事件、四日市哮喘事件、洛杉矶光化学烟雾事件、伦敦烟雾事件、米糠油事件、水俣病事件和痛痛病事件,这八大公害事件全部源于工业生产泄漏或者排放的废物。

3. 全球性环境问题的爆发

进入 20 世纪 80 年代,虽然人类开始注意到环境问题对人类的危害程度及环境保护的重要性,并且开始了一系列环境保护的行动,但是人类对于环境破坏的累积作用仍然在世界范围内大规模爆发出来。这时的环境问题不再是某一地区或者某一国家的事情,而是具有全球性、长期性、共同性和关联性。目前全球性问题主要包括:全球性的大气污染,如温室效应、臭氧层破坏、酸雨;大面积的生态破坏,如土地退化与荒漠化;生物多样性减少及国际水域与海洋污染等。

(1)全球气候变暖

由于化石燃料燃烧和毁林、土地利用变化等人类活动所排放温室气体导致大气温室气体浓度大幅增加,这些温室气体对来自太阳辐射的可见光具有高度的透过性,而对地球反射出来的长波辐射具有高度的吸收性,也就是常说的"温室效应",导致全球气候变暖。联合国环境规划署和世界气象组织共同建立的政府间机构报告指出"大气中二氧化碳浓度已从工业革命前的 $280\mu L/L$ 上升到 2005 年的 $379\mu L/L$,超过了近 65 万年以来的自然变化范围,近百年来全球地表平均温度上升了 0.74℃。"

全球气候变暖,将会对全球产生各种不同的影响,它危害自然生态系统的平衡,更威胁人类的食物供应和居住环境。较高的温度可使极地冰川融化,海平面升高,使一些海岸地区被淹没;全球变暖影响到降雨和大气环流的变化,使气候反常,易造成旱涝灾害。近年来,世界各国出现了几百年来历史上最热的天气,厄尔尼诺现象也频繁发生,给各国造成了巨大经济损失。

(2)臭氧空洞

在离地面 20~30km 的平流层中,存在着臭氧层,其中臭氧的含量占这一高度空气总量的十万分之一。但这些存在与臭氧层中及为微少的臭氧,却具有非常强烈的吸收紫外线的功能,可以吸收太阳光紫外线中对生物有害的部分 UV-B。正是因为臭氧层有效地挡住了来自太阳紫外线的侵袭,才是人类和地球上各种生命能够生存、发展和繁衍。

对水生生态系统、生物化学循环、人体健康、陆生植物、材料及对流层大气组成和空气质量等方面的影响,目前已受到人们的普遍关注。臭氧层被大量损耗后,吸收紫外辐射的能力大大减弱,导致到达地球表面的紫外线 UV-B 的量增加,给生态环境和人类健康带来多方面的危害。例如,在已经研究过的植物品种中,超过 50% 的植物有来自 UV-B 的负面影响,比如豆类、瓜类等作物,另外某些作物,如番茄、甜菜、土豆等的质量将会下降。阳光紫外线 UV-B 的增加对人类健康的危害,潜在的危险包括引发和加剧眼部疾病、皮肤癌和传染性疾病。天然浮游植物群落与臭氧的变化直接相关,对臭氧层空洞范围内和臭氧层空洞以外地区的浮游植物生产力进行比较的结果表明,浮游植物生产力下降与臭氧减少造成的 UV-B 辐射增加直接有关。由于浮游生物是海洋食物链的基础,浮游生物种类和数量的减少还会影响鱼类和贝类生物的产量。据一项科学研究的结果显示,如果平流层臭氧减少 25%,浮游生物的初级生产力将下降 10%,这将导致水面附近的生物减少 35%。臭氧层破坏会加速建筑、喷涂、包装及电线电缆等所用材料,尤其是高分子材料的降解和老化变质。阳光紫外线的增加会影响陆地和水体的生物地球化学循环,从而改变地球-大气这一巨大系统中一些重要物质在地球各圈层中的循环,这些潜在的变化将对生物圈和大气圈之间的相互作用产生影响。另外,臭氧层破坏也将导致对流层的大气化学更加活跃。

（3）生物多样性减少

生物多样性是指一定范围内多种多样活的有机体,有规律地结合,构成稳定的生态综合体。生物物种的多样性是由我们目前已经知道大约 200 万形形色色的生物构成的。物种的多样性不仅体现了生物之间及环境之间的复杂关系,同时又体现了生物资源的丰富性,因此它是生物多样性的关键。当前地球上生物多样性减少的速度比历史上任何时候都快。据科学家估计,按照每年砍伐 $1.7 \times 10^7 hm^2$ 的速度,在今后 30 年内,大约 $5\% \sim 10\%$ 的热带森林物种可能面临灭绝,物种极其丰富的热带森林可能要毁在当代人手里。总体来看,海洋和淡水生态系统中的生物多样性也在不断丧失和严重退化,其中受到最严重冲击的是处于相对封闭环境中的淡水生态系统。大陆上 66% 的陆生脊椎动物已成为濒危种和渐危种。人类各种活动造成当前生物多样性不断减少,大量物种灭绝或濒临灭绝。

1）草地遭受过度放牧和垦殖,大面积森林受到采伐、火烧和农垦,导致了生存环境的的大量丢失,保存下来的环境也无法满足野生植物的生存,这样对野生物种造成了毁灭性影响。

2）野生物种正常繁衍的条件,因过度的对生物物种的强度采集和捕猎等活动而遭到了破坏。

3）原生的物种受到外来物种的大量引入或侵入,生存状态严重威胁,同时外来物种的入侵大大改变了原有的生态系统。

4）在工业化和城市化的进程中,大面积土地被占用和大量天然植被被破坏,且造成大面积污染。

5）全球变暖,导致气候形态在比较短的时间内发生较大变化,使自然生态系统无法适应,可能改变生物群落的边界。

6）土壤、水和空气污染,危害了森林,特别是对相对封闭的水生生态系统带来毁灭性影响。

7）无控制的旅游,对一些尚未受到人类影响的自然生态系统受到破坏。

各种破坏和干扰会累加起来,对生物物种造成更加严重的影响。

（4）酸雨

酸雨是指 pH 值小于 5.6 的大气降水,是大气环境污染的一种表现形式。形成酸雨的主要原因,是大气中存在一定浓度的二氧化硫和氮氧化物等酸性气体。人类生产和生活活动燃烧大量的煤炭和石油,随之产生的二氧化硫和氮氧化物等气体,或汽车排放出来的氮氧化物烟气排放入大气中,这些酸性气体与水蒸气相结合,就会形成硫酸和硝酸等气态或者液态微粒,随大气降水降落到地面,形成酸雨。据统计,全球每年排放进大气的二氧化硫约 1 亿吨,二氧化氮约 5000 万吨,所以,酸雨主要是人类生产活动和生活造成的。酸雨会对环境带来广泛的危害,造成巨大的经济损失。危害的方面主要表现为:腐蚀建筑物和工业设备,破坏露天的文物古迹,损坏植物叶面,破坏土壤成分,导致森林死亡、农作物减产甚至死亡、湖泊中鱼虾死亡,酸化的地下水危害人体健康。

（5）土地荒漠化

简单地说土地荒漠化是由于气候变化和人类活动等各种因素所造成的土地退化,使土地生物和经济生产潜力减少,甚至丧失其基本功能。荒漠化是当今世界最严重的环境与社会经济问题。目前,荒漠化具有局地和全球效应,在世界各地均存在旱区。荒漠化已成为限制联合国千年发展目标的重要障碍,预防荒漠化对提高人类福祉水平和实现社会经济可持续发展具有重要意义。根据粗略估算,2000 年居住在荒漠化旱区的人口已达 0.2 亿～1.2 亿人,如果旱区的土地荒漠化和生态系统服务退化进一步加剧,必将使得更多人口的生存遭受威胁,而且可能导致部分地区生态系统服务的增长以及人类福祉的改善趋势发生逆转。全世界大约 $10\%～20\%$ 的旱区已经退化。由此推断,全世界的荒漠面积应为 $6.0 \times 10^6 ～ 1.2 \times 10^7 \text{Km}^2$。荒漠化将导致土地生产力的下降,农牧产品减产,相应带来巨大的经济损失和一系列的社会恶果,若更为严重的情况下将可能带来大量的生态难民,对社会的稳定和发展都有很大的威胁。

1.2.2 环境问题的实质

造成环境问题的原因是多方面,多层次,且具有多样性。人为的环境问题是随人类的诞生而产生,并随着人类社会的发展而发展,是发展历程层面的环境问题。工农业的高速发展造成了严重的环境问题,是表面现象层面的环境问题。发达的资本主义国家实行高生产、高消费的政策,过多地浪费资源、能源,应该进行控制;发展中国家由于贫困落后、发展不足和发展中缺少妥善的环境规划和正确的环境政策造成了环境问题。因此要解决环境问题既要保护环境,又要促进经济发展,处理好发展与环境的关系,需要贯穿发展的始终。只有这样,才能从根本上解决环境问题。

环境是人类生存发展的物质基础和制约因素,人口的增长必然会出现从环境中获取食物、资源、能源的数量增长。因此,要求工农业必须迅速发展,为人类生存提供更为充足的工农业产品,这些产品再经过人类的消费,变为"废物"排入环境。如果人口的增长、生产的发展,不考虑环境条件的制约作用,超出了环境的容许极限,会导致环境的污染与破坏,造成人类健康的损害和资源的枯竭。所以环境问题的实质是由于盲目发展、不合理开发利用资源,而造成的环境质量恶化和资源浪费、甚至枯竭和破坏。

综上所述,造成环境问题的根本原因是对环境的价值认识不足,缺乏妥善的经济发展规划和环境规划。

1.2.3 当今环境问题的特点

当代环境问题具有如下六大特点:

1. 全球化

环境问题全球化的原因是当代出现的一些环境问题产生的后果是全球性的;一些环境污染具有跨国、跨地区的流动性;当代许多环境问题涉及高空、海洋甚至外层空间,其影响的空间尺度已无法与非农业社会和工业化初期出现的一般环境问题可比,具有大尺度、全球性的特点。环境问题的全球化,决定了环境问题的解决要靠全球的共同努力。

2. 社会化

当代环境问题已绝不是限于少数人、少数部门关心的问题,而成为全社会共同关心的问题,是因为当代环境问题已影响到社会的各个方面,影响到每个人的生存与发展。

3. 综合化

当代环境问题已涉及了人类生存环境,如草场退化、沙漠扩大、土壤侵蚀、物种减少、森林锐减、水源危机、气候异常、城市化问题等的各个方面,已深入到人类生产、生活的各个方面。

4. 政治化

当代的环境问题已成为国际政治、各国国内政治的重要问题。主要表现为环境问题已成为国际政治斗争的导火索之一,如各国在环境义务的承担、污染转嫁等问题上经常产生矛盾并引起激烈的政治斗争;环境问题已成为国际合作和交往的重要内容。世界上已出现了一些以环境保护为宗旨的组织,这些组织在成为一股新的政治力量。

5. 累积化

人类社会发展进程中各个历史阶段产生的环境问题并未因时代的变迁而消失,许多环境问题在当今地球上依然存在,并有所积累,现代社会又滋生了一系列的环境问题。这样形成了从人类社会出现以来各种环境问题在地球上的积累、组合、集中爆发的复杂局面。

6. 高科技化

随着当代科技的迅猛发展,由高新技术引发的环境问题日渐增多。如电磁波引发的环境问题、超音速飞机引发的臭氧层破坏、核事故引发的环境问题、航天飞行引发太空污染等。这些环境问题技术含量高、影响范围广、控制难、后果严重,已引起世界各国的普遍关注。

1.3　环境科学的研究对象、任务和内容

1.3.1　环境学的研究对象

环境生态学兼有基础科学和应用科学的双重属性,维护生物圈的正常功能、改善人类生存环境,并使之和谐发展是环境生态学的根本目的。环境生态学的核心内容是运用环境生态学保护和合理利用自然资源,治理环境污染,恢复和重建被破坏的生态系统,满足人类生存发展需求,具体表现为以下几个方面。

1. 人为干扰下生态系统内在变化的机制和规律

自然生态系统在受到人为干扰后,会产生的一系列反应和变化。包括干扰在生态系统内不同组分间的相互作用规律;干扰产生的生态效应,以及对人类及其他生物的影响等。主要研究包括各种污染物在各类生态系统中的行为、变化规律和危害方式,人为干扰的方式、强度和生态效应的关系等问题。

2. 生态系统受损程度判断

科学地利用物理、化学、生态学和系统理论的方法,研究受损后的生态系统在结构和功能上的特征和变化机理与规律,做出受损生态系统被危害程度的判断,有助于人们准确进行环境质量的量化评价,预测环境变化的趋势,为治理环境和进行环境保护提供必要的依据。生态学判断是基于大量的生态监测信息,利用生态系统生物群落各组分,对干扰效应的应答来分析环境变化的效应程度和范围,包括人为干扰下的种群动态、群落演替过程和生态系统动态。

3. 生态系统保护的理论和方法

各类生态系统在生物圈中执行着不同的功能,被破坏后产生的生态效应亦不同。环境生态学就是利用生态学的基本原理,人为地改变和引导生态系统退化的主导因子或过程,调整、

配置或优化系统内、外部物质、能量以及信息之间的流动,以便快速恢复生态系统相关结构功能等。

4. 环境污染防治的生态学对策的研究

利用生态学的理论,结合环境问题的特点,采取适当的生态学对策,并辅之以其他方法手段或工程技术,解决从污染发生、发展、直至消除的全过程中存在的有关问题和采取防治的种种措施,最终保护和改善人类生存发展的生态环境。

5. 生态规划与区域生态环境建设

生态规划是以生态学原理为理论依据,对某地区的社会、经济、技术和生态环境进行全面综合规划,调控区域、社会、经济与自然生态系统及其各组分的生态关系,从而充分、有效、科学地利用各种资源条件,促进生态系统的良性循环,促进社会、经济持续稳定地发展。生态规划是区域生态环境建设的重要基础和实施依据。区域生态环境建设是根据生态规划,解决人类当前面临的生态环境问题,建设更适合人类生存和发展的生态环境的合理模式。

6. 解决环境问题的生态学对策研究

研究资源合理利用的生态学规律,协调人类与自然环境的关系,使自然资源达到可持续利用;用生态学方法治理环境污染、解决生态破坏问题;以环境生态学理论为基础,改善和恢复受损的环境。

7. 全球性生态环境问题和可持续发展

全球性生态环境问题主要是在全球范围内出现的环境质量问题,是超越国界的生态环境问题,例如,酸雨、温室效应等。可持续发展是要求以持续的方式利用并保护资源;保证整个生命支持系统和生态系统的完整性,保护生物多样性。可见需要合理运用生态学原理与方法,全球联合促进和加强生态环境管理,实现环境可持续发展。

1.3.2 环境生态学的研究方法

环境生态学发展发展至今,已然形成了一套专属的研究方法,主要有以下几种。

1. 调查统计

调查统计是环境生态学研究的主要方法之一。濒危生物种群数量变化、矿物资源现存量变化、污染区域生物数量变化、草地荒漠化发展趋势等问题,都可以通过宏观的卫星遥感到微观的分子技术,还有生态学中的"三微"(微气候、微环境和微宇宙)等方法,从分子、细胞、个体、种群、群落,直至生态系统、生物圈等各个层次加以调查统计获得数据,再分析规律,提出解决方案。

常见调查统计分析有不定期普查、抽样调查、定点调查、问卷调查、航空调查、遥感调查、地理信息系统调查等。

2. 史料分析

某些环境问题会涉及历史变迁,需要从历史资料分析中得到启示。例如,区域生态环境变迁及其影响因素、自然灾害的发展及其变化趋势、人均资源利用量的变化与发展、可持续发展思想的形成等,都需要查阅大量的历史资料,通常多见于较大时间尺度的环境变化研究。典型代表,如沙漠生态环境的研究,研究和分析长年累积的资料有助于更好地监测、预测沙漠化,为治沙技术、可持续利用沙漠资源、优化沙漠环境提供科学依据。

3. 科学实验

环境问题的解决需要通过科学实验研究其机制,再提出相应的生态措施。通常可将科学实验分为野外实验、室内实验和两者结合的实验。野外实验可建立定位实验站,主要针对生物种群、群落、生态系统和生物圈与环境的关系及生态过程。室内实验为定量研究,主要是探索生物个体、细胞和分子与环境相互关系的机制和内在规律。环境生态学的定量研究包括野外长期定位的定量分析和实验室的模拟试验。

4. 系统分析

生态系统是一个有机整体,各要素、各子系统组成之间相互联系,研究时必须从系统的角度出发。系统分析是一种科学研究的策略,它用一种系统的、科学的方法找出生态系统内各组分之间的关系、各组分内不同的影响力,帮助研究人员找到解决复杂问题的思路。利用系统分析可建立一系列反映事物发展规律的系统模型,对系统进行模拟和预测。

常用的系统分析中应用方法有多元统计学、多元分析方法、动态方程、多维几何、模糊数学理论、综合评判方法、神经网络理论等一系列相关的数学、物理研究方法。

目前,应用比较广泛的系统分析模型有微分方程模型(动力模型)、矩阵模型、突变量模型及对策论模型等。

1.3.3　环境学的内容

环境学研究的主要内容有四个方面:

1)环境质量的基础理论。包括环境质量状况的综合评价;环境自净能力的研究;污染物质在环境中的迁移、转化、增大和消失的规律;环境的污染破坏对生态的影响等。

2)污染控制与防治。包括改革生产工艺,合理利用和保护自然资源;搞好综合利用,尽量减少或不产生污染物质以及净化处理技术;搞好环境区域规划和综合防治等。

3)环境监测分析技术,环境质量预测、预报技术。

4)环境污染与人体健康的关系,特别是环境污染所引起的致癌、致畸和致突变的研究及其防治。

此外,还有内分泌干扰物、POPs 类污染物对野生动物、人体健康及生态环境的破坏等等。

第2章　环境科学的生态学基础

2.1　生态学的含义及其发展研究

2.1.1　生态学及其发展

德国生物学家黑格尔（Ernst Haeckel，1869）最早提出了生态学（Ecology）一词。其英文的词首来源于希腊文 oikos，与经济学（Economics）是相同的，均为 eco，表示家庭、居处或环境的意思，可见从词源和词义上，生态学与家庭、环境、经济学有着密切的关系。

生态学随着环境科学的发展和人类环境问题的日趋严重，已扩展到社会形态和人类生活等方面，人类作为一个主要的生物物种在整个生态系统中有着举足轻重的作用，生态环境学研究的主要问题是人类与自然资源的相互作用问题。生态学的内容和动力也随现代科技的发展而有了新的进展，与其他学科之间相互作用，已成为当代较活跃的多学科、科学领域之一。生态学是以研究生物的形态、生理、遗传、细胞等结构和功能为基础的生物学部分，与环境相结合形成一门学科。20 世纪 60 年代以来生态学又与系统经济学、工艺学、工程学、数学、化学、物理学等学科相结成为一门新型的交叉学科（图 2-1）。

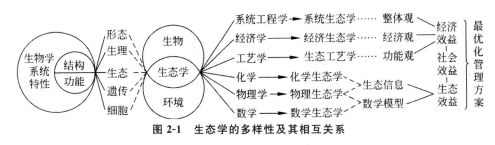

图 2-1　生态学的多样性及其相互关系

纵观生态学的发展，可将其分为两个阶段。

1. 生物学分支学科阶段

20 世纪 60 年代以前，生态学是生物学的一个分支学科，内容上局限于研究生物与环境之间的相互关系。初期的生态学有植物生态学、动物生态学、微生物生态学等，主要是以各大生物类群与环境相互关系为研究对象。随着人类对环境的认识，出现了以生物有机体的组织层次与环境的相互关系为研究对象，出现了个体生态学、种群生态学和生态系统生态学。

个体生态学就是研究各种生态因子对生物个体的影响。各种生态因子，包括阳光、温湿度、土壤、大气、水分、环境中的其他相关生物等。各种生态因子对生物个体的影响，引起生物个体生长发育、繁殖能力和行为方式的改变等。

种群是指在同一时空中同种生物个体所组成的集合体。种群生态学主要是研究在种群与其生存环境的相互作用下,种群的空间分布和数量变动的规律。

生态系统生态学主要是研究生物群落与其生存环境相互作用下,生态系统结构和功能的变化及其稳定性。

2. 综合性学科阶段

20 世纪 50 年代后半期以来,由于工业发展、人口膨胀,粮食短缺、资源紧张、环境污染等一系列世界性环境问题相继出现,迫使人们不得不努力去寻求协调人类与自然的关系、人们寄希望于集中全人类的智慧,更期望生态学能作出自己的贡献,探求全球可持续发展的途径,在这种社会需求下,生态学有了进一步的发展。

生态学发展历程经历了由静态到动态、单一到综合的认识自然界的物质转化与循环规律;从定性分析生物与环境之间的相互作用到定量研究;从个体到复合生态系统,与基础科学和应用科学相结合,发展和扩大了生态学的领域。

2.1.2 生物与环境的相互作用

生物与环境的关系是相互的和辩证的,环境作用于生物,生物反作用于环境,二者相辅相成。

1. 环境对生物的作用

环境的非生物因子对生物的影响一般称为环境对生物作用。环境对生物的作用是多方面的,可影响生物的生长、发育、繁殖和行为;影响生物生育力和死亡率,导致生物种群数量变化;一些生态因子还能限制生物的分布区域。

生物并不是消极被动地对待环境的作用,它也可以对自身的形态、生理、行为等方面不断进行调整,适应环境生态因子的变化,生物的这些变化称为适应性变化。

2. 生物对环境的反作用

生物对环境的影响一般称为生物对环境的反作用。生物对环境的反作用表现为对生态因子的改变。如植物通过根系穿插、分泌生化物质、养分吸收与物质回馈(凋落物)行为,改变其生长土壤的生物和物理化学特性,促进土壤发育与演变。

生物(主体)与生物(环境)之间的相互关系更为密切。既有捕食与被捕食、寄生与被寄生的关系,也有相互作用、相互适应的关系。这种复杂的相互作用与相互适应特性,是通过自然选择、适者生存法则形成的协同进化表现。

2.2 生态系统及其基本功能

2.2.1 生态系统的概念及组成

1. 生态系统的概念

种群(Population)是在一定范围内,某一生物物种所有个体的总和;群落(Community)是由在一定区域内生活的所有种群组成的;任何生物群落与其环境组成的自然综合体就是按照现代生态学的观点。生态系统(Ecosystem)是指生命和环境系统在特定空间的组合,在生态系统中的生物与非生物的环境因素之间、各种生物彼此间,关系密切,互相作用,存在着物质与能量的不间断的流动。一个复杂的大生态系统是由无数个简单的小生态系统构成的,如生物圈就是由无数个小生态系统组成的,池塘、河流、草原和森林等等,都是典型的例子。城市、矿山、工厂等等,从广义上讲是一种人为的生态系统。这无数个各种各样的生态系统组成了统一的整体,就是人类生活的自然环境。图 2-2 是一个简化了的陆地生态系统,只有当草、兔子、狼、虎保持一定的比例,这一系统才能保持物质和能量的动态平衡。

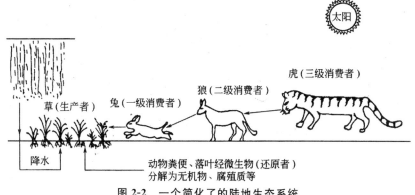

图 2-2 一个简化了的陆地生态系统

2. 生态系统的组成

生态系统的组成成分是指系统内所包括的若干类相互联系的各种要素。从理论上讲,地球上的一切物质都可能是生态系统的组成成分。地球上生态系统的类型很多,它们各自的生物种类和环境要素也存在着许多差异。但是,生态系统的组成成分,不论是陆地还是水域,或大或小,都可以概括为生物和非生物环境两大部分(也称之为生命系统和环境系统),或者分为非生物环境、生产者、消费者和分解者四个基本成分。

(1)非生物环境

非生物组分是生态系统中生物赖以生存的物质、能量的源泉和活动场所,包括温度、阳光、水、土壤、空气等。

1)温度。温度直接影响有机体的体温,体温高低又决定动物新陈代谢过程的强度和特点、有机体的生长和发育速度、繁殖、行为、数量和分布等,温度还通过影响气流和降水等间接影响动植物的生存条件。

2)水。水是一切生命活动和生化过程的基本物质,是光合作用的底物之一,是植物营养运输和动物消化等生理活动的介质。水的流动开创和推动着土地景观的形成,也是重要的成土因素,在岩石风化中起重要作用水与大气之间的循环运动,形成支持生物的气候,并帮助调节全球能量平衡。

3)光和辐射。光和辐射的主要生态作用有四个方面:植物利用太阳光进行光合作用,制造有机物;生物生活所必需的全部能量都直接或间接地来源于太阳光;动物直接或间接从植物中获取营养;生命活动的昼夜节律、季节节律都与光周期有着直接联系。

4)空气。大气组成中,氮气、氧气、惰性气体及臭氧等为恒定组分,对生态作用影响大的主要是二氧化碳、水蒸气等可变组分,以及由于人为因素造成的,如尘埃、硫氧化物、氮氧化物等不定组分。大气流动产生的风,对花粉、种子和果实的传播,以及活动力差的动物的移动起着推动作用;但风对动植物的生长发育、繁殖、行为、数量、分布及体内水分平衡也有不良影响,如强风可使植物倒伏、折断等。

5)土壤。土壤是多种多样生物栖息和活动的场所;土壤是陆地植物生长的基地,植物主要从土壤中获取生命必需的营养物质和水分;土壤生态系统中的许多基本功能过程是在土壤中进行的,如固氮作用、脱氮作用、分解作用等都是物质在生物圈中良性循环所不可缺少的过程。土壤中生活着各种各样的微生物和土壤动物,能对外来的各种物质进行分解、转化和改造,故土壤被看成是一个自然净化系统。

(2)生产者

生产者是自养生物,主要指绿色植物,包括单细胞的藻类,也包括一些光合细菌类微生物。它们能将简单的无机物制造有机物。

生产者决定生态系统生产力的高低,在生态系统中的地位是最重要的。生产者在生态系统中的作用是进行初级生产,合成有机物,并固定能量,它所生产的食物与能量可用于不自身生长发育,也是消费者和还原者唯一的食物和能量来源。

(3)消费者

消费者是生态系统中的异养生物,它们只是直接或间接地从生产者所制造的有机物质中获取能量。

其中动物可根据食性不同,区分为草食动物、肉食动物和杂食动物。草食动物是绿色植物的消费者,能将植物体中有机物质的能量转换成自身的能量;肉食动物则取食其他动物,肉食动物是将动物体中有机物质所含能量,转换成自身的能量;杂食动物是指从动物或植物中获取能量,转化为自身能量的动物。

根据食性,寄生在植物体内可看成草食动物;寄生在动物体内可看成肉食动物;腐食动物以腐烂的动植物残体为食,特殊的消费者,如蛆和秃鹰等。

将生物按营养阶层或营养级进行划分,第一营养级为生产者,第二营养级为草食动物,第三营养级为以草食动物为食的动物,依此类推,还有第四营养级、第五营养级等。而一些杂食性动物则占有好几个营养级。

消费者不仅对初级生产物起着加工、再生产的作用,而且对其他生物的生存、繁衍起着积极作用。因此,消费者的作用是双重的。

(4)分解者

以上四部分构成一个有机的统一整体,相互间沿着一定的途径,不断地进行物质和能量的交换,并在一定的条件下,保持暂时的相对平衡。如图 2-3 所示。

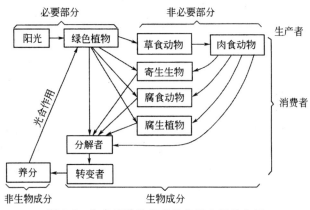

图 2-3 生态系统的组成及相互之间的作用

2.2.2 生态系统的结构

生态系统除了有生态系统的组分,还需要一个系统将这些组分通过一定的方式组合来实现一定的功能。这里生态系统中不同组分和要素的配置或组织方式即系统的结构。

1. 生态系统的物种结构

所谓物种结构是指生态系统中的生物组成及作用状况。不同物种对系统的结构和功能的稳定有着不同的影响。生物群落中有优势种、建群种、伴生种及偶见种外,还有关键种和冗余种物种作用较为公认的两种假说有铆钉假说和冗余假说。

铆钉假说将生态系统中的每个物种比作一架精制飞机上的每颗铆钉,任何一个物种丢失,同样会使生态过程发生改变。该假说认为生态系统中每个物种同等重要,任何一个物种的丢失或灭绝都会导致系统的变故。

冗余假说认为一个生态系统中各物种的作用是不同的,一些种起主导作用,类似汽车的"司机",而另一些则是被称为"乘客"的物种。若丢失"司机"种,将引起生态系统的灾变或停摆;而若丢失"乘客"种,对生态系统造成的影响就可能很小。从某种意义上来说冗余好像是对生态系统功能可能丧失的一种保险。

2. 生态系统的营养结构

生态系统的营养结构是生态系统最本质的结构特征,它指生态系统中的无机环境与生物群落之间,产生者、消费者和分解者之间,通过营养或食物传递形成一种组织形式。

(1)食物链

食物链是生态系统中物质循环和能量传递的基本载体,是生物因捕食而形成的链状顺序关系。生态系统通过食物链把生物与非生物、生产者与消费者、消费者与消费者联系为一个整体的。

自然生态系统中,食物链是以捕食食物链和碎屑食物链为主的,碎屑是指高等植物的枯枝落叶等被其他生物利用,分解成碎屑,再被多种动物所食。捕食食物链以生产者为基础,构成方式为植物→植食性动物→肉食性动物;碎屑食物链以碎屑食物为基础,构成方式为碎屑食物→碎屑食物消费者→小型肉食性动物→大型肉食性动物。捕食食物链和碎屑食物链的关系是同时存在,相互影响制约。

生态系统中各类食物链特征有:

①食性和生活习性极不相同的多种生物常常包含在同一个食物链中。

②在不同的生态系统中,各类食物链所占的比例不同。

③在任一生态系统中,各类食物链总是相互联系、相互制约和协同作用的。

④在同一个生态系统中,存在多条食物链,它们的长短不同、营养级数目不等。

⑤食物链是动态变化的,它不仅随着历史的进化而有所变化,而且在极短的时间内也有可能发生变化。

营养级是指处于食物链某一环节上的所有生物物种的总和,是食物链上的每一个环节。由于能量沿食物链流动时不断流失,因此食物链的长度大多数不超过 6 个营养级,最常见的是 4～5 个营养级。

(2)食物网

在生态系统中,生物间的营养联系很复杂。食物网就是由不同食物链之间相互交叉而形成复杂的网络式结构。它能清晰地反映生态系统内各类生物间的相互关系和营养位置,图 2-4 所示为简化的森林生态系统食物网示意。

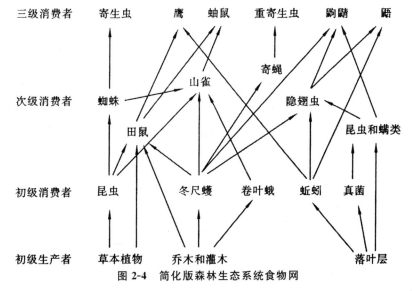

图 2-4　简化版森林生态系统食物网

自然生态系统中的食物网组成非常复杂,通常是一种生物以多种生物为食,一种生物同时占有几个营养层次。食物网将生态系统中的各生物成分之间直接和间接的联系在一起,而且还能保持生态系统结构和功能的相对稳定。生态系统的稳定性与食物网络结构有一定的关系,一般,食物网结构越复杂,生态系统越稳定。因为,若食物网中某个环节缺失,会有其他多种具有相应功能的环节起到补偿作用。

食物链(网)不仅是生态系统中物质循环、能量流动、信息传递的主要途径,也是生态系统中各项功能得以实现的重要基础。食物链(网)结构中各营养级,生物种类多样性及其食物营养关系的复杂性,是维护生态系统稳定性和保持生态系统相对平衡与可持续性的基础。

（3）生态金字塔

生态金字塔可分为三类：数量金字塔、生物量金字塔和能量金字塔，具体可见图2-5所示。

数量金字塔以各个营养阶层生物的个体数量表示。生物个体数目在每个营养级中是沿食物链向上递减的。生产者位于金字塔最底部的的个体数量最多，植食动物位于生产者的上一层，其数目小于生产者的数目，肉食动物动物位于植食动物的上一层，植食动物数量又大于肉食动物数量，而顶级肉食动物的数量在所有种群里通常是最小的。

生物量金字塔是以生物量来描述每一营养阶层的生物的总量。一般来说，绿色植物即生产者的生物量要大于它们所支持的植食性动物的生物量，植食动物的生物量要大于肉食动物的生物量。陆地生态系统和浅水水域生态系统中，生物量金字塔最为典型，这两者中生产者巨大，它们的生活周期长，有机物质的积累也较多。

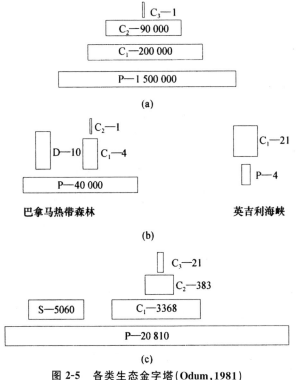

图2-5　各类生态金字塔（Odum，1981）

（a）数量金字塔（夏季草地）（个体/0.1hm²）；（b）生物量金字塔（g干重/m²）；

（c）能量金字塔［kcal/（m²·a）］

P—生产者；C₁—初级消费者；C₂—次级消费者；C₃—三级消费者；D—分解者；S—腐食者

能量金字塔也称生产力金字塔，以各营养阶层所固定的能量来表示的一种金字塔。能够较直观地表明营养级之间的依赖关系，可以较为准确地说明能量传递的效率和系统的功能特点。

能量金字塔中，每一等级的宽度代表一定时期内通过该营养级的能量值。从一个营养级到另一个营养级，能量的传递率约为10%～20%。即低位营养级供应给高位营养级的能量只有10%被利用，即百分之十定律。

研究生态金字塔对提高生态系统每一营养级的转化效率和改善食物链上的营养结构,获得更多的生物产品具有指导意义。

3．生态系统的时空结构

(1)生态系统的空间结构

自然生态系统一般都有分层现象。典型的如草地生态系统是成片的绿草,高高矮矮,参差不齐,上层绿草稀疏,而且喜阳光;下层绿草稠密,较耐荫;最下层有的就匍匐在地面上。层次结构提高了植物利用环境资源的能力,可以说是自然选择的结果。

发育成熟的森林生态系统中,上层乔木可充分利用阳光,乔木位于树冠下,能有效的利用弱光,有时仅占到达树冠全部光照的十分之一的光,穿过乔木层,但林下灌木层却能利用这些光谱组成已被改变的,微弱的光。草本层位于灌木层的下方,它们能够利用更微弱的光,而在草本层下还有更耐阴的苔藓层。

水域生态系统也存在分层现象。大量的浮游植物聚集于水的表层,浮游动物和鱼、虾等多生活在中层,在底层沉积的污泥层中有大量的细菌等微生物。且某些水生生物也会因为阳光、温度、食物和含氧量等因素而出现分层现象较为典型的有湖泊和海洋浮游动物的垂直分层。

自然生物群落中的动物也有明显的分层现象,例如,欧亚大陆北方针叶林区,在地被层和草本层中,栖息着两栖类、爬行类、鸟类、兽类和啮齿类;在森林的灌木层和幼树层中,栖息着莺、苇莺和花鼠等;在森林的中层栖息着山雀、啄木鸟、松鼠和貂等;而在树冠层则栖息着柳莺、交嘴和戴菊等,靠近地面层还有蚂蚁等,土层下有蚯蚓和蝼蛄等许多无脊椎土壤动物。动物这种分层现象主要与食物,以及不同层次的微气候条件有关。

生态系统中的分层有利于食物充分利用阳光、水分、养料和空间。各类生态系统在结构的布局上有一致性,上层为绿带或光合作用层,阳光充足,集中分布着绿色植物的树冠或藻类,有利于光合作用。在绿带以下为褐带,异氧层或分解层。

(2)生态系统的时间结构

生物群落的结构和外貌会随时间而变化,一般采用三个时间段来量度生态系统的时间结构:

①以生态系统进化为主要内容的长时间量度。

②以群落演替为主要内容的中等时间量度。

③以昼夜、季节和年份等周期性变化的短时间量度。

短时间周期性变化在生态系统中是较为普遍的现象,植物、动物等为适应环境因素的周期性变化发生了生态系统短时间结构的变化,这种变化引起整个生态系统外貌上的变化。生态系统结构的短时间变化在一定程度上也反映了环境质量的变化,因此,对生态系统结构时间变化的研究具有重要的实践意义。

2.2.3　生态系统的功能

生物生产、能量流动、物质循环和信息传递为生态系统的基本功能。

1．生态系统的物质生产

生物生产是指太阳能通过绿色植物的光合作用转换为化学能,再经过动物生命活动利用转变为动物能的过程。

生物生产包括初级生产和次级生产两个过程,初级生产也称为植物性生产,是绿色植物将把太阳能转化为化学能的过程;次级生产又称为动物性生产,是动物把初级生产品转化为动物能。在生态系统中,初级生产和次级生产之间彼此联系,但又分别独立地进行物质和能量的交换。

(1)初级生产

初级生产是指绿色植物通过光合作用,吸收和固定太阳能,将无机物转变成成复杂的有机物的过程。生态系统中第一次能量固定就是光合作用对太阳能的固定,故初级生产也称为第一性生产。初级生产可用如下化学方程式概述:

$$6CO_2 + 6H_2O \xrightarrow[\text{光合作用色素}]{2817.8kJ} C_6H_{12}O_6 + 6O_2$$

式中,CO_2 和 H_2O 为原料,$C_6H_{12}O_6$ 为光合产物,如蔗糖、淀粉和纤维素等。光合作用是自然界最重要的化学反应,也是最复杂的反应,人类至今对其机理还没有完全研究透彻。

初级生产过程中,植物固定的能量有一部分被植物本身的呼吸消耗掉,剩下用于植物的生长和生殖。故绿色植物所固定的太阳能或所制造的有机物质的量在不同系统中因其在生长、呼吸消耗和繁殖上的差异而存在差异。

生态学中,将单位面积植物在单位时间内通过光合作用固定太阳能的量称为总初级生产量(Gross Primary Production,GPP),单位 $J/(m^2 \cdot a)$ 或干重 $g/(m^2 \cdot a)$。在总初级生产量中,有一部分能量被植物自己的呼吸消耗掉(Respiration,R),剩下的可用于植物的生长和生殖,这部分生产量称为净初级生产量(Net Primary Production,NPP)。总初级生产量与净初级生产量之间的关系可表示为

$$GPP = NPP + R \tag{2-1}$$

或

$$NPP = GPP - R \tag{2-2}$$

生态系统的净初级生产量反映了生态系统中植物群落的生产能力,它是估算生态系统承载力和评价生态系统是否可持续发展的一个重要生态指标。

值得注意的是生物量和生产量是不同的概念,生产量含有速率的概念,是单位时间单位面积上的有机物质生产量;生物量是指在某一定时刻调查时单位面积上积存的有机物质。

全球净初级生产总量(干重)为 1.72×10^{11} t,其中陆地为 1.17×10^{11} t,海洋为 0.55×10^{11} t,海洋净初级生产量约占全球净初级生产量的 1/3。

不同生态系统类型的生产量和生物量差别显著。在全球陆地生态系统中,净初级生产力最高的为木本与草本沼泽(湿地),其次为热带雨林,最低者为荒漠灌丛,总体呈现出由热带雨林→温带长绿林→温带落叶林→北方针叶林→稀树草原→温带草原→冻原和高山冻原→荒漠灌丛净初级生产力依次减少的趋势;在海洋生态系统中,则呈现出由河口湾→湖泊和河流→大陆架→大洋净初级生产力依次减少的趋势。

可见陆地生态系统比水域生态系统初级生产量大;初级生产量随纬度增加而逐渐降低;海洋中初级生产量由河口湾向大陆架和大洋区逐渐降低。

(2)次级生产

次级生产也称为第二性生产,消费者和还原者利用初级生产物质进行同化作用生产自身

和繁衍后代的过程,表现为动物和微生物的生长、繁殖及营养物质的储存等其他生命活动的过程,是除初级生产以外的其他有机体的生产。

因为转化过程的能量损失,任何一个生态系统中的净初级生产量总是有相当一部分不能转化成次级生产量。因此,各级消费者所利用的能量仅仅是被食者生产量中的一部分,次级生产是以现存的有机物为基础,初级生产的质和量对次级生产具有直接或间接的影响。次级生产水平上的能量平衡可表示为

$$C=A+F_u \tag{2-3}$$

(2-3)式中,C 为摄入的能量,J;A 为同化的能量,J;F_u 为排泄物、分泌物、粪便和未同化食物中的能量,J。

A 项又可分解为

$$A=P+R \tag{2-4}$$

式中,P 为净次级生产量,J;R 为呼吸能量,J。综合上述两式可得

$$P=C-F_u-R \tag{2-5}$$

图 2-6 所示的为简化的次级生产过程。

图 2-6　次级生产过程模式

R. H. Whittaker 等人(1973)依据 NPP 资料并参照不同地区动物取食、消化的能力,估算了全球各类不同生态系统的次级生产量,结果表明,海洋生态系统中的植食动物摄食效率约相当于陆地动物利用植物效率的 5 倍。可见,对人类的未来而言,研究海洋的次级生产量具有重要的实际意义。

2. 生态系统的能量流动

能量是生态系统的动力,是一切生命活动的基础。地球上一切生命都要利用能量来生活、生长和繁殖。在生态系统中,生物与环境、生物与生物之间的密切联系,可通过能量的转化、传递来实现。

能量流动是指太阳辐射能被生态系统中的生产者转化为化学能并被贮藏在产品中,通过取食关系沿食物链逐渐利用,最后通过分解者的作用,将有机物的能量释放于环境之中的能量动态的全过程。

(1)生态系统能量传递的热力学定律

能量在生态系统内的传递和转化规律服从热力学第一定律和热力学第二定律。

热力学第一定律又称为能量守恒定律,其内容是能量既不能消失,也不能凭空产生,只能从一种形式转化为另一种形式,而在转化和转移的过程中总能量保持不变。

热力学第二定律是熵增加定理。其内容是在封闭系统中,做工过程伴随有能量变化,总有一部分能量以热的形式消散,这部分能量使系统的熵和无序性增加。

能量以食物的形式生态系统中的生物之间传递时,其中的相当一部分能量以热的形式而

消耗掉,剩余能量合成型的组织以潜能的形式存储起来。故动物在利用合成型的组织食物中的潜能时把大部分转化成了热,只把一小部分合成新的组织新的潜能的形式存储。因此,能量在生物之间的每次传递,都有大部分的能量以热的形式而损失。这也是营养级数一般不会多于5~6个以及能量金字塔必定呈尖塔形的热力学的原因。

(2)能量在生态系统中的流动

1942年R. L. Lindeman在对美国Cedar Bog湖进行深入调查研究,发表《生态学的营养动态概说》,开创了定量描述生态系统能量动态的工作,其研究结果可见图2-7所示。

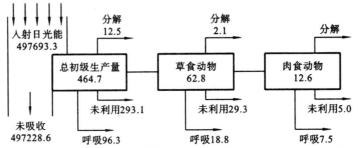

图2-7　生态系统能量流动定量分析[R. L. Lindema,1942;单位:J/(cm² · a)]

1957年H. T. Odum在美国佛罗里达的银泉(Silver Spring)进行了能量分析工作,如图2-8所示以牧食食物链为主的银泉生态系统的能流。银泉中主要生产者是有花植物慈姑、卵形藻、颗粒直链藻、小舟形藻及少量金鱼藻、眼子菜和单胞藻类。植食动物是一些鱼类、甲壳类、腹足类以及昆虫的幼虫。食肉动物有食蚊鱼、两栖螈、蛙类、鸟类、水螅和昆虫等。二级食肉动物有弓鳍鱼、黑鲈和密河鳘。还有以动植物残体为生的细菌和一种小虾。

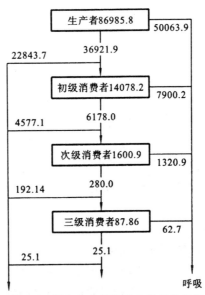

图2-8　银泉生态系统食物链能流分析

由图2-8可知从生产者到草食动物的能量转化效率低于从草食动物到肉食动物的能量转化效率。贮藏在肉食动物中的能量只占入射日光能的一个极小部分。

（3）能量在生态系统中流动的特点

1）能量在生态系统中传递与物理系统不同。物理系统中能流的传递是有规律的,可用数学公式表达,且对某些系统而言其传导系数为一个常数。但生态系统中,能流是变化的,以捕食者-被食者为例,能流与捕食者消化率和生物量产生速度有关,与捕食者之间的差异相关联。

2）能量是单向流。生态系统中能量的流动是单向的。能流途径来看,能量只是一次性流经生态系统,是不可逆的,如:光合作用将生态系统中以光能的状态进入的能量,固定在植物体内,固定在植物体内的能量,无法以光能的形式返回;自养生物被异养生物摄食后,能量就由自养生物流入异养生物体内,无法返回自养生物(图 2-9)。

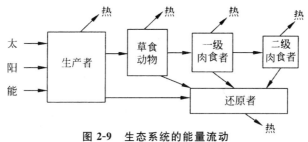

图 2-9　生态系统的能量流动

3）能量在生态系统内流动的过程是不断递减的过程。能量在各食物链的营养级之间的流动过程是一个递减的过程,也就是说各营养级消费者无法百分百利用生物能量;各营养级的同化作用不可能百分百;生物维持生命过程的新陈代谢需要消耗能量。

4）能量在流动中逐渐转化为高质能量。能量在生态形态转化过程中一部分以热能的形式消耗,另一部分较多的能量是由低质能转化为高质能存储在生物体内。

3. 物质循环

在生态系统中的生存离不开能量与物质。物质有机体维持生命活动所进行的生物化学过程的结构基础,又是化学能量的运载工具;能量正是由于物质作为载体,才在食物链之间传递,有机体生长发育过程中如果没有物质的满足,就立马停止生长。

维持生物有机体生命所必需的化学元素约有 40 多种,其中 C、H、O、N 是生物大量需要的,被称为基本元素,占全部原生质的 97% 以上;Ca、Mg、P、K、S、Na、Si、Fe、Al 等是生物需要量相对较多,被称为大量营养元素;Cu、Zn、B、Mn、Co、Ni、Se 等,在生命过程中需要量虽然很少,但却是不可缺少的,被称为微量营养元素。所有这些化学元素,在生物体生长过程中同等重要、不可代替,都是保证生命活动正常进行所必需的。这些营养物质是生物从大气圈、水圈、土壤岩石圈中所获得,而这些营养物质在生态系统中都是沿着周围环境-生物体-周围环境的途径作反复运动。这种循环过程又称为生物地球化学循环,简称生物地化循环。

生物地化循环又可分为水循环、气态的循环和沉淀物循环。气态型循环的主要贮库是大气,元素在大气中也以气态出现,如碳、氮的循环。沉积物循环的主要储库是土壤、岩石和地壳,元素以固态出现,如磷的循环。

下面将分别简述 H_2O、C、N、P 和 S 的五种循环。O 和 H 结合生成 H_2O,和 C 结合生成 CO_2,已包括在 H_2O 和 C 循环中,故不再另述。

（1）水循环

H_2O 由 H 和 O 组成,是生命过程中氢的主要来源,一切生命有机体的主要成分都是

H_2O。H_2O 又是生态系统中能量流动和物质循环的介质,整个生命活动就是处在无限的水循环之中。

水循环的动力是太阳辐射。水循环主要是在地表水的蒸发与大气降水之间进行的。海洋、湖泊、河流等地表水通过蒸发,进入大气;植物吸收到体内的大部分水分通过蒸发和蒸腾作用,也进入大气。在大气中水分遇冷,形成雨、雪、雹,重新返回地面,一部分直接落入海洋、河流和湖泊等水域中;一部分落到陆地表面,渗入地下,形成地下水,供植物根系吸收;另一部分在地表形成径流,流入河流、湖泊和海洋,如图 2-10 所示。

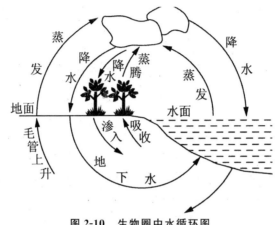

图 2-10　生物圈中水循环图

(2)碳循环

碳是植物有机物质的主要组分之一。碳通过植物光合作用从大气以 CO_2 的形式进入陆地生态系统的生物地球化学循环。除此之外,含碳的岩石经过风化以及融溶作用以 HCO_3^- 形式经植物根的吸收进入生物地球化学循环。植物呼吸释放的 CO_2 又将碳返回大气或进入草牧食物网和腐生食物网。腐生食物网中的腐生异养生物呼吸放出 CO_2 也能释放大量的碳,但有一定数量的碳以 CH_4 形式返回大气层。被释放的 CO_2 只有小部分被植物重新吸收利用,大部分返回大气层或溶于海水中。全球性的碳循环主要是地质循环(图 2-11)。

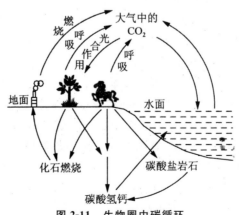

图 2-11　生物圈中碳循环

碳在生物圈中的存在时间差别很大,大多数碳原子在生物地球化学循环中的时间不长。

植物通过光合作用,将大气中的 CO_2 固定在包括合成多糖、脂肪和蛋白质等有机体中,储存于植物体内。这些物质被食草动物吃了以后,经消化合成,通过逐个营养级,再消化再合成这样的过程,主要一部分为动物体的组分,另一部分碳又经过呼吸作用回到大气中。存储在动物体中的碳,通过动物排泄物和动植物残体,由微生物分解为 CO_2,回到大气中。

海洋对 CO_2 调节大气浓度起重要作用。随空气中 CO_2 浓度的升高,溶于海水中的 CO_2 也增多,最终引起碳酸钙沉积物的增加,在 N、P 充足的前提下,还会引起水生生物生产力的提高。相反,大气 CO_2 减少时,海水中的 CO_2 向大气释放,海水中 CO_2 含量降低。海水溶解 CO_2 这一途径可清除人类活动产生的 CO_2 量的 35% 左右,但是这一过程的进行速率与海水温度、海水 pH 值、大气 CO_2、分压和其他养分浓度有关,同时受大气、洋流涡动速率以及海水化学平衡等的影响,进行速度相当缓慢,难以与 CO_2 释放速率相比。

工业革命后,煤炭、石油、天然气等化石燃料消耗不断增加,以及土地利用方式的改变,向大气中排放的 CO_2 迅速增加,是导致全球气候变化的主要原因。

(3)氮循环

生态系统中的氮以 N_2、NH_3 和 NO_3^- 或 NH_4^+ 形式存在,这 4 种形式的氮都可进入生物地球化学循环。硝态氮和氨态氮主要以干湿沉降形式进入生态系统,它们可以被植物叶片直接吸收,其数量占植物需氮量 10% 左右。氮循环与碳循环有较大的不同,虽然这两种元素都通过大气库进入生态系统,但氮储量与生物退化有广泛联系,而且氮循环没有碳循环那样复杂的调节途径。氮进入生态系统后,会引起生态系统一系列复杂的变化。氮先被植物以 NO_3^-、NH_4^+ 形式吸收,转变成有机物,再沿自养或腐屑营养链流动,最终返回土壤(图 2-12)。

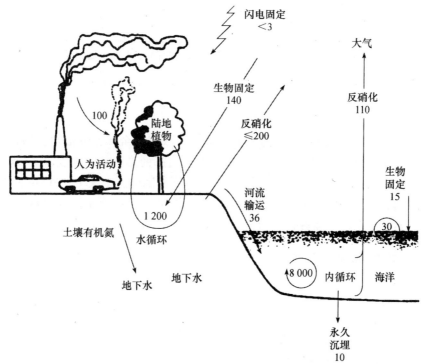

图 2-12　全球氮循环(引自 Schlesinger,1997)

（4）硫循环

硫是植物和动物生存所必需的元素。硫大量贮存于岩石圈、水圈及土壤中，还有少量以气态和气溶胶形态存在于大气圈，并与陆地和水体交换频繁。通常把硫循环看成是一种沉积型循环，但由于活跃的大气库的存在，以及人类活动的影响，许多人更倾向于将其列为介于气相型与沉积型之间的中间类型循环。

在生物圈内，硫主要以 H_2S、SO_2 及 SO_4^{2-} 等形态参与流通，在化学作用或生物作用下，氧化态的硫可转变为还原态，反之亦然。土壤生态系统中硫的循环主要由以下几个过程构成：一是有机态硫被分解矿化成 SO_2 或 SO_4^{2-}，如在渍水、缺氧土壤中的还原；二是还原态硫被氧化，其最终产物为 SO_2。这些反应大都有微生物参与，但同时受环境条件的制约。硫酸盐在土壤中主要以石膏的形式存在，石膏的溶解度足以使硫酸盐离子能满足植物生长的需要。土壤硫通过植物吸收和雨水淋失被消耗。植物体中硫酸盐中的硫大部分被重新还原 S，以植物残体或有机肥的形式重新进入土壤。

4. 物质与能量的关系

如图 2-13 所示，能量一旦转变成热量，就不能再被生物利用来做功或为生物有机物质的合成提供能量。热能消失在大气中，永远不能再循环。

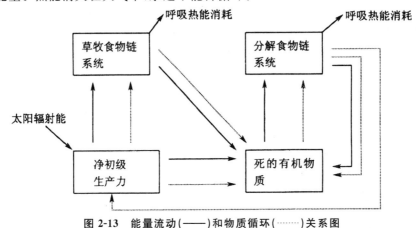

图 2-13　能量流动（——）和物质循环（……）关系图

图 2-13 是一种非常简化的描述，因为并非分解所释放的全部养分都被植物再吸收利用。养分循环决不会是完全的，一部分营养元素以液态或气态的形式从土地上流失，而且，群落还会从岩石风化和降雨中得到额外的养分供给。1959 年美国生态学家 E. P. Odum 把生态系统的能量流动概括为一个普适的模型，具体可见图 2-14。该模型给出了外部能量的输入情况以及能量在生态系统中的流动路线及其归宿。

2.2.4　生态系统的信息传递

1. 信息传递的种类

从生物的角度，信息的类型主要有四种。

①营养信息。在生物界的营养交换中，信息由一个种群传到另一个种群。如昆虫多的地区，啄木鸟就能迅速生长和繁殖，昆虫就成为啄木鸟的营养信息。这种通过营养关系来传递的信息叫营养信息。

②化学信息。蚂蚁在爬行时留下"痕迹",使别的蚂蚁能尾随跟踪。这种生物体分泌出某种特殊的化学物质来传递的信息叫化学信息。

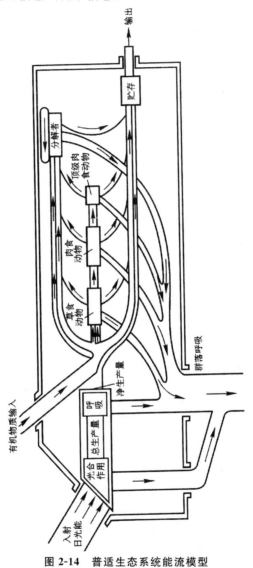

图 2-14 普适生态系统能流模型

③物理信息。如生态系统中的各种声音、颜色、光、电等都是物理信息。鸟鸣、兽吼可以传达惊慌、警告、嫌恶、有无食物和要求配偶等各种信息。昆虫可以根据花的颜色判断花蜜的有无。

④行为信息。行为信息指的是动植物的异常表现和异常行为所传递的某种信息。如动物求偶时,会通过一定的行为方式传递求偶信息。

2. 信息流动的过程

生态系统信息流动是一个复杂的过程,一方面信息流动过程总是包含着生产者、消费者和分解者这些亚系统,每个亚系统又包含着更多的系统;另一方面,信息在流动过程中不断地发生着复杂的信息转换。归纳起来,信息流动有 6 个基本的过程环节,包括信息的产生、获取、传递、处理、再生和时效。下面简要介绍生态系统中的几种信息传递形式。

1)阳光与植物间的信息传递。阳光是生态系统重要的生态因素之一,它发出的信息对各类生物都产生深远的影响。植物的形态建成就受到阳光信息的控制。光信息对不同植物种子的作用各异。光对开花反应和某些生物生长过程的控制也有同样的特点。

2)植物间的化学信息传递。植物产生的各种毒素、生长抑制剂、抗生物质或促进剂,都是为了竞争的需要,植物之间对营养和空间的竞争,常通过化学方式来完成。植物和微生物利用次生物质(被土壤吸收后或通过空气而直接作用)来对付同伴、竞争者或者调节生态系统。

3)植物与微生物间的信息传递。微生物的作用可能使植物原来分泌的物质降解为没有化感活性的物质,也有可能将原本没有活性的物质转化为有活性的化感物质。土壤微生物本身产生很多抗生素、酚酸、脂肪酸、氨基酸对植物有害的物质。土壤微生物产生的有毒代谢产物能导致一些作物的土壤病和连作障碍。

4)植物与动物间的信息传递。植物生活在固定的场所,面对来自其他动物、植物和微生物的袭击,仅仅通过形态上的防御是不够的。植物的次生代谢物至今已鉴定化学结构的就有 5 万种以上,还有大量未知的次生代谢物,这么多数量的物质绝大多数还未发现其生物学功能,但可以推断,植物每一种次生物质都可能产生特定的信号,成为植物-昆虫间相互作用的纽带。植物的花是植物与授粉动物间联系的极为重要的信息媒介。一朵花生成某种颜色,往往与感觉到这种颜色信号的昆虫有关。很多被子植物依赖动物为其授粉,由于长期共同进化,长期信息频繁的往返,使得花的开花、花粉的成熟、花蜜的分泌、花香的外溢等与授粉者的活动配合得十分巧妙,很多动物依靠花的信息而取得食物。

2.3　生态平衡与失调

2.3.1　生态平衡的概念

生态平衡是指一个生态系统在特定时间内的状态下,其结构和功能相对稳定,物质与能量的输入/输出接近平衡,在外来干扰下,通过自我调控能恢复到最初的稳定状态。生态平衡应包括结构上的平衡、功能上的平衡以及物质输入与输出数量上的平衡 3 个方面的内容。

生态系统具有承受一定程度的外界压力和自我调节控制机制恢复其相对平衡性的能力,将这种调节能力称为生态系统的自我调控机制。若超出限度,生态系统的自我调控机制就会降低或消失,这种相对平衡的状态就遭到破坏甚至崩溃,这个限度就称为"生态阈值"。生态阈值的大小决定于生态系统的成熟度,系统越成熟,阈值越高;反之,系统结构越简单,功能效率不高,对外界压力的反应越敏感,抵御剧烈生态变化的能力越脆弱,阈值就越低。

2.3.2　生态平衡的特征

平衡的生态系统通常具有四个特征:

1. 生物种类组成和数量相对稳定

生态系统中各种生物之间、各群落之间保持相对稳定,生产者、消费者、分解者的种类与数量相对稳定,使得生态系统的结构处于稳定状态。

2. 物质与能量的流动保持合理的比例与速度

生态系统的动态平衡还表现为:经过系统流动的各种物质元素保持着合适的比例,且在生态系统各部分的移动速度保持均衡。能量在系统各部分的分配与流动保持均衡。

3. 一定时期内生态系统中能量与物质的输入和输出保持平衡

物质与能量在生态系统中,及其环境间不断进行差异开发性流动。对一个平衡的生态系统来说其物质和能量的输入和输出相对平衡,否则,这种平衡就将被打破而建立新的平衡。

4. 生态系统具有良好的自我调节能力

在一个成熟稳定的生态系统中生产者、消费者和还原者之间有完好的营养关系,其本身能够不断进行自我调控。当系统受外界因素影响而导致其结构与功能产生变化时,系统能及时对这种影响做出反应,对其内部进行调控,使其恢复到原有的平衡状态。

只有满足上述特征,才说明生态系统达到平衡,系统内各种量值达到最大,而且对外部冲击和危害的承受能力或恢复能力也最大。

2.3.3 生态平衡的破坏

生态系统能够维持相对的平衡状态,主要是由于其内部具有自动调节的能力。但这种调节能力是有一定限度的,它依赖于种类成分的多样性和能量流动及物质循环途径的复杂性,同时取决于外部作用的强度和时间。例如,某一水域中的污染物的量超过水体本身的自净能力时,这个水域的生态系统就会被彻底破坏。

1. 生态失调的标志

生态平衡破坏的标志主要包括两个方面,即结构上的标志和功能上的标志。

(1)生态平衡失调的结构标志

生态平衡破坏首先表现在结构上,包括一级结构缺损和二级结构变化。一级结构指的生态系统的各组成成分,即生产者、消费者、分解者和非生物成分组成的生态系统的结构。当组成一级结构的某一种成分或几种成分缺损时,即表明生态平衡失调。如一个森林生态系统由于毁林开荒,导致森林这一生产者的消失,造成各级消费者因栖息地被破坏,食物来源枯竭,必将被迫转移或者消失,分解者也会因生产者和消费者残体大量减少而减少,甚至会因水土流失加剧被冲出原有的生态系统,则该森林生态系统将随之崩溃。

生态系统的二级结构是指生产者、消费者、分解者和非生物成分各自所组成的结构。如各种植物种类组成生产者的结构,各种动物种类组成消费者的结构等。二级结构变化即指组成二级结构的各种成分发生变化,如一个草原生态系统经长期超载放牧,使得嗜口性的优质草类大大减少,有毒的、带刺的劣质草类增加,草原生态系统的生产者种类发生改变,并由此导致该草原生态系统载畜量下降,持续下去,该草原生态系统将会崩溃。

(2)生态平衡失调的功能标志

生态平衡失调的功能标志有能量流动表现为初级生产者生产力下降和能量转化效率降低,由于在生态系统中的某一个营养层上受阻;物质循环正常途径的中断。中断有的是由于分解者的生境被污染而使其大部分丧失了其分解功能,更多的则是由于破坏了正常的循环过程。

物质输入/输出比例的失调是使生态系统物质循环功能失调的重要因素。如农业生产中作物秸秆被用做燃料、草原上的枯枝落叶被用做烧柴等;如某些污染物的排放超过了水体的自净能力而积累于系统之中,这些物质的不断释放又反过来危害着正常结构的恢复。

2. 破坏生态平衡的因素

生态系统受到外界因素影响导致其结构与功能受损,且超出其耐受限度、不能自我修复时,生态系统就会衰退甚至崩溃,这就是生态平衡的失调。其标志是组成生态系统的生产者、消费者、分解者的缺损,如大面积毁林开荒使原来的生产者从系统内消失,各级消费者因得不到食物而迁移或死亡,分解者随水土流失而被冲走,最后导致岩石或母质裸露或沙化,森林生态系统崩溃;当外部压力不断作用于生态系统,造成生物种类与数量减少、层次结构产生变化,如草原由于过度放牧使高草群落退化为矮草群落;环境中各种非生命成分的变化,如水体污染导致水质恶化,使浮游生物及各级消费者受害。

生态平衡失调还会造成生物生产下降、能量流动受阻、物质循环中断、扰乱信息传递,使生态系统的功能下降。

破环生态平衡的因素有两个,即:自然因素和人为因素。

(1)自然因素

主要是指自然界发生的异常变化或自然界本来就存在的对人类和生物的有害因素。如火山爆发、山崩海啸、水旱灾害、地震、台风、流行病等自然灾害,都会使生态平衡遭到破坏。例如,秘鲁海面每隔6~7年就发生一次海洋变异现象,结果使一种来自寒流系的鱼类大量死亡。鱼类的死亡又使吃鱼类的海鸟失去食物而无法生存。1965年的死鱼事件,就使1200多只海鸟饿死,又引起以鸟粪为肥料的当地农田因缺肥而减产。自然因素对生态系统的破坏是严重的,甚至可以使其彻底毁灭,并具有突发性的特点。但这类因素常是局部的,出现的频率并不高。

(2)人为因素

在人类改造自然界能力不断提高的当今时代,人为因素才是生态平衡遭到破坏的主要因素,主要体现为以下三点。

1)生物种类发生改变。生态系统中一个物质的增加可能导致生态系统的破坏。如我国20世纪50年代曾大量捕杀过麻雀,致使有些地区出现了严重的虫害。

2)环境污染和资源破坏。人类的生产和生活活动一方面是向环境中输入了大量的污染物质,使环境质量恶化,生态系统结构和功能遭到破坏,从而使生态平衡失调。另一方面是对自然和自然资源的不合理利用,如过度砍伐森林、过度放牧和围湖造田等,都会使生态系统失衡。

3)信息系统的破坏。各种生物种群依靠彼此的信息联系,保持其集群性和正常地繁殖。如果破坏了某种信息,人为向环境中施放某一物种,使生物之间的联系将被切断,将有可能破坏生态系统。

2.3.4 生态系统的自我调节能力

1. 生态系统的调节机制

生态系统的调节主要是通过系统的抵抗力、反馈机制和恢复力实现的。

（1）抵抗力

抵抗力是维持生态平衡的重要途径之一，是生态系统维持系统结构和功能原状和抵抗外界干扰的能力。抵抗力与系统发育阶段及状况有关，其结构越复杂、发育越成熟，其抵抗外界干扰的能力就越强。

（2）反馈机制

正反馈和负反馈是生态系统平衡的调节的两种反馈机制，两者的作用是相反的。生物的生长、种群数量的增加等均属正反馈。正反馈可使系统更加偏离置位点，因此，它不能维持系统的稳态。要使系统维持稳态，只有通过负反馈。种群数量调节中，密度制约作用是负反馈机制的体现。这种反馈就是系统的输出变成了决定系统未来功能的输入。负反馈调节作用的意义就在于通过自身的功能减缓系统内的压力以维持系统的稳定。

（3）恢复力

恢复力是指生态系统遭受外干扰破坏后，系统恢复到原状的能力。生态系统恢复能力是由生命成分的基本属性决定的，即生物顽强的生命力和种群世代延续的基本特征所决定。如污水水域切断污染源后，生物群落的恢复就是系统恢复力的表现。一般恢复力强的生态系统，生物的生活世代短，结构比较简单。如杂草生态系统遭受破坏后恢复速度要比森林生态系统快得多。

2. 生态系统的自我调节能力

生态系统内部的自动调节的能力，使生态系统能保持动态平衡。生态系统的组成成分愈复杂，生物种类愈多，其物质循环和能量流动的途径也就愈复杂，营养物质贮备就愈多，其调节能力也愈强。有一部分能量流、物质流的途径发生障碍，或一个物种的数量变动或消失时，可以被其他部分所补偿或代替。但是一个生态系统的调能力是有限度的，超过了这个限度，调节就不能再起作用，生态系统的平衡将失调。即使最复杂的生态系统，其自我调节能力也是有限度的。例如，森林应有合理的采伐量，一旦采伐量超过生长量，必然引起森林的衰退；工业"三废"应有合理的排放标准，排放不能超过环境的容量，否则就会造成环境污染，产生公害危及人类；草原也应有合理的载畜量，超过限度，草原将会退化。因此，生态系统的自我调节前提是"生态平衡阈值"。

2.3.5　生态平衡的重建

人类不断地向自然界索取以满足对物质生活和精神生活水准的无止境的要求，这就必然要对自然界进行干预。人类利用自然和自然资源的能力随着科学技术的发展在不断提高，对自然和自然资源的干预程度也会越来越大，这样就很难实现生态系统持续维持在稳定的水平。现阶段人们的任务是在现有生态平衡的基础上，运用经济学和生态学的观点有计划、有目的去建立新的生态系统，或新的生态平衡，使生态系统向有利于人类的方向发展。对已被破坏的生态平衡，必须设法使其恢复或再建。所以，应该把恢复和再建统一起来。而再建就应该再建成一个更有利于人类的生态系统。

多级氧化塘、土地处理系统、矿山复垦系统等生态工程以及生态农场、生态村的建立等，为生态平衡的恢复与再建，展现了广阔的前景。

2.4 生态学规律及其在环境保护中的应用

2.4.1 生态学的一般规律

认识和掌握生态学规律,对于维持生态平衡,解决当前全球所面临的重大资源与环境问题具有重要作用,对工农业生产、工程建设和环境保护等具体工作中有着重要指导意义。

生态学的一般规律可归纳为以下几个主要方面:

1. 相互制约与相互依存规律

生态系统中生物与环境、生物与生物之间,相互依存、相互制约,具有和谐协调的关系,是构成生态系统或生物群落的基础。和谐协调主要分为普遍的依存与制约关系和通过食物链而相互联系与制约的协调关系两类。普遍的依存与制约关系是指物间相互依存与相互制约的关系,是普遍存于在植物、微生物、动物中,或存在于它们之间。通过食物链而相互联系与制约的协调是指每种生物在食物链和食物网中都占有一定位置,并有特定作用。各种生物因此而相互依赖、彼此制约、协同进化。

2. 物质循环转化与再生规律

自然界中的物质成分一方面不断地合成新的物质,一方面又随时分解为原来的简单物质,重新被植物所吸收,进行着不停顿的新陈代谢作用。但若人类的社会经济活动过于强化,超过了生态系统的调节限度,就会出现全球性或区域性的物质循环失调。

3. 物质的输入与输出平衡规律

物质输入与输出平衡是指生物体一方面从周围环境摄取物质,另一方面又向环境排放物质,以补偿环境损失,也称协调稳定规律。即无论对生物、对环境、在一个稳定的生态系统中物质输入与输出总是相平衡的。

4. 相互适应与补偿的协同进化规律

生物给环境以影响,反过来环境也会影响生物。生物与环境之间存在作用与反作用过程。

5. 环境资源的有效极限规律

生物生存依赖的生态系统中的各种环境资源在空间和时间、数量、质量等方面,都不能无限制地供给,有其一定的限度。为了避免生态平衡的破坏,人类必须科学、合理利用环境资源。

以上五条生态学规律也是生态平衡的基础。人类当前面临的人口、食物、能源、自然资源和环境保护五大社会问题与生态平衡以及生态系统的结构与功能紧密相关(图2-15)。

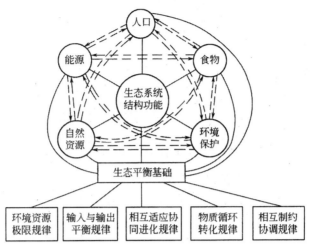

图 2-15　生态平衡与五大社会问题的关系

2.4.2　生态学在环境保护中的应用

1. 对环境质量的生物监测与生物评价

生物监测是利用生物个体、种群或群落对环境污染状况进行监测,生物在环境中所承受的是各种污染因子的综合作用,它能更真实、更直接地反映环境污染的客观状况。

凡是对污染物敏感的生物种类都可作为监测生物。例如,地衣、苔藓和一些敏感的种子植物可监测大气污染;一些藻类、浮游动物、大型底栖无脊椎动物和一些鱼类可监测水体污染;土壤节肢动物和螨类可监测土壤污染。生物所发出的各种信息,即生物对各种污染物的反应,包括受害症状、生长发育受阻、生理功能改变、形态解剖变化以及种群结构和数量变化等,通过这些反应的具体体现,可以判断污染物的种类,通过反应的受害程度确定污染等级。

生物评价是指用生物学的方法按一定标准,对一定范围内的环境质量进行评定和预测。通常采用的方法有指示生物法、生物指数法和种类多样指数法等。利用细胞学、生物化学、生理学和毒理学等手段进行评价的方法,也在逐渐推广和完善。生物评价的范围可以是一个厂区,一座城市,一条河流,或一个更大的区域。

2. 充分利用生态系统的自我调节能力

生态系统的生产者、消费者和分解者在不断进行能量流动和物质循环过程中,受到自然因素或人类活动的影响时,系统具有保持其自身稳定的能力。在环境污染的防治中这种调节能力又称为生态系统的自净能力(又称反馈调节)。例如水体自净、植树造林、土地处理系统等,都收到明显的经济效益和环境效益。具体表现在:①植物可吸收二氧化碳,放出氧气;对降尘和飘尘有滞留和过滤作用;还可吸收大气中的有害物质,减轻光化学污染、吸收和净化某些重金属、减少空气中的含菌量等。②土地-植物系统中通过植物根系的吸收、转化、降解和合成作用;土壤中的真菌、细菌和放线菌等微生物区系对污染物的降解、转化和生物固定作用;土壤中的动物区系对含有氮、磷、钾的有机物质的代谢作用。③进入到水体中的污染物,在水体中的细菌、真菌、藻类、水草、原生动物、贝类、鱼类等生物的作用下,可以发生不同程度的分解和转化,变成低毒或无毒无害物质,这个过程称为水体的生物净化作用。目前污水治理工程已广泛应用生物净化作用,如活性污泥法、生物膜法、生物氧化塘等。

3. 制定区域性生态规划

按照复合生态系统理论,区域是一个由社会、经济、自然 3 个亚系统构成的复合生态系统,通过人的生产与生活活动,将区域中的资源、环境与自然生态系统联系起来,形成人与自然、生产与资源环境的相互作用关系与矛盾。这些相互作用及矛盾决定了区域发展的特点。

可以认为区域一切环境问题的产生都是这一复合生态系统失调的表现。所以,对区域环境问题的防治,必须从合理规划这一复合生态系统着手。

区域生态规划是按生态学原理,对某一地区的社会、经济、技术和环境所制定的综合规划,其目的就是运用生态学及生态经济学原理,调控区域社会、经济与自然亚系统及其各组分之间的生态关系,使之实现资源合理利用,环境保护与经济增长良性循环,区域社会经济可持续发展。

城市是一个典型的区域人工复合生态系统,城市生态规划可以指导生态型城市的建立。生态型城市的内涵主要包括技术与自然的融合,人类创造力、生产力的最大发挥,环境清洁、优美、舒适、经济发展、社会进步和环境保护三者高度和谐,综合效益最高,城市复合生态系统稳定、协调和可持续发展。

4. 对环境质量进行生物监测和评价

利用生物个体、种群和群落对环境污染或变化所产生的反应阐明污染物在环境中的迁移和转化规律;利用生物对环境中污染物的反应来判断环境污染状况,如利用植物对大气污染(如二氧化硫污染物作用于阔叶植物时,其叶脉、叶缘之间出现不规则坏死小斑,颜色呈黄色或白色,若长期低浓度作用则老叶绿色变淡)、水生生物对水体污染的监测和评价;利用污染物对人体健康和生态系统的影响制定环境标准。

总之,我们应该利用生态学规律,把经济因素与地球物理因素、生态因素和社会因素紧密结合在一起进行考虑,使国家和地区的发展适应环境条件,保护生态平衡,达到经济发展与人类相适应、实行持续发展的战略目标。

第3章   自然资源的开发利用与环境保护

3.1   自然资源概述

3.1.1   自然资源的概念

自然资源(Natural Resource)是指人类生活和生产所需的物质资料的总称。自然界中任何对人类有用的物质和能量都可看作为自然资源。随着科学技术和生产水平的进步,自然资源包括的种类不断扩大,可以说地球上一切有生命的或无生命的物质都可以作为某种资源来对待。但在通常情况下,自然资源一般只指在一定技术、经济条件下为人类所能开发利用的物质和能量。它们主要包括土地、森林及其产品和森林为人类提供的服务(如供给氧气、减少水土流失等)、江河湖海等水域及水资源为人类提供的服务、矿藏、与人类生产密切相关的气候条件以及具有美学或科学价值的自然资源等等。

自然资源是人类生存的环境条件和社会经济发展的物质基础,同时也是生态系统的构成要素。人类起始就是以各种自然资源为原料进行采取、生产加工为其生存提供必要的物质条件。因此自然资源具有历史范畴,自然资源开发利用程度受人类智慧和社会进步和发展的影响。表现在随着生产力的迅速发展,人类对自然界的认识不断深化,以及科学技术的不断进步,许多新的资源被逐步发现;而且人类也将不断地扩大利用自然资源的范围和程度。

3.1.2   自然资源的分类

根据自然资源被人类所认识的程度,自然资源的分类方式有很多种,但目前大多按照自然资源的有限性,将自然资源分为有限自然资源和无限自然资源,如图 3-1 所示。

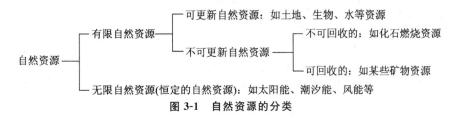

图 3-1   自然资源的分类

1. 有限自然资源

有限自然资源又称为耗竭性资源。这类资源具有质与量有限定,空间分布不均匀的特点是在地球演化过程中的特定阶段形成的。有限资源按其能否更新又可分为可再生资源和不可再生资源两大类。

1)可再生资源。这类资源能够依靠生态系统自身的运行力量得到恢复或再生,如生物资源、土地资源、水资源等。只要其消耗速度不大于它们的恢复速度,借助自然循环或生物的生长、繁殖,这些资源从理论上讲是可以被人类持续利用的。但各种可更新资源的恢复速度不尽相同,例如,森林的恢复一般需要数十年至百余年,岩石自然风化形成 1cm 厚的土壤层大约需要 300～600 年。因此不合理的开发利用,会使这些可更新的资源变成不可更新资源,甚至耗竭。

2)不可再生资源。也称为枯竭性自然资源。由于这类资源是在漫长的地球演化过程中形成的,因而它们的储量是固定的。被人类开发利用后,逐渐减少以至枯竭,在现阶段或短时间内不可能再生的自然资源。如各种金属矿、非金属矿、煤和石油等。在这些不可更新的自然资源中,有些资源被开采和利用后转化为不可逆状态,如煤和石油,这些资源经过燃烧后,释放出大量的热量,一部分转换为其他形式的能量,另一部分以热量的形式辐射回宇宙,这一部分的资源既不能更新,也不能回收。也有些资源虽然为不可更新资源,但可通过回收被重新利用,如金属矿物资源,可借助回收再循环使用,变废为宝,这种做法一方面解决了自然资源紧缺问题,另一方面也解决了环境污染的问题。

2. 无限自然资源

无限自然资源又称为恒定的自然资源或非耗竭性资源。这类资源随着地球的形成及其运动而存在,基本上是持续稳定产生的,几乎不受人类活动的影响,也不会因人类利用而枯竭,如太阳能、风能、潮汐能等。

3.1.3 自然资源的特征

不同类型的自然资源有不同的具体特性。但从总体上看,它们又有共同的特性。明确地认识这些特性,对人们合理有效地开发利用自然资源有重要意义。

1. 整体性

在生态系统中自然资源中的资源(森林资源、水资源、土地资源、气候资源等)既相互联系,又相互制约,共同构成一个有机整体。因此,自然资源是生态环境的重要组成部分。人类对某一资源的利用和开发,将会引发其他资源的连锁反应,进而改变了整个生态系统的布局。例如,植被破坏造成土壤水土流失,从而又造成水库淤塞和河流泛滥,其后果又导致农业、渔业的减产。因此,在开发利用自然资源的过程中,要树立整体性观念,合理安排,对它进行整体性管理,统筹规划,以保持生态系统的平衡。

2. 区域性

区域性是指界中的资源的数量或质量上存在着显著的地域差异,分布的不平衡,随地域的不同呈现特殊性分布规律。其种类特性、数量多寡、质量优劣都具有明显的区域差异。自然资源的地域分布受大气环流、地质构造、太阳辐射和地表形态结构等因素的影响,影响自然资源地域分布的因素是恒定的,因此,自然资源的区域分布也有一定的规律性。例如,我国南方蕴藏丰富的水资源,北方主要分布有煤、石油、天然气等资源在开发自然资源时应因地制宜,充分考虑区域、自然资源和社会经济的特点,只有这样这样才能使自然资源的开发利用和保护兼有经济效益、环境效益和社会效益,为人类造福。

3. 稀缺性

自然资源的稀缺性是指在一定的时间和空间内,自然资源可供人类开发和利用的数量是有限的。对于不可更新资源的稀缺性是很明显的,即或是可更新资源,当人类对其开发利用量超过资源更新能力时,也会导致资源的枯竭同样具有稀缺性。因此,稀缺性是所有资源的本质属性之一,只有合理地利用资源,讲究资源利用的经济效益、生态效益和社会效益,才能保证人类永续不断地利用自然资源。

4. 多用性

自然资源多用性是指自然界中的一种自然资源因为具有多种功能进而有多种用途。例如水资源不仅用于工业和日常生活,还兼有发电、灌溉、养殖、航运、调节气候等功能;森林资源既能向人们提供各种林、木材和特产品,同时又具有保持水土、涵养水源、防风固沙和绿化环境等功能,另外还可以作为人们旅游光的景点。自然资源的多用性为人类开发和利用资源提供了多重选择。

5. 两重性

自然资源是人类社会生产和发展的物质基础。各种自然资源既是人类赖以生存的生态环境,又是人类的生产资料和劳动对象。这两方面的因素共同影响人类的生存和发展。自然资源的破坏,也将影响人类的生存和发展。例如,森林资源是自然生态环境的一部分,具有调节气候、涵养水源、保护野生动植物等功能,也能向人类提供木材和各种林产品。由此可见,对待自然资源既要重视开发和利用,又要重视管理和保护。

6. 有限性

自然资源的有限性是指在一定的时间和空间内,自然资源可供人类开发和利用的数量是有限的。当今社会发展中普遍存在的客观现实时人类社会对自然资源需求的无限性和自然资源本身的有限性之间的尖锐矛盾,而且随着科技的发展,这对矛盾表现的日益突出。因此,只有合理地利用资源,科学地开发与管理资源,保护资源,寻求资源利用的经济效益、生态效益和社会效益三者之间的统一,才能保证人类充分利用资源,实现社会经济的可持续发展。

3.1.4　我国自然资源的现状及特点

1. 资源总量多,人均占有量少

据联合国粮农组织 1985 年的资料统计,中国土地面积占世界有人居住土地面积的7.2%,仅次于前苏联和加拿大,居世界第三位;耕地和园地面积占世界总面积 6.8%,次于前苏联、美国和印度,居世界第四位;永久草地占世界的 9%,次于澳大利亚和前苏联,居世界第三位;森林和林地占世界的 3.4%,次于前苏联、巴西、加拿大和美国,居世界第五位。据有关资料统计,中国河川径流总量占世界的 5.6%,次于巴西、前苏联、加拿大、美国和印度,居世界第六位;按平均出力计算的可开发水能资源占世界的 16.7%,居世界第一位。我国高等植物和脊椎动物种数约各占世界的 10%左右,鸟类占 15%,兽类占 8%。中国大陆架渔场约占世界优良渔场总面积的 1/4,淡水鱼类种数居世界第一位。在已知的 250 多种矿产资源中,中国目前探明储量的矿产达 153 种,我国 45 种主要矿产资源储量计算的潜在价值占世界的14.6%,次于前苏联和美国,居世界第三位。

由于我国人口众多,主要资源的人均占有量普遍偏少。我国主要资源人均占有量与世界上 144 个国家进行比较排序是土地面积 110 位以后;森林面积 120 位;耕地面积 126 位以后;

淡水资源量 55 位以后;草地面积 76 位以后;45 种矿产潜在价值 88 位以后。

2. 资源质量差别悬殊

这种现象在耕地、天然草地和矿产资源等方面表现的比较突出。如我国耕地面积中,高产稳产田占 1/3,而低产田也占 1/3,在全部耕地中,单位面积产量可以相差几倍到几十倍,复种指数的差距也可以达到 3 倍以上。

3. 资源空间分布不平衡

我国疆域辽阔,就全国而言,东农西牧,南水北旱,土地平川农林互补,江河海洋散布环集,在总体上呈现以农业为主,农林牧渔各业并举的格局。但是,各种资源的空间分布极不平衡。我国陆地水资源的地区分布是东南多,西北少,由东南向西北逐渐递减。如长江以南的珠江、浙、闽、台和西南诸河等地区,虽然国土面积只占全国的 36.5%,但水资源量却占全国的 81%。森林主要集中在东北和西南地区,森林蓄积量分别占全国总量的 32% 和 39.75%,而西北地区很少。矿产资源分布也不均衡,北方多煤、多铁,南方多有色金属等。

这种空间分布的不平衡性,一方面有利于进行集中重点开发,建设强大的生产基地;但另一方面也造成煤炭、石油、矿石和木材等资源的开发利用受到交通运输条件的制约,给交通运输等基础设施建设带来巨大的压力。

21 世纪的中国将进入一个加速现代化进程、综合国力不断增强的新时期。到 21 世纪中叶,我国人口总数将达到 15 亿～16 亿,资源和环境将面临更大的挑战;在经济发展方面,人均国民生产总值将达到中等发达国家的水平。但由于 20 世纪环保投入不足,自然保护的形势更为严峻,自然生态环境更加失调,资源与能源危机愈演愈烈,不但威胁到人民生活和健康,而且将制约经济的发展。为子孙后代着想,留给他们一个清洁优美的环境和多种多样可供持续利用的自然资源与能源,是每一个人义不容辞的责任。

3.1.5 人类与自然资源的关系

人类的生存和发展以自然资源为物质基础,而资源的认定则有赖于人类对它的用途和价值的认识。因此,人与资源是相互依存的关系。资源的利用水平在一定程度上反映了人类社会的进步,将人类发展的历史,也可以看做是人类认识和利用自然资源的历史。在人类发展的不同时期,人类利用资源的方式及其应用手段和规模是不同的,主要表现在以下几个时期。

1)原始时期。在这一时期,人与自然的关系变现为人只能利用自然界中现存的自然生成物,无法控制和掌握这些物质的产生和形成的过程,只能靠自然界的恩赐里获得食物,而且多数情况下都是不确定和无针对性的。

2)传统时期。随着人类与自然斗争的经验和知识的总结,人类开始改造自然,有目的的获取所需资源。在此过程中人类生存所需要的物质资料有自然生成物,而且可以控制、掌握和催化这些物质的自然生成过程。

3)现代社会。随着生产力的迅速发展,特别是 19 世纪后半叶,社会生产力突飞猛进的发展,人类开展一系列征服自然的活动,人类扩大了对自然资源的利用,促使人类两大物质生产部门:工业和农业取得了长足进步。从此,人类超脱了自然的限制,变成了大自然的主人,开始掠夺和索取自然资源。资源的掠夺索取,忽视了人与生态系统的和谐性和统一性,逐步酿成了一系列生态灾难。

4)未来。未来需要改变人对自然资源的利用方式,目前这一阶段尚处于孕育或萌芽状态。在未来人与自然的关系是相互协调的,综合利用自然资源的生存方式,最终实现人与自然的协调发展,走可持续发展道路。

3.1.6　自然资源与经济发展的关系

1. 自然资源是经济发展的物质基础

自然资源是人类进行生产不可缺少的前提条件,是人类社会发展的物质基础。自然资源的状况影响着经济发展的速度。在生产过程中,可以利用的自然资源的丰富程度与人们生产同一定产品的劳动消耗是密切相关联。自然资源越丰富,开采越容易,一定产品所消耗的劳动就越少。由此可见,社会经济发展的速度受到自然资源的多少直接影响与制约。人类进行物质资料的生产以及与此相联系的其他一系列经济活动都离不开物质资源。

2. 经济发展是自然资源保护和利用的社会前提

自然资源的含义是可变的,是随着人类社会经济的发展和科学技术的进步而不断变化、拓宽的。在人类社会的"童年",森林、大地、水、生物以及气候等是决定人类生存发展的客观条件。当人类社会出现了分工和商品经济时,河流、海洋、地貌、地理位置等的价值和重要性就显得突出了。当人类社会发展到更高级阶段,特别是工业革命以来,各种矿物资源(包括能源)的价值陆续得到了充分显示,其重要性越来越突出。从人类社会的经济发展水平出发,又可将自然资源分为现实的自然资源和潜在的自然资源两种。现实的自然资源是指人们在现有生产力水平和科学技术指导下,从自然环境中开发出来,被用于社会经济过程的那一部分自然物质;潜在的自然资源是指隐藏在生态系统之中的,还未被人类开发应用于经济社会中的资源,需要提高科技水平,去认识和开发它们的经济用途。确切地说,自然资源这个概念及其范畴的变化是与人类社会经济的发展和科学技术进步的整个进程相伴随。由此可见,经济发展是自然资源保护和利用的一种社会前提。

3.1.7　合理利用资源与保护环境

尽可能地避免资源的退化和耗竭,用较少的自然资源为人类创造更大的价值,获得较高的经济效益,保持生态平衡,不断提高环境质量是合理开发、利用自然资源的主旨。为了遵循这一主旨,在资源开发、利用中,必须做到以下两点要求:

1)由于自然资源是有限性的,需对不可再生资源最大限度地做到循环利用或综合利用,以延缓其耗竭,对可再生性资源要保证其永续利用。

2)在开发和利用自然资源时要遵循国家所制定的一系列的政策、法规和管理制度,以避免开发、利用中的盲目性和无政府性。

总之,合理有效的开发利用自然资源是对环境的最好保护。因此,环境科学的核心问题和重要任务是探索合理开发利用自然资源的途径。

3.2　土地资源的利用与保护

3.2.1　土地资源及其类型

1. 土地资源

土地的概念有广义和狭义之分。广义的土地是由水文、地貌、气候、地质、土壤、岩石、动植物等要素组成的自然历史综合体,是指陆内水域和地球表面陆地,不包括海洋。狭义的土地是指不包括水域在内的地球表面陆地部分,由岩石、土壤及其风化碎屑堆积组成。土地资源是指现在和可预见的将来,地球表层土地中,能在一定条件下产生经济价值的部分。从发展的观点看,随着科学技术的发展,一切难以利用的土地,将会陆续得到利用,由此,从发展的观点来说,土地资源与土地是同义语。

土地资源的基本特性是明显的地域性、不可代替性和面积有限性。土地资源作为人类生产、生活的物质基础,基本生产资源和环境条件,其基本用途和功能不能用其他任何自然资源来代替;土地资源存在于一定的地域,占据着一定的空间,并周围环境相互联系,具有明显的地域性;地球在形成和发展过程中,决定了现代全世界的土地面积。一般来说,土地资源的总量是有限不变的。

2. 土地资源的分类

土地资源类型多样,既可以按照自然特征分类又可以按照与人的关系和人类的作用分类,这里仅介绍一些常见的分类方法。

1)按地形地貌分为:山地、丘陵、盆地、平原、漫岗等。

2)按土地的基本自然特点可分为:荒地资源、林地资源、草场资源、耕地资源、沼泽资源、水面资源、滩涂资源。

3)按经济用途分为:园地、林地、牧草地、耕地、交通用地、水域、城镇村及工矿用地、未利用土地等八大类。

4)按生态系统类型分为:永冻土地、热带雨林、戈壁、沙漠、冰川、湿地等等。

3.2.2　我国土地资源的特点

我国土地总面积约 $9.6 \times 10^6 \mathrm{km}^2$,土地辽阔。主要特点有:

(1)土地类型复杂多样

从水热条件看,我国的土地,东西距离长达 5200km,跨越了 62 个经度,经历了从湿润区、半湿润区、半干旱区和干旱区的湿度变化;南北距离长达 5500km,跨越 49 个纬度,经历了从热带、亚热带到温带的热量变化。在这广阔的范围内,不同的水热条件和复杂的地质、地貌条件,形成了复杂多样的土地类型。从地形高度看,我国的地貌类型错综复杂,土地从东部平原平均海拔 50m 以下,到西部高原海拔 4000m 以上,形成平原、盆地、丘陵、山地等多种地势,其中高原占我国土地总面积的 26%,山地占我国土地总面积的 33.33%,丘陵占我国土地总面积的9.9%,盆地占我国土地总面积的 18.75%,平原占我国土地总面积的 12%。

（2）山地多，平原少，耕地比重小

我国山地、高原和丘陵的面积占土地总面积的 69.27%，平原、盆地约占土地总面积的 30.73%；我国耕地总面积仅占土地总面积的 14.5%，是一个多山国家，与世界上领土较大的加拿大、美国、澳大利亚和巴西等国家相比，我国山地总面积比重最大。

（3）土地资源绝对量多，人均占有量小

我国土地面积居世界第三位，但由于我国人口众多，按人平均量来说，约占世界人均占有量的 $1/3$，不足 $1 \times 10^4 \, m^2$。

（4）土地后备资源潜力不大

我国农业历史发展悠久，较好的土地后备资源已为数不多。据统计，今后可供进一步作为农林牧用的土地共约 $1.25 \times 10^8 \, hm^2$，其中可开发为农地和人工牧草地的仅 $0.33 \times 10^8 \, hm^2$ 左右。而质量好和中等的只占其总量的 30%，约 $0.1 \times 10^8 \, hm^2$ 左右。

（5）农用土地比重小、分布不平衡

我国土地面积大，但可以被农林牧副各业和城乡建设利用的土地仅占土地总面积的 70%，且分布极不平衡，90% 以上的农业用地分布在我国东部和东南部地区。据国土资源部、国家统计局 1999 年公布的数字统计，在可被农业利用的土地中，耕地 $1.3 \times 10^8 \, hm^2$，占土地总面积的 14%；林地 $1.67 \times 10^8 \, hm^2$，占 17%；天然草地 $2.8 \times 10^8 \, hm^2$，占 29%；淡水水面约 $1.8 \times 10^9 \, hm^2$，占 2%；建设用地 $2.7 \times 10^9 \, hm^2$，占 3%。

3.2.3　我国土地资源开发利用中存在的问题

土地是人类生活和生产活动必不可少的，是人类生存的基础的一种自然资源。人们在长期的社会生产实践中，不断总结积累了一些合理利用土地资源的经验，但由于人类对自然规律认识不足，任意的开发利用土地，破坏生态平衡，使土地资源遭受严重破坏，给人类生存发展带来很大的破坏和压力。主要表现在下面几个方面：

1. 土地沙漠化

人们过度放牧，破坏植被，盲目开垦，过度利用耕地，使大量水土流失，以致土地不断沙化，风沙危害严重。应采取有效措施，大力保护天然植被，促进生态环境的恢复。我国北方干旱、半干旱地区沙漠土地面积更为严重。目前，我国土地沙漠化每年以很高速度扩展，受沙漠化影响的人口众多，有近 400 万 hm^2 的农田和 500 万 hm^2 的草地受其威胁。

2. 盲目扩大耕地面积促使土地资源退化

1）刨垦山坡使大面积的森林、草地被毁，造成水土流失。有关资料表明，我国现有水土流失面积为 183 万 km^2，约占全国土地面积的 $1/5$；我国每年因水土流失侵蚀掉的土壤总量达 50 亿吨，大约占全世界土壤流失量的 $1/5$ 左右。相当于全国耕地削去了 $1cm$ 厚的肥土层，损失的氮、磷、钾养分相当于 4000 万吨化肥的养分含量。我国是世界上水土流失最严重的国家之一。黄河、长江年输沙量在 20 亿吨以上，列世界九大河流的第一和第四位。

2）围湖造田。盲目地围湖造田，使湖区蓄水防洪的能力下降，原有的湖泊生态系统遭到严重破坏，致使水旱灾害频繁。

3. 城镇建设对土地的侵占

人口的急剧增加,住房、交通和其他基本建设都要占用土地。目前全国每年近 50 万 hm^2 的耕地被国家建设、乡镇建设和农民建房建设所占用。由于经济高速发展,生产建设规模不断增大,对土地的损坏也日益严重土地损坏随之而来的是生态环境恶化、居民点被迫迁移等严重后果。

4. 积水和盐渍化

当用河水灌溉地下排水不充分的田地时,就往往发生积水和盐渍化现象。我国有次生盐渍化耕地 1000 万 hm^2,由于不合理灌溉造成,盐渍化土地极易形成旱、涝等自然灾害,粮食产量下降,其中甘、宁、蒙、新四省区受盐渍化威胁的耕地占总耕地面积的 30%～40%。

5. 土壤污染在加剧

随着工业化和城市化的进展,特别是乡镇工业的发展,大量的“三废”物质通过大气、水和固体废物的形式进入土壤。同时农业生产技术的发展、人为地使用化肥和农药以及污水灌溉等,使土壤污染日益加重。我国遭受工业“三废”污染的农田已有 $1000×10^8 m^2$ 之多,因此而引起的粮食减产每年达 $100×10^8 Kg$ 以上。因为使用污水灌溉,被重金属镉(Cd)污染的耕地约有 $1.3×10^8 m^2$ 之多,涉及 11 个省 25 个地区。被汞污染的耕地约有 $3.2×10^8 m^2$ 之多,涉及 15 个省 21 个地区。

3.2.4　土地资源的合理利用和保护

我国土地资源开发利用过程中存在的主要问题有土地利用布局不合理、耕地不断减少、土壤污染严重、土壤肥力下降、沙漠化、盐碱化和水土流失严重等。保护土地资源的政策法规,强化土地资源管理,制定并实施生态建设规划和土壤污染综合防治规划。

1. 健全法制,强化土地管理

1998 年 8 月 29 日,中国政府颁布了《中华人民共和国土地管理法》,采取了世界上最严格的措施加强土地管理,保护耕地资源。根据土地法明确规定国家实行土地用途管理制度、国家实行占用耕地补偿制度、国家实行基本农田保护制度和采取有力措施,保护土地资源。

2. 制定并实施生态建设规划

1999 年 1 月国务院常务委员会讨论通过了《全国生态建设规划》,全国生态建设规划对防止和控制土地资源的生态破坏提出了明确的目标:从现在起到 2010 年,坚决控制住人为因素产生新的水土流失,努力遏制荒漠化的发展。

3. 加强生态建设

“九五”期间已列入《中国 21 世纪议程》和《国家环境保护规划》的防护林工程和水土流失工程有:“三北”防护林工程,黄河、长江、松辽流域、淮河太湖流域、珠江流域等工程,这些工程的建设对防治荒漠化及控制水土流失起到了很大的作用。1999 年国务院公布的《全国生态建设规划》提出:“到 2010 年,坚决控制住人为因素产生的新的水土流失,努力遏制荒漠化的发展。”

4. 综合防治土壤污染

1）农田中废塑料制品污染的防治。从价格和经营体制上优化和改善对废塑料制品的回收与管理,并建立生产粒状再生塑料的加工厂,有利于废塑料的循环利用,尽量使用相对分子量小,生物毒性低,相对易降解的塑料增塑剂,研制可控光解和热分解等农膜新品种,以代替现用农膜,减轻农用残留负担。

2）强化土壤环境管理。制定土壤环境质量标准,进行土壤环境容量分析,对污染土壤的主污染物进行总量控制;控制和消除土壤污染源主要是控制污灌用水及控制农药、化肥污染。

3）积极防治土壤重金属污染。目前防治重金属污染、改良土壤的重点是在揭示重金属土壤环境行为规律的基础上,以多种措施限制和削弱其在土壤的活性和生物毒性,或者利用一些作物对某些金属元素的抗逆性,有条件地改变作物种植结构,以避其害。行之有效的治理措施包括“客土”换土法、化学改良法、合理调用措施和生物改良措施。

3.3　水资源的利用与保护

3.3.1　水资源及其作用

1. 水资源

水通过自己的循环过程不断地复原,是一种可以更新的自然资源。水圈是由冰川的水、地下水、大气水、地球上海洋、河流、湖泊、土壤水和生物水,在地球周围紧密联系、相互作用又相互不断交换而形成的。仅水的贮量而言,地球上的水资源是守恒的,是取之不竭的无限资源。然而,就目前人类的使用状况而言,这种贮量无限的水资源的绝大部分不能或不适于为人类所用。因为只有淡水才是人类的主要水资源。世界上总水量中约 97% 是海水,不适于人类利用,淡水约 3%,其中约有 77.2% 被封闭在两极冰冠之中;22.4% 为地下水和土壤水分;0.35%在湖泊和沼泽地里;0.04%在大气中;0.01%在河流中。可见,占淡水资源的 90% 的淡水不易被人类利用。

淡水资源是可再生的。水从海洋表面蒸发到空中,其中约 90% 以降水形式返回海洋,其余约 10% 则被风带到大陆上空,与来自大陆表面蒸发的水混合,以降水形式提供给陆地。正是这每年 10% 左右的降水,维持着陆地上的自然和人类生态系统。从海洋蒸发而降至陆地上的水,经河流和地下蓄水层流回海洋与海洋水之间保持着一种平衡,这种平衡的水量以径流量指标来衡量。一个地区稳定的年径流量决定着每年能为人类利用的水量。所以,一个国家或地区可使用的相对水量受到水循环,特别是稳定径流量的制约。

2. 水资源的重要作用

水是人类与其他生命系统不可缺少的一种宝贵的资源,由于水的存在,地球上才有生命。同时也是社会经济发展的基本支撑条件。

(1)水是生命之源

水既是人体组成的基础物质,又是新陈代谢的主要介质。人体中水量占人体重量的 2/3。为了维持生命活动,如消化、造血、新陈代谢、细胞合成、生殖等生理过程,每人每天至少需要

2～2.5L水,一般需要 5L,考虑到卫生方面需求,每人每天需水量远不止这个数。

（2）水是工业的血液

任何工业生产过程都离不开水。按照水在生产过程中的作用,可将工业用水划分为冷却水、空调水和工艺水等。工业用水量约占全球用水量的 1/4。各国的工业用水量比例取决于各国的工业化水平。20 世纪 50～80 年代初,发达国家工业生产的迅猛发展,工业用水量经历了一段快速增长过程,工业用水比例由 8% 迅速提高到占总用量的 28%。随着工业结构调整、工艺技术的进步、工业节水水平的提高,发达国家的工业用水量增长逐渐放缓,达到零增长,甚至出现负增长的现象。

（3）水是农业的命脉

农业生产的对象是有生命的植物和动物,它们的生长都离不开水。生产 1kg 小麦耗水量 0.8～1.25m³;生产 1kg 水稻耗水量 1.4～1.6m³。农业用水在全球用水中占的比例最大,约占 2/3。农田灌溉用水量占农业用水量的 90%,其中 70%～80% 是不能重复利用的消耗水量。

（4）水对调节自然环境有特殊的作用

水是人类环境的重要要素之一,江河湖泊有一定的流量的水,是为了保护环境,维护生态平衡;满足鱼类和水生生物的生长;冲洗农田盐分入海;冲刷泥沙;保持水体自净能力和旅游等需要。水的比热容较大,能吸收大量的热,而且散热过程也很慢,起到调节气温作用,使地球上大部分地区适于生物的生长。

（5）水是城市发展繁荣的基本条件

城市、乡镇的建立和发展都要依赖于水源条件。随着城市的发展、人口的增加、生活用水量会不断扩大。与城市配套的环境景观用水、服务业用水、旅游业用水都会不断增加,水源在一定程度上制约了城市的发展。

3.3.2 我国水资源的特点

1. 水资源总量较丰富,人均和地均拥有量少

我国多年平均水资源总量为 28124 亿 m³,其中河川径流终占 94%,低于巴西、苏联、加拿大、美国和印度尼西亚,居世界第六位,约占全球径流总量的 5.8%。由于我国人口众多,平均每人每年占有的河川径流量的 2260m³,不足世界平均值的 1/4。我国属于贫水国家。我国地域辽阔,以占世界 7% 的耕地和 6% 的淡水资源养活着世界上 22% 的人口,水资源压力很大。

2. 分布极不平衡

我国自然条件复杂,气候受季风影响强烈,降水状况不但地区分布不匀,季节分布也不平衡。如 90% 以上的地表径流和 70% 以上的地下径流,分布在面积不到全国 50% 的南方;而占全国面积 50% 以上的北方则只有 10% 的地表径流和 30% 的地下径流。很明显,我国水分布呈现南方水有余,北方水不足的严重局面。

3. 年内季节分配不均

我国的降水受季风影响,降水量和径流量在一年内分配不均。长江以南地区,3～6 月(4～7 月)的降水量约占全年降水量的 60%;而长江以北地区,6～9 月的降水量,常常占全年降水量的 80%。由于降水过分集中,造成雨期大量弃水,非雨期水量缺乏,总水量不能充分利用的局面。由于降水年内分配不均,年际变化很大,我国的主要江河都出现过连续枯水年和连续丰水年。在雨季和丰水年,大量的水资源不仅不能充分利用,白白地注入海洋,而且造成许多洪涝灾害。在旱季或少雨年,缺水问题又十分突出,水资源不仅不能满足农业灌溉和工业生产的需要,甚至某些地方人畜用水也有困难。

3.3.3　水资源的开发利用中存在的问题

1. 水资源供需矛盾突出

我国属于贫水国,水资源相当紧缺。20 世纪末,在全国 660 个建制市中,有 300 多个城市缺水,其中严重缺水的城市有 110 座,日缺水量达 1600 万吨。全国农村有 5000 万人、3000 万头牲畜饮水困难;有 $5.53 \times 10^{11} \, m^2$ 的耕地是没有灌溉设施的干旱地,$9.33 \times 10^{11} \, m^2$ 的草场缺水;$2.0 \times 10^{11} \, m^2$ 耕地受旱灾威胁,其中成灾耕地面积约为 $6.67 \times 10^{11} \, m^2$。全国各地几乎都有可能发生旱灾,其中黄淮海地区最为严重,受灾面积占全国受灾面积的一半以下。

2. 水利工程对水文状况的影响

建国以来,我国兴修了许多水利工程,带动了一些地区的工农业快速发展。但在部分地区,由于上游建水库蓄水,使下游来水减少,造成下游用水困难。部分水利工程改变了原来的自然水文状况,也带来了一些预料之外的问题。如根治海河的工程,主要从排涝考虑,工程建成后,使海河流域平原的降水在百天之内就可全部汇入渤海,这样可以排除华北 5000 万亩涝田的积水。但由于降水很快被排走,又使华北平原的水源补给减少,从而加剧了缺水的矛盾。

3. 盲目开采地下水造成地面下沉

目前,由于对地下水的开发利用缺乏规范管理,所以开采严重超量,出现水位持续下降、漏斗面积不断扩大和城市地下水普遍污染等问题。据统计,一些地区由于超量开采,形成大面积水位下降,地下水中心水位累计下降 10～30m,最大的达 70m。由于地下水位下降,十几个城市发生地面下沉,京、津、唐地区沉降面积达 $8347km^2$,在华北地区形成了全世界最大的漏斗区,总面积达到 5 万 km^2,且沉降范围仍在不断扩大。沿海地区由于过量开采地下水,破坏了淡水与咸水的平衡,引起海水入侵地下淡水层,加速了地下水的污染,尤其城区、灌溉区的地下水污染日益明显。

4. 水污染减少了淡水资源

由于工农业生产的发展和人口的增加,每年污水的排放量不断增加,使许多江、河、湖泊及地下水受到污染。根据中国环保状况公报,我国江、河、湖、水库等水域普遍受到不同程度的污染,全国监测的 1200 条河中有 850 条被污染。鱼虾绝迹的河段长约 2400km,七大水系污染呈加重趋势,大的淡水湖泊与城市湖泊均为中度污染,部分湖泊发生富营养化,巢湖(西半湖)、滇池和太湖的污染仍然严重。工业发达城镇附近的水域污染尤为突出,90% 以上的城市水域污染严重,近 50% 的重点城镇水源不符合饮用水水质标准。水污染使水体丧失或降低了其使用功能,造成了水质性缺水,更加剧了水资源的不足。

5. 用水浪费加剧水资源短缺

目前,我国工业用水浪费严重。我国每炼 1t 钢,需水 70t;造 1t 纸,耗水达 300t;发 100 度电,耗水 1t;这些数字大致相当于先进国家的几倍至几十倍。此外,工业水循环或重复利用率很低,即使如京、津、沪等城市稍高,也仅接近 50%,但仍比美国(60%)、日本(69%)低。

我国农业用水浪费也很惊人,不少地区灌溉仍很落后,缺乏科学的用水制度。缺少管理、无合理的灌溉定额、用水量过大、渠道渗漏等原因使田间水的利用率只达 50%左右,也就是说有一半的水全浪费掉了。

我国生活用水浪费远未引起有关人士的注意。城市家庭所用抽水马桶,不管大便或小便,都是用统一的水量来冲刷。公共厕所漏水更是比比皆是。

我国水资源本来就不足,分布又很不平衡。全国每年约有 3 亿亩土地受旱,成灾面积每年可达 1 亿亩,每年有 4000 多万人和 300 多万牲畜处于缺水的困难境地,不少地区因缺水而使工农业生产的发展受到限制。

3.3.4 水资源的合理利用与保护

1. 提高水的利用效率,开辟第二水源

这是目前解决水资源紧张的重要途径,主要方法如下:

(1)减少农业用水,实行科学灌溉

渠道渗漏是世界各国的共同问题,我国渗漏损失一般为 40%～50%,其实通过对输水渠道砌衬层即可提高用水效率。

改进灌溉方式也可以节约大量农业用水,目前应用较多的有重力流动系统、中轴喷灌系统和滴灌系统。滴灌系统是 20 世纪 60 年代在以色列首先发展起来的,它是将水直接送到植物根部,减少蒸发和渗漏水量。完整的地面灌溉排水管道系统具有输水快、配水均匀、水量损失小、能源消耗少、不影响机耕等优点,是目前国外灌溉节水技术的发展趋向。以色列研制出自动灌溉技术,利用计算机控制流量、监测渗漏、调节不同风速和土壤湿度条件下的用水量,并使肥料用量最佳化。内布拉斯加农业和自然资源研究所设计了一种灌溉计算机程序,利用各小型气象站收集数据来计算各地区生长的不同作物的蒸发蒸腾率,农民利用该数据调整灌溉日期。

(2)降低工业用水量,提高水的重复利用率

主要途径是改革生产用水工艺,争取少用水,提高循环用水率。我国近几年来,对水的重复利用也逐步开展起来。在一些水源特别紧张的城市,水的重复利用率已达到较高水平,但整体水平还比较低,平均工业用水重复利用率仅为 20%～30%。

提高工业用水重复利用率,不仅是合理利用水资源的重要措施,而且减少了工业废水量,减轻了废水处理量和对水体的污染程度。现在世界上许多国家都把提高工业重复用水率做为解决城市用水困难的主要手段。有的国家还铺设了专门供工业循环用水的管道,效果很好。

(3)回收利用城市污水,开辟第二水源

回收和重新使用废水,使其变为可用资源是另一种提高水使用效率的方法。例如,现在很多地区已将三级水处理厂回收废水用氯化消毒后,冲洗厕所。

2. 加强水资源综合管理

要尽快改革传统的水资源管理体制,国家要加强或扩大水资源综合管理的能力,在流域级

应完善现行的水资源管理体制,尤其是建立和完善以河流流域为单元的水资源统一管理体制。切实提高水资源的管理手段和能力,改革水资源开发和保护的投资机制,采用经济手段和价格机制,进行需求管理和供给管理,鼓励专家和社会公众参与水资源的管理和保护。

3. 调节水流量,增加可靠用水

人们试图通过调节水源流量、开发新水源的方式来解决水资源的分布不均问题。

(1)跨流域调水

跨流域调水是从富水流域向缺水流域调水,是一项耗资昂贵的工程。具有耗资大、对环境有破坏的缺点,尤其是受耗资大的制约,许多国家已不再进行大规模的流域间调水。跨流域调水在国外已完成的影响力较大的工程是巴基斯坦的西水东调工程。近年来中国相继完成了引滦入津工程,引黄济青、南水北调也已动工。

(2)建造水库

建造水库的作用是调节流量,提高水源供水能力,为发电、发展水产、防洪等多种用途服务。建库时必须研究对流域和水库周围生态系统的影响,否则会引起不良后果。

(3)地下蓄水

地下水的利用和保护对工农业发展和城市建设具有重要意义,我国地下水源比较丰富,以北京为例,地下水的可恢复储量约占总的可利用水量的60%。

地下水是重要水资源,其储量比河水、湖水和大气水分的总和还多,仅次于极地冰川。为了避免过量开采引起的问题。在开发利用地下水资源时,应采取以下保护措施:

1)统一考虑地表水和地下水综合利用,全面规划,合理布局。

2)加强地下水源勘察工作,避免过量开采和滥用水源。

3)以防止地下水污染为前提,采取人工补给的方法。

4)设立监测网,随时了解地下水的动态和水质变化情况,以便及时采取防治措施。

(4)海水淡化

开发海水使其淡化,是增加淡水资源,解决"水荒"的又一条渠道。人类研究海水淡化技术已有100多年历史,并创造了20多种淡化技术和方法,如蒸馏法、反渗透法、电渗析法等。沙漠国家科威特所用的淡水几乎全部取用海水。1981年我国第一台日产200m³淡水的电渗析海水淡化站在西沙群岛的永兴岛正式投入使用。

4. 保护水源,防治污染与节约用水并重

要加强水域生态环境的保护,在江河上游建设水源涵养林和水土保持林,中下游禁止盲目围垦,防止水质恶化;划定水环境功能区,实行目标管理;治理流域污染企业,严格实行达标排放;大力提倡施用有机肥,积极开展生态农业和有机农业,严格控制农药和化肥的施用量,减少农药径流造成的水体污染等。

5. 加强水面保护与开发,促进水资源的综合利用

开发利用水资源必须综合考虑,除害兴利,在满足工农业生产用水和生活用水外,还应充分认识到水资源在水产养殖、旅游、航运等方面的巨大使用价值,以及在改善生态环境中的重要意义,使水利建设与各方面的建设密切结合,与社会经济环境协调发展,尽可能做到一水多用,以最少的投资取得最大的效益。

水面资源是旅游资源的重要组成部分。在我国已公布的国家级风景名胜区中,有很多都属于湖泊类风景名胜区。搞好湖泊旅游资源开发,不仅能提高经济效益,还能带动其他相关产业的发展。

水面的存在对改善气候,涵养水分,增加空气湿度,减少扬尘,维持水生生态环境等都具有重要的意义。加强水面保护是改善环境质量的重要措施之一。

3.4 森林资源的利用与保护

3.4.1 森林资源与森林生态系统

1. 森林资源的概念与构成

森林是人类最宝贵的资源之一,林业在发达国家已成为民族繁荣、社会文明、国家富足的标志。森林资源现在有从未(或极少)受到人类行为影响的原始状态的原始森林和被人类采伐甚至完全毁坏之后人类重新栽植的人工林两种形式。从生态学角度说,对地球生态环境影响最大的是原始森林。

森林资源的生态学定义为森林是地球上比较复杂的,蕴藏着丰富的生物资源和基因库资源的一种自然生态系统。森林生物群落及其所在的生态环境,两者相互作用所形成的一个相对稳定的系统为森林生态系统,森林生物群落和生态环构成了森林生态系统。

2. 森林生态系统的结构

森林生态系统的结构一般存在乔木层、灌木层、草木层、地被植物四个层次,有时还有藤本、寄生植物等层间植物,是陆地生态系统中最为复杂的一种。这种复杂性,加强了系统的自我调节能力。在各植物层次内,具有多样性的生态环境,相应地为多种动物和微生物提供了良好的生活环境。因此,森林生态系统的相对稳定性较强。

3. 森林生态系统的功能

森林不仅为人类提供大量林木资源,而且还具有防风固沙、调节气候、保护环境、涵养水源、吸收二氧化碳、净化大气、保持水土、美化环境及生态旅游等功能在自然界中的作用,越来越受到人们的关注。

(1)森林的环境保护功能

森林在风沙严重的地区,天然林或农田防护林可减低风速,稳定流沙,具有良好的防风固沙功能,能保护农田,改善气候。森林是天然的制氧机,是一个庞大的大气净化器,1公顷阔叶林每天可吸收 $1tCO_2$,放出 $730kg$ 的 O_2,可供 1000 人正常呼吸。工矿和交通车辆不断向大气排出大量有毒、有害气体和粉尘,通过森林的吸收、阻滞和过滤,可以净化空气;而且,森林还有杀死病菌、过滤降尘、减弱噪声等功能。另外,森林还会使环境优美,成为娱乐和有益于健康的旅游场所。此外,森林还分泌杀菌素,杀死某些有害微生物。森林还有很好的消音和隔音作用。

(2)森林的涵养水源功能

森林破坏后河川的洪枯变幅增大,以四川大邑县斜江河为例,1957 年前,上游森林茂密,

枯水期最小流量为 $0.83\mathrm{m^3/s}$，洪峰期最大流量为 $295\mathrm{m^3/s}$，1958 年后森林被破坏，枯水期最小流量为 $0.25\mathrm{m^3/s}$，洪峰期最大流量为 $763\mathrm{m^3/s}$。从上述水文资料分析证明，森林遭破坏后，枯水期水量减少，汛期洪峰增大，加重旱灾。

（3）森林的调节气候功能

森林对大气水的循环有重要作用，以热带雨林为例，每亩热带雨林每年蒸腾 500 多吨水，大量水蒸气进入大气形成降水，一般在这些地区大约 1/4～1/3 的降水来自蒸腾作用。地区性的森林大面积消失对该地区气候影响很大。

（4）森林的保持水土功能

河川泥沙的增减与森林的消失有极大的相关关系。据嘉陵江流域西河水文站的资料记载：西河流域 20 世纪 50 年代中期，森林覆盖率达 35%，森林茂密，年平均输沙量为 14.2 万 t/a，1958～1969 年间，滥砍滥伐，导致森林覆盖率急剧减少，输沙量猛增到 400 万 t/a。20 世纪 70 年代后，人们注意到了滥砍滥发的危害，开始植树造林，森林覆盖率恢复到 15%，输沙量减至 99.9 万 t/a。

（5）森林有保护物种多样性的功能

森林孕育着多种多样的生物物种，是世界上最富有的生物区，还保存着世界上珍稀特有的野生动植物。森林成为人类的基因库资源，森林的破坏将使地球物种的多样性受到威胁。目前，森林的锐减加速了全球物种减少的速度。因此，保护森林也就为保护全球物种的多样性做出贡献。

3.4.2　我国森林资源的特点

我国森林资源有如下特点：

1. 我国森林资源不足，覆盖率低，人均水平更低

世界森林覆盖率为 22%，而我国只有 13.92%；森林面积按人均计，世界为 $0.8\mathrm{hm^2}$/人，而我国只有 $0.11\mathrm{hm^2}$/人；森林储量按人均计，我国为 $9.37\mathrm{m^3}$/人，据世界 75 个国家的不完全统计，人均达 $65\mathrm{m^3}$。可见，我国是森林资源较少的国家之一。

2. 树种和森林类型繁多

构成中国森林的树种极其繁多，据统计，全国乔灌木树种约有 8000 种，其中乔木约 2000 种，包括 1000 多种优良用材及特用经济树种；中国森林类型众多，拥有各类针叶林、针阔混交林、落叶阔叶林、常绿落叶阔叶混交林、常绿阔叶林、热带雨季林、以及它们的各种次生类型。

3. 森林分布不均

我国森林资源主要分布在偏远的东北和西南地区。这些地区森林面积占有全国的一半，森林蓄积量占全国的 3/4。人口稠密、工农业生产发达的华北和中原地区，森林蓄积只占全国的 3.4%。占国土一半的西北部地区，以及内蒙古森林面积不及全国 1/30。

4. 森林资源结构失调，可用资源继续减少

表现为林种结构和林龄结构不合理。林种结构中用材林面积过大，防护林和经济林面积偏小，不利于发挥森林的生态效益和经济效益。

5. 防护功能减弱

由于我国商用木材 80% 以上来源于江河上游的天然林,长期掠夺性采伐,造成森林植被被破坏、水土流失加剧等灾难,使其防护功能减弱。

6. 森林地生产力低

我国森林地生产力低,主要表现为:林业用地利用率低、残次林多、单位蓄积量少和生长率不高。

3.4.3 我国在森林资源开发利用

1. 森林资源破坏的原因

(1)缺乏科学管理,资源浪费严重

目前我国还有相当一部分林区,仍处于原始的自生自灭状态,因为投资少,人力不足的原因,即使在已设立了林业局和林场的地方,也不能进行正常的经营管理。在选材、制材、制作成品等过程中,丢弃了的加工剩余物(如树桩、梢头、树皮等),占原有材料的一半以上。我国由于木材综合利用事业发展缓慢,能够合理利用的加工剩余物不足 10%,造成森林资源的大量浪费。

(2)毁林开荒和滥伐现象极其严重

由于 1958 年后强调“以粮为纲”,造成大面积毁林开荒。主要开荒对象是林地,从而毁掉大量林木。对森林资源的破坏其结果是森林资源锐减,导致生态失调、自然灾害加剧,许多珍稀野生动植物面临灭绝的危险,严重影响农牧业生产的发展和人民正常的生活需要。

(3)森林火灾及病虫害损失严重

由于护林、防灾规章制度和组织系统不健全,科学技术跟不上,常引起大面积森林火灾,对于火灾隐患不能及时发现排除,往往造成很大的损失。

2. 森林资源破坏对环境的影响

(1)环境质量退化

森林在生态平衡中起决定作用,有人认为环境中的林业问题、农业问题、水利问题、土壤问题等,其中心是林业问题。森林破坏必然会引起环境质量退化,引起水土流失,土质沙化,给生物生长带来不利的影响。

(2)生态平衡失调

森林面积的锐减,使复杂的生态结构受到破坏,原有的功能消失或减弱,导致自然生态进一步恶化。大片林地被砍光,使局部小气候发生变化,也使地表截蓄径流能力减弱,加剧了风沙、洪水等自然灾害,扩大了水土流失区。

(3)造成野生动植物种减少

森林面积缩小,使野生动物失去了适宜的生活环境,破坏了野生动植物栖息和繁衍场所,使 2.5 万种物种面临灭绝的威胁。

(4)引起气候变化、增加自然灾害的发生频率

森林具有调节气候的功能,森林的减少使其功能大大减弱。如我国四川的森林覆盖率从 25% 降到 13% 后,有 46 个县的年降雨量减少了 10%～20%,历史罕见的春旱也年年出现。素

有"天无三日晴"之称的贵州,随着森林覆盖率下降到 15%,近年来变得三年二旱。历史上自然灾害的发生频率与森林减少的趋势都非常一致。

(5)影响大气的化学组成

大气中的 CO_2、CH_4 和 N_2O 是对地球温度和臭氧层破坏产生主要影响的三种气体。研究表明,对热带森林的破坏加剧了大气温室效应的严重性,热带森林的土壤和人类耕种土地对大气中碳循环的影响具有全球性的重要意义。

3.4.4 森林资源的利用与保护

1. 健全法制,依法保护森林

按照 1998 年 4 月修正并通过的《中华人民共和国森林法》中规定,国家对森林资源实行以下保护性措施:对森林实行限额采伐,鼓励植树造林,封山育林,扩大森林覆盖面积;根据国家和地方人民政府有关规定,对集体和个人造林、育林给予经济扶持或长期贷款;提倡木材综合利用和节约使用木材,鼓励开发、利用木材代用品;征收育林费,专用于造林育林;煤炭、造纸等部门,按照煤炭和木浆纸张等产品的质量提取一定数量的资金,专用于营造坑木、造纸等用材林;建立林业基金制度。

2. 合理利用天然林区

利用森林资源,一定要合理采伐,伐后及时更新,使木材生长量和采伐量基本平衡。同时要提高木材利用率和综合利用率。

3. 营造农田防护林,加速平原绿化

我国应尽快建立起西北、华北等地区的农田防护林,发挥森林小气候作用,抗御自然灾害。积极推广农林复合生态系统的建设。同时提高系统的稳定性、改善土地和环境条件,提高单位面积上的生物生产力和经济效益,减少水土流失。

4. 分期分地区提高森林覆盖率

应分期分阶段和分不同地区来实现,提高森林覆盖率。

5. 开展林业科学研究

重点开展对森林生态系统生态效益、环境效益、经济效益三者之间关系研究。力求生态、经济、环境三者之间相对协调发展,特别是在取得经济效益的同时注意改善生态状况。

6. 搞好城市绿化地带

我国城市绿化面积很低,上海市仅为人均 $0.5m^2$,距国家人均 $10m^2$ 的差距很大,和国外差距更大,城市应大力植树造林,把城市变为理想的人工生态系统。

7. 控制环境污染对森林的影响

大气污染物如 SO_2、O_3、酸雨及酸沉降等都能明显对森林产生不同伤害,影响森林的生长、发育。水污染和土壤污染随着污染物的迁移、转化也将对森林产生影响,控制环境污染的影响有助于森林资源的保护。

3.5　矿产资源的利用与保护

矿产资源主要指埋藏于地下或分布于地表的、由地质作用所形成的有用矿物或元素,其含量达到具有工业利用价值的矿产。矿产资源可分为金属和非金属两大类。金属按其特性和用途又可分为铁、锰、铬、钨等黑色金属,铜、铅、锌等有色金属,铝、镁等轻金属,金、银、铂等贵金属,铀、镭等放射性元素和锂、铍、铌、钽等稀土金属;非金属主要是煤、石油、天然气等燃料原料(矿物能源)、磷、硫、盐、碱等化工原料,金刚石、石棉、云母等工业矿物和花岗岩、大理石、石灰石等建筑材料。

3.5.1　矿物的利用和供应概况

1. 矿物资源的特点

矿产资源尤其自身的特点,主要表现在以下几个方面:

(1)区域性分布不均衡性

矿产资源的分布具有明显的地域性特点。这种分布的不均衡性,增加了工业布局于开发利用的困难。如我国的磷矿集中分布于南方,煤矿集中分布于北方。

(2)不可再生性和可耗竭性

矿产资源多是在几千万年、几亿年地质作用,经历漫长的自然再生产过程形成的,与人类社会的短暂过程相比,它是有限的、不可再生的。

(3)动态性和可变性

矿产资源是指在一定科学技术水平下,利用的自然资源。现在是矿产的也能在未来失去其使用价值,而原来认为不是矿产的,在现在被作为矿产利用。因此,它是即随着科学技术、经济社会发展以及地质认识水平的提高,而变化的一个三维动态概念。

(4)隐藏性、多样性和产权关系的复杂性

矿产资源种类复杂、多样,绝大部分矿产资源都埋藏在地下,看不见,摸不着。人们对其开发利用,必须在"租地"的前提下通过一定程序的地质勘探工作才能实现。这种"有形资产"必须以地质勘探报告这一"无形资产"储量来表示。因而带来了矿产资源产权关系的复杂性。

2. 我国矿物资源的特点与现状

截至1998年年底,中国已发现171种矿产,其中已探明储量的有153种。我国的矿产资源的特点如下:

(1)矿产资源总量丰富,但人均占有量少

我国矿产资源总量居世界第2位,而人均占有量只有世界平均水平的58%,居世界第53位,个别矿种甚至居世界百位之后。

(2)贫矿多,富矿少,可露天开采的矿山少

我国有相当一部分矿产,贫矿多,如铁矿石,储量有近500亿吨,但含铁大于55%的富铁矿仅有10亿吨,占2%;铜矿储量中含铜量大于1%的仅占1/3;磷矿中$P_2O_5>30\%$的富矿仅占7%,硫铁矿中含$S>35\%$的富矿仅占9%;铝土矿储量中的铝硅比大于7的仅占17%。

此外适于大规模露天开采的矿山少,例如,可露采的煤约占 14%,铜、铝等矿露采比例更少;有些铁矿大矿,虽可露采,但因埋藏较深,剥采比大,采矿成本增多。

(3)矿种比较齐全,产地相对集中,配套程度较高

世界上已经发现的矿种在我国均有发现,并有世界级超大型矿床。如内蒙白云鄂博铁-稀土矿床,其铈族稀土储量占我国的 96.4%。不少地区矿种配套较好,有利于建设工业基地。

如鞍山-本溪地区和攀西-六盘水地区除了拥有丰富的铁矿外,煤、锰、石灰岩、白云岩、菱镁矿、耐火黏土等辅助原料都很丰富,因此已建成钢铁工业基地。

(4)小矿多,大矿少,地理分布不均衡

在探明储量的 16174 处矿产地中,大型矿床占 11%,中型矿床占 19%,小型矿床则占 70%。例如,我国铁矿有 1942 处,大矿仅 95 个,占 4.9%,其余均为小矿。煤矿产地中,也绝大部分为小矿。

由于各地区地质构造特征不同,我国矿产资源分布不均衡,已探明储量的矿产大部分集中在中部地带。例如,煤的 57% 集中于山西、内蒙,而江南九省仅占 1.2%;磷矿储量的 70% 以上集中于西南中南 5 省;云母、石棉、钾盐等稀有金属主要分布于西部地区。这种地理分布的不均衡,造成了交通运输的紧张,增加了运输费用。

(5)多数矿产矿石组分复杂、单一组分少

我国铁矿有 1/3,铜矿有 1/4,伴生有多种其他有益矿产,例如,攀枝花铁矿中伴生有钒、钛、铬、镓、锰等 13 种矿产;甘肃金川的镍矿,伴生有铜、铂、金、银、硒等 16 种元素。这一方面说明我国矿产资源综合利用大有可为,另一方面也增加了选矿和冶炼的难度。另外,有一些矿,如磷、铁、锰矿都是一些颗粒细小的胶磷矿、红铁矿、碳酸锰矿石,分离难度高,也致使有些矿山长期得不到开发利用。

3.5.2　矿物资源开发利用中存在的主要问题

1. 资源浪费严重

一些地区乱采乱挖,破坏矿产资源的埋藏条件,采富矿、弃贫矿现象严重存在,不断流失大量矿产资源,使许多矿山的开采寿命急剧缩短。矿产资源综合利用率低,许多共生、伴生矿产资源白白流失无回收。

大量资源在开采和使用过程中浪费了。矿产采掘回收率普遍很低,最终利用率更低。我国铁矿采选业回收率为 65%~69%,若不考虑储量设计利用率及钢铁加工时的利用率,铁矿资源总利用率只有 36.7%,非金属矿物约为 20%~60%,有色金属矿产资源只有 25% 左右。总之,中国矿产资源总利用率比发达国家约低 10%~20%。

2. 对矿产资源的需求压力大

工业、人口的增长对矿产资源构成强劲的需求压力,导致中国从现在起到下个世纪初,还将处于矿产资源消耗量增长最快的时期,在此过程中诱发生态环境问题的重要社会根源。中国目前每年矿石采掘量已达 50 亿 t,年人均约 5t。中国正在承受严重的矿产资源的需求压力。

3. 环境污染严重

我国人口基数很大,矿产开采水平不够高,为了满足人口增长过程中对能源的需求,使中

国在收入水平还相当低的阶段就形成了巨大规模的原材料加和采矿业工业部门。这些工业部门是"三废"的重要污染源。矿产资源在大量流失过程中,均以"三废"形式排入环境,造成严重的污染。如此庞大的"污染产业群"注定使中国提前进入了"污染高峰期"。

4. 深加工技术水平不高

我国不少矿产品由于深加工技术水平低,因此,在国际矿产品贸易中主要出口原矿和初级产品,经济效益低下。如滑石初级品块矿,每吨仅45美元,而在国外精加工后成为无菌滑石粉,每千克50美元,价格相差1000倍。此外,优质矿没有优质优用,如山西优质炼焦煤,年产5199万吨,大量用于动力煤和燃料煤,损失巨大。

3.5.3 矿产资源的合理利用与保护

在继续合理开发利用国内矿产资源的同时,适当利用国外资源,提高资源的优化配置和合理利用资源的水平,努力减少矿产资源开发所造成的环境代价,最大限度地保证国民经济建设对矿产资源的需要,全面提高资源效益、环境效益和社会效益是我国矿产资源可持续利用的总体目标。

(1)建立和健全矿山资源开发中的环境保护措施

制定矿山环境保护法规、依法保护矿山环境,执行"谁开发谁保护,谁闭坑谁复垦,谁破坏谁治理"的原则;制定适合矿山特点的环境影响评价办法,进行矿山环境质量检测,实施矿山开发的全过程的环境管理;对当前矿山环境的情况,进行认真的调查评价,制定保护恢复计划,采取经济手段、行政手段、法律手段鼓励和监督矿产企业对矿产资源的综合利用和"三废"的资源化活动,鼓励推广矿产资源开发、废弃物最小量化和清洁生产技术。

(2)加强矿产资源的管理

加强对矿产资源的国家所有权的保护,我国尚无完整的矿产资源保护法规。必须在《矿产资源法》的基础上健全相应的矿产资源保护的法规、条例,建立有关矿产资源的规章制度;组织制定矿产资源开发战略、资源政策和资源规划;建立集中统一领导、分级管理的矿山资源执法监督组织体系;建立健全矿产资源核算制度,有偿占有开采制度和资产化管理制度。

(3)努力开展矿产综合利用的研究

开展对采矿、选矿、冶炼等方面的科学研究,对分层富有多种矿产的地区,研究综合开发利用的新工艺,积极进行新矿种、新矿床、矿产新用途的探索科研工作;对多组分矿物要研究对矿物中少量有用组分进行富集的新技术,提高矿物各组分的回收率;适当引进新技术,有计划地更新矿山设备,以尽量减少尾矿,最大限度地利用矿产资源。

(4)开源与节流并重,以节流为主

矿产资源再生的速度很慢,为保证经济、社会的持续发展,需要并加强勘查工作,发现探明新储量,寻找替代资源。当务之急是节约利用矿产资源,提高矿产资源利用效率。

3.6 海洋资源的利用与保护

海洋约占地球面积的71%,贮水量为13.7亿 km^3,占地球总水量的77.2%。海洋不仅蕴藏着丰富的物质资源,而且具有为人类提供航行通道,调节陆地气候的重大作用。因此,海洋的开发和利用越来越受到了人类的重视。海洋中一切可被人类利用的物质和能量都叫海洋资源,预计到 21 世纪,海洋将成为人类获取蛋白质、工业原料和能源的重要场所。

海洋资源包括生物资源、非生物资源和空间资源三大类。海洋生物资源为人类提供具有经济价值的海洋动物和植物;海洋非生物资源能为人类提供海洋动力资源海、海底矿产资源和化学资源等。海洋空间资源能为人类提供具有开发利用价值的上空、水下、海面的广阔空间。

3.6.1　海洋资源概述

地球上生物生产力每年约为 1590 亿 t,其中的 25% 来自海洋。因此,辽阔的海洋是人类最巨大的聚宝盆。据估计,海洋每年可向人们提供 2 亿 t 鱼和贝类,而现在被利用的每年约 1 亿 t 左右,可见,海洋仍然具有为人类提供食物的潜力。

海洋中埋藏着丰富的矿产资源,地球上 1/3 的石油是埋藏于海洋下。遍布于深海底的锰结核,是一种经济价值极高的多金属天然矿产,估计仅太平洋底就有数千亿 t,它所含的锰金属,如按目前的消耗水平(每年 180 万 t),足够供应 14 万年。此外,溶解于海水中的多种化学元素和它们的化合物约有 4×10^{161} t,是一项巨大的化学资源。

海洋不仅为人类提供廉价的航运,还有可能以潮汐能和海流、波浪能等形式向人类提供取之不尽的清洁能源。由此可见,人类充分利用和切实保护好海洋这个最巨大的聚宝盆,就能保证自身的延续和发展。

3.6.2　我国的海洋资源与开发

1. 我国的海洋资源

根据联合国《海洋公约》规定,中国享有主权和管辖权的内河、领海、大陆架和等属经济区的面积广阔,岛屿海岸线长约 1.4×10^4 km,大陆海岸线长约 1.8×10^4 km,沿海滩涂面积为 2079km²。

中国近海海洋环境优越,拥有多种多样的海洋资源,主要有:

(1)海洋生物资源丰富

中国近海因地域差异,形成了许多河口生态系统,港湾生态系统、红树林生态系统、珊瑚礁生态系统等类型的生态系统。海域渔场面积很广阔,海洋生物资源种类繁多,在 2000 种以上,浅海滩涂生物约 2600 种,最大持续渔获量和最佳渔业资源可捕量分别约为 470 万 t 和 300 万 t。

中国近海大多是生物生产力高的水域,生物资源十分丰富。就生物区系而言,南部海域则基本属印度-西太平洋暖水区系,北部海域大多属北太平洋温带区系。

中国是世界上最早利用海洋生物作为药物的国家,现已发现脊椎动物近百种,无脊椎动物近 300 种;沿海可供药用的海藻 50 多种。

(2)海水资源和海洋能资源

海水本身也是取之不尽、用之不竭的资源,据初步估计,中国海洋能资源总蕴藏量约为 4.31 亿 kW。除可供制盐外,尚可提取 Mg、K、Br、U 等化学物质。海水进行淡化则可弥补沿海城市及海洋岛屿淡水资源的不足。

（3）海洋矿产资源

我国海底矿产资源极其丰富,海滨河矿种类达 60 种以上,石油资源量约 451 亿 t,天然气资源量约 14.1 万亿 m^3,探明储量为 15.25 亿 t。

2. 我国的海洋开发

近 20 年来,我国在海洋开发方面取得了重大进展,特别是在深海开发方面。根据《联合国海洋法公约》,1991 年 3 月获联合国批准,国际深海开发"先驱投资者",在北太平洋上西经 138°～158°,北纬 7°～15°区域内拥有一块 15 万 km^2 的高丰度多金属结核矿区,由中国进行勘探开发,勘探完后 7.5 万 km^2 回交联合国,而另 7.5 万 km^2 归属中国,其面积大小相当于渤海。另外,我国海域的浅海石油开发正在蓬勃展开。

但是,我国海域由于过度捕鱼和污染严重,致使海洋渔业急剧下滑。其中渤海污染最为严重,造成鱼群死亡滩涂养殖场荒废,部分海域鱼场外延,一些珍贵的海生资源正在消失。因此,我们应当通过采取减少陆地向大海排污和合理捕鱼行动,保护我们的海洋,别让它们在我辈手中沦为"死海"。

3.6.3 海洋资源的利用与保护

1. 健全环境法制,强化环境管理

1982 年 8 月,我国颁布了《中华人民共和国海洋环境保护法》,使得海洋环境管理有法可依。但是我国海洋环境保护法规体系尚不完善,相关法规的匹配尚存在缺陷;沿海地区环保部门海洋管理机构不健全,其他海洋管理部门的管理队伍与法律赋予的职责不相称;此外,管理不力、有法不依、执法不严的问题也比较突出。因此,亟待健全海洋环境法制,强化海洋环境管理。

2. 加强海洋环境及资源的调查研究

中国海域广阔,对其中的资源储量还不是很清楚,海洋环境复杂,给海洋的保护和利用带来一定困难。加强海洋水文、气象、化学、生物及地质等基础情况的调查研究可以为海洋资源的开发利用提供数据依据。当前调查研究应以近岸和浅海大陆架海域为主,也要组织适当力量对大洋进行考察,为今后开发大洋公有资源作好准备。要加强灾害性天气的分析和预报,以便顺利地和合理地利用各类资源。在海岸带资源调查中,除对各类资源储量进行清查外,还应重视生态系统功能和结构调查和研究。

3. 强化海洋环境质量监控

1)加强海洋环境监督管理。环境监督管理是环境保护部门的基本职能。其内容包括对经济活动、生活活动引起的海洋污染监督和对沿海地区及海上的开发建设等对海洋生态系统造成不良影响或破坏的监督两个方面。海洋环境监督管理的重点工作主要有以下几个方面:沿海工业布局的监督;控制老污染源的监督;新污染源的控制与监督;监督污染源达标排放,并结合技术改造选择无废、少废工艺及设备,达到海洋环境功能区污染总量控制的要求;对海洋生物多样性保护进行监督;对危险废物及有毒化学品的处理、使用、运输进行严格监督;对海洋资源开发利用与保护进行监督。

2)进一步加强海洋环境监视及监测。这是进行海洋环境质量监控、防止污染事故的重要

管理措施,已列入《国家环境保护"九五"计划和 2010 年远景目标》中"海洋环境保护"的重要
领域。

4. 大力发展沿海水产养殖业

由于海洋资源的严重破坏,近海主要经济鱼类资源已严重衰退,必须采取坚决的保护措
施。对于尚有一定资源数量的种类,则应加强管理,合理安排生产,控制捕捞强度,使其连续利
用。对于资源已遭严重破坏的种类,设立幼鱼保护区,保护产卵场,为了恢复资源,对其中的某
些种类采取禁捕和增殖的措施。对于与邻国共同捕捞的对象,则有必要加强国际合作,共同加
以保护。

中国有广阔的浅海水域可利用,也有相当的技术力量,发展养殖可以减轻近海的捕捞压
力。海洋水产增殖、养殖是今后增加水产品产量的重要途径,发展外海和远洋渔业是开创海洋
渔业新局面的一个重要步骤,应采取切实有效的措施,力争近期内取得较大的进展。

3.7　能源的利用与保护

3.7.1　能源及分类

能源是指可以为人类利用,以获得有用能量的各种资源,如太阳能、风力、水力、蒸汽、化石
燃料及核能、潮汐能等均可称为能源。

人们从不同的角度对能源进行了多种多样的分类。根据利用程度,分为一次能源和二次
能源、常规能源和新能源、可再生能源和不可再生能源等(图 3-2)。

根据能源消费后是否造成环境污染,又可分为污染型能源和清洁型能源。煤炭和石油类
能源等是污染型能源;水力、电力和太阳能等则是清洁型能源。

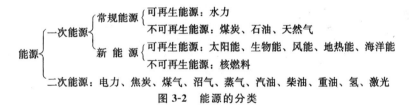

图 3-2　能源的分类

3.7.2　我国能源利用的特点

1. 能源总量大,人均能源资源不足

2000 年我国一次能源生产量为 10.9 亿吨标准煤,是世界第二大能源生产国。其中原煤
产量 9.98 亿吨,居世界第 1 位;发电量 13500 亿 kWh,是世界上仅次于美国的电力生产大国;
原油产量达到 1.63 亿吨,居世界第 5 位;天然气产量为 277 亿 m³,居世界第 20 位。

中国能源消耗总量仅低于美国居世界第二位,但人均耗能水平很低,1996 年人均一次商
品能源消耗仅为世界平均水平的 1/2,是工业发达国家的 1/5 左右。虽然我国的能源资源总
量大,但由于人口众多,人均能源资源相对不足,是世界上人均能耗最低的国家之一。中国人
均煤炭探明储量只相当于世界平均水平的 50%,人均石油可采储量仅为世界平均水

的 10%。

2. 能源结构以煤为主

在我国的能源消耗中,煤炭仍然占有主要地位,在一次能源的构成中煤炭一直占 70% 以上,而且工业燃料动力的 84% 是煤炭。近几年我国的能源消耗结构发生了一些变化,煤炭消费量在一次能源消费总量中所占的比重,已由 1990 年的 76.2% 降为 2000 年的 66.0%;石油、天然气、水电、核电、风能、太阳能等所占比重,由 1990 年的 23.8% 上升到 2000 年的 34.0%。洁净能源的迅速发展、优质能源比重的提高,为提高能源利用效率和改善大气环境发挥了重要的作用。

3. 农村能源短缺,以生物质能为主

我国农村使用的能源以生物质能为主,特别是农村生活用的能源更是如此。在农村能源消费中,生物质能占 55%。目前,一年所生产的农作物秸秆只有 4.6 亿吨,除去饲料和工业原料,作为能源的仅为 43.9%,全国农户平均每年大约缺柴 2~3 个月。

4. 工业部门消耗能源占有很大的比重

与发达国家相比,我国工业部门耗能比重很高,而交通运输和商业民用的消耗较低。我国的能耗比例关系反映了我国工业生产中的工艺设备落后、能源管理水平低的问题。

3.7.3 能源的利用对环境的影响

目前化石能源除少数用作化工原料外,基本上都用作燃料。化石燃料在燃烧时产生的污染物对环境造成的影响主要表现在如下几方面:

1. 全球气候变化

化石能源燃烧的基本反应如下:

$$C + O_2 \rightarrow CO_2 + 热$$

即燃料中的碳转变为 CO_2 而进入大气,同时产生热能供人们使用。

近百年来,由于生产和生活上燃料耗用量的激增和森林的大量破坏,使大气中 CO_2 的浓度以每年 0.7~0.8mg/L 的速度递增,预测至 2030 年将达到 450mg/L。从而导致温室效应,改变全球的气候,危害生态系统。

2. 城市大气污染

以煤炭为主的能源结构是我国大气污染严重的主要根源。据历年的资料估算,燃煤排放的主要大气污染物,如粉尘、二氧化硫、氮氧化物、一氧化碳等,总量约占整个燃料燃烧排放量的 96%。其中燃煤排放的二氧化硫占各类污染源排放的 87%,粉尘占 60%,氮氧化物占 67%,一氧化碳占 70%。我国大气污染造成的损失每年达 120 亿元人民币。

3. 其他污染物及酸雨

燃烧除对环境造成上述影响外,还向环境排放大量颗粒灰尘、SO_2、NO_2、CO、烃类和其它有机化合物等空气污染物,含有悬浮固体硫酸、氟化物、磷酸盐、硼化物、铬酸盐和有机物等的废水,以及炉渣等固体废物。化石燃料燃烧时排出的气体废物中,以 SO_x 数量最大。而以苯并[a]芘毒性最大。

3.7.4　我国能源发展策略与主要对策

1. 我国能源的发展策略

我国能源发展战略可概括为 6 句话、36 个字,即保障能源安全,优化能源结构,提高能源效率,保护生态环境,继续扩大开放,加快西部开发。

(1)保障能源安全

1)继续坚持能源供应基本立足国内的方针,以煤为主的一次能源结构不会发生大变化。

2)逐步建立和完善石油储备制度,形成比较完善的石油储备体系。

3)鉴于煤炭在我国能源结构中的重要地位,并结合可持续发展的需要,煤炭洁净燃烧、煤炭液化等技术的开发利用将成为一项战略任务。

(2)优化能源结构

加大能源结构调整力度,努力增加洁净能源的比重,可以缓和国家能源发展的需求矛盾。

(3)提高能源效率

努力高能源生产、消费效率,可以提高人民生活质量和促进经济增长,为可持续发展做努力。

(4)保护生态环境

积极开发与应用先进能源技术,大力促进可再生能源的开发利用,实现能源、经济和环境的协调发展。

(5)继续扩大开放

在过去的改革开放的 30 多年里,我国能源领域对外开放进展很快。今后我国将继续能源领域的对外开放,招商引资环境将会更加完善。

(6)加快西部开发

煤炭、水力、石油、天然气、风能和太阳能等资源在我国西部地区十分富有,因此,我国西部地区有很大的资源优势和良好的开发前景。目前,国家正在实施西部能源开发的专项规划,其中,"西气东输"、"西电东送"都是西部能源开发利用中的重要项目。

2. 我国能源发展主要对策

(1)建立和完善能源发展宏观调控体系

建立健全环境保护法规体系,并适当提高与现有能源生产和消费有关的排污收费标准。在电力、煤炭、石油、天然气等方面进行价格及收费政策改革的同时,还要通过税收政策,研究制定一些新的税收及贴息政策。

(2)加快改革步伐,逐步建立科学的能源管理体制,为能源工业发展提供体制保证

建立和完善能源发展宏观调控体系。要在继续深化煤炭、石油、天然气工业改革的同时,根据国际上电力体制改革的成功经验,结合我国的具体情况,对电力行业进行重组,抓好电力体制改革。健全合理的电价形成机制,建成竞争开放的区域电力市场。

(3)进一步落实《节能法》,提高能源效率

发达国家的能源利用率在 40% 以上,日本为 57%,美国为 51%,我国能源利用率只有30%。应制定和实施新增能源的设备能效标准,制定主要民用耗能产品的能效标准。加大科

研投入,研究、示范与推广节能技术。实施大型的节能示范工程,对节能成效比较显著的设备和产品推行政府采购。

(4)积极研究制定加快中西部能源开发的政策措施

要研究制定针对中西部地区的具体优惠政策,吸引外资和东部地区的资金向中西部转移。积极研究制定加快中西部能源开发的政策措施,保证和促进"西部大开发"战略部署的实现。同时,要运用经济和行政手段促进中西部能源向东部地区的输送。

(5)积极开发新能源

我国新能源蕴藏量丰富,要大力开发新能源,鼓励新能源的开发研究,逐步提高新能源在能源结构中的比例,走出一条适合我国国情的新能源开发之路。

第4章 大气污染及其防治

4.1 大气的组成与结构

4.1.1 大气的组成

大气是人类赖以生存的最基本的环境要素,一切生命都离不开大气。它是指环绕地球的全部空气的总和,在自然地理学中被称为大气圈或大气层。从自然科学的观点来看,"空气"和"大气"两者并没有实质性的差别。但在研究近地层空气污染规律时,往往将室外空气称为"大气",将室外地区性空气污染称为"大气污染",而对室内或车间内的空气污染称"空气污染"。也有人将大气污染理解为这两种污染的总称。

地球大气(Atmosphere)与太阳系中其他星球的大气很不相同,几乎没有一个天体能像地球一样有适合于生命生存的环境。地球大气的组成是在 45 亿年前地球形成以后逐渐变化而来的,是多种气体的混合物。大气圈的质量约为 6×10^{21} t,虽然只占地球总质量的 0.0001% 左右,但是其成分却极为复杂,除了氧、氮等气体外,还悬浮着水滴(如云滴、雾滴)、冰晶和固体微粒(如尘埃、孢子、花粉等)。按其成分可以概括为三部分:干燥清洁的空气、水汽和悬浮微粒。大气中的悬浮物常称为气溶胶质粒,没有水汽和悬浮物的空气称为干洁空气。干洁空气的主要成分是氮、氧、氩、二氧化碳气体,其含量占全部干洁空气的 99.996%(体积);氖、氦、氪、甲烷等次要成分只占 0.004% 左右,如表 4-1 所示。

表 4-1 干洁空气组成(%)

气体成分	含量(体积分数)	气体成分	含量(体积分数)
氮(N_2)	78.09	氪(Kr)	1.0×10^{-4}
氧(O_2)	20.95	氢(H_2)	5×10^{-5}
氩(Ar)	0.93	氙(Xe)	8×10^{-6}
二氧化碳(CO_2)	0.03	臭氧(O_3)	1×10^{-6}
氖(Ne)	1.8×10^{-3}		
氦(He)	5.24×10^{-4}	干洁空气	100

4.1.2 大气的结构

根据大气在各个高度上的不同特征可将大气圈分为若干层次,如按压力特性可分为气压层和外气压层;按照分子组成可分为均质层和非均质层;按照大气的热状况分为对流层、平流层、中间层、暖层和散逸层,如图 4-1 所示。

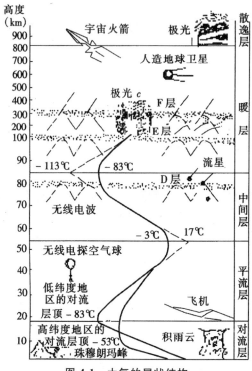

图 4-1　大气的层状结构

(1)对流层

对流层是大气的最底层,由于大气热能来自地面辐射,使大气温度随高度的增加而降低,平均每升高 100m,温度降低 0.6℃。由于贴近地面的空气受地面辐射增温的影响而膨胀上升,上面冷空气下沉,故在垂直方向上形成强烈的对流作用。一般对流作用在低纬度较强,高纬度较弱,所以对流层的厚度从赤道向两极减小,赤道低纬度区为 17～18km;中纬度地区为 10～12km;两极附近高纬度地区为 8～9km。夏季较厚,冬季较薄。

对流层相对于大气圈的总厚度来说是很薄的,但它的密度大,大气圈总质量的 3/4 以上集中在此层。因受地表的影响不同,又可分为两层:在距地面 1～2km 范围内,因受地表机械力、热力强烈作用的影响,通称为摩擦层或边界层,亦称为低层大气,排入大气的污染物绝大部分在此层活动;在边界层以上,受地表影响变小,称为自由大气层,主要天气过程如雨、雪、雹的形成均出现在此层。对流层和人类的关系最为密切。

(2)平流层

对流层顶到约 50km 的大气层为平流层。在平流层下层,即 30～35km 以下,温度随高度变化较小,气温趋于稳定,为 −55℃左右,所以又称同温层;在 30～35km 以上,温度随高度升高而升高。这是因为平流层集中了大气中大部分 O_3,并在高约 20～25km 高度上达到最大值,形成臭氧层。因 O_3 具有吸收太阳光短波紫外线的能力,同时在紫外线的作用下可被分解为原子氧和分子氧。当它们重新化合生成 O_3 时,可以热的形式释放出大量的能量,使平流层的温度升高。在平流层中空气没有对流运动,平流运动占显著优势,空气比下层稀薄得多且干燥,水汽、尘埃的含量甚微,大气透明度好,很难出现云、雨等天气现象。

（3）中间层

从平流层顶到 80km 左右高度被称为中间层,气温随高度增加而下降,有强烈的垂直对流运动,中间层顶温度可降至－83℃。

（4）暖层

从中间层顶部到高出海面 800km 的高空称为暖层。该层的下部基本上是由分子氮所组成,而上部是由原子氧所组成。原子氧层可吸收太阳辐射出的紫外光,因而在这层中的气体温度随高度增加而迅速上升。据人造卫星观测,在 300km 高度上,气温高达 1000℃ 以上。由于太阳和宇宙射线的作用,该层大部分空气分子发生电离,使其具有较高密度的带电粒子,故又称为电离层。电离层能将电磁波反射回地球,故对全球性的无线电通讯有重大意义。

（5）逸散层

暖层顶以上的大气统称为散逸层。这是大气圈的最外层,高度达 800km 以上。这层空气在太阳紫外线和宇宙射线的作用下,大部分分子发生电离,使质子的含量大大超过中性氢原子的含量。逸散层空气极为稀薄,其密度几乎与太空密度相同。由于空气受地心引力极小,气体及微粒可以从这层被碰撞出地球重力场而进入太空逸散。对逸散层的高度还没有一致的看法,根据宇宙火箭探测资料表明,地球大气圈之外,还有一层极其稀薄的电离气体,其高度可伸延到 22000km 的高空,称之为地冕。地冕实际上是地球大气向宇宙空间的过渡区域。

4.2　大气污染及污染源

4.2.1　大气污染及污染物

1. 大气污染的定义

按照国际标准化组织(ISO)的定义,"大气污染通常是指由于人类活动或自然过程引起某些物质进入大气中,呈现出足够的浓度,达到足够的时间,并因此危害了人体的舒适、健康和福利,或危害了环境的现象"。所谓对人体舒适、健康的危害,包括对人体正常生理机能的影响,引起急性病、慢性病,甚至死亡等,而所谓福利,则包括与人类协调并共存的生物、自然资源,以及财产、器物等。

造成大气污染的原因包括自然原因和人类活动。自然过程包括森林火灾、海啸、土壤和岩石的风化、火山活动、雷电、动植物尸体的腐烂以及大气圈空气的运动等。但是,一般情况下因自然过程引起的空气污染,经过一段时间后会通过自然环境的自我净化作用自动消除,维持生态系统的平衡,而人类进行生产与生活活动向大气中排放的污染物质在大气中积累,超过了环境的自净能力,是造成大气污染主要原因。

污染物在大气中要含有足够的浓度,并在此浓度下对受体作用足够的时间。在此条件下对受体及环境产生了危害,造成了后果。大气中有害物质的浓度越高,污染就越重,危害也就越大。污染物在大气中的浓度,与排放的总量、排放源高度和气象和地形等因素有关。

2. 大气污染类型

大气污染类型主要取决于所用能源和污染物的化学特性,气象条件也起着重要作用。根

据污染物的化学性质及其存在的大气环境状况可分类如下:

(1)氧化型污染

这类污染多发生在以使用石油为燃料的地区,主要污染源是汽车排气、燃油锅炉以及石油化工企业,主要的一次污染物是 CO、NO_x(尤其是 NO_2)和碳氢化合物。在阳光照射下它们能起光化学反应,生成 O_3、醛类、过氧乙酰硝酸酯等二次污染物。这些物质具有极强的氧化性,对人的眼睛等黏膜有很强的刺激作用。洛杉矶光化学烟雾属于这类污染。

(2)还原型污染

这类污染常发生在以使用煤炭为主,同时也使用石油的地区。其主要污染物为 SO_2、CO和颗粒物。在低温、高湿度且风速很小的阴天,并伴有逆温的情况下,一次污染物易在低空积聚,生成还原性烟雾。伦敦烟雾事件是其典型代表,故这类污染又称为伦敦烟雾型。

(3)石油型污染

石油型污染的主要污染物来自汽车排放、石油冶炼及石油化工厂的排放,主要包括 NO_2、炔烃、烷烃、醇、烯烃、碳基等碳氢化合物,以及它们在大气中形成的各种自由基及其反应生成的一系列中间产物与 O_3 作用形成最终产物。

(4)混合型污染

此种污染类型包括以煤炭为燃料的污染源排放的污染物,以及从各类工厂企业排出的各种化学物质等。

按大气污染的范围来说,大体可以分为四类:①区域性大气污染,如工矿区或其附近地区或整个城市大气受到污染;②局部地区大气污染,如某个工厂烟囱排气的直接影响;③广域性大气污染,涉及比一个地区或大城市更广泛区域的大气污染;④全球性大气污染,是由于人类的活动,使大气中 SO_x、NO_x、CO_2、氯氟烃化合物和飘尘的不断增加,造成跨国界的酸性降雨、温室效应、臭氧层破坏。

4.2.2 大气污染源及其污染类型

大气污染源是指造成大气污染物发生源,可分为天然大气污染源和人为大气污染源。由于自然环境所具有的物理、化学和生物机能,自然过程造成的大气污染经过一定时间后往往会自动消除,使生态平衡自动恢复。一般而言,大气污染主要是人类活动造成的,因此人类大气污染源是大气污染控制的工作重点。根据不同的研究目的,人为大气污染源的类型主要有以下四种划分方法。

(1)按污染物产生的类型划分

1)生活污染源。是指人们由于烧饭、取暖、沐浴等生活上的需要,燃烧化石燃料向大气排放煤烟所造成的大气污染的污染源,在我国的一些城市里,居民普遍使用小煤炉做饭、取暖,这些小煤炉在城市区域范围内构成大气的面污染源,是一种排放量大、分布广、排放浓度低、危害性不容忽视的空气污染源。

2)工业污染源。工业生产中的一些环节,如原料生产、加工过程、燃烧过程、加热和冷却过程、成品整理过程都要向大气排放各种有机和无机气体,这些生产设备或生产场所都可能成为工业污染源。不同的工业生产过程排放出的废物含有不同的污染物,如火力发电厂、钢铁厂等工矿企业在生产过程中和燃煤过程中所排放的烟气中含有一氧化碳、二氧化硫、苯并[a]芘和粉尘等污染物;一些化工生产过程排出的废气主要含有硫化氢、氮氧化物、氟化氢、氯化氢、甲醛、氨等各种有害气体。这些污染物在人类生活环境中循环、富集,造成大气污染,并且对人体健康构成长期威胁,可见,工业污染源对环境危害最大。

3)交通污染源。指由汽车、飞机、火车和船舶等交通工具排放尾气造成大气污染的污染源。交通污染源排放的主要污染物有一氧化碳、氮氧化物、烃类化合物、二氧化硫、铅化合物、苯并[a]芘、石油和石油制品、以及有毒有害的运载物。

(2)按污染源存在的形式划分

1)固定污染源。主要是指排放污染物的固定设施,如工矿企业的烟囱、排气筒、民用炉灶等,生活污染源和工厂污染源都属于固定污染源。

2)移动污染源。主要指排放污染物的交通工具,又称为交通污染源,移动污染源位置可以移动,并且在移动过程中排放出大量废气,如汽车等交通污染源。

这种分类方法适用于进行大气质量评价时绘制污染源分析图。

(3)按污染物排放的时间划分

1)连续源。污染物连续排放,如化工厂的排气筒等。

2)间断源。排放源时断时续,如采暖锅炉的烟囱。

3)瞬间源。排放源排放时间短暂,如某些工厂的事故排放。

这种分类方法适用于分析污染物排放的时间规律。

(4)按污染物排放的方式划分

1)点源。通常是指一个烟囱或几个距离很近的固定污染源,其排放的污染物只构成小范围的大气污染,但在一般情况下,这是排放量比较大的污染源。

2)线源。主要指汽车、火车、轮船、飞机在公路、铁路、河流和航空线附近构成大气污染。

3)面源。指一个大城市或者大工业区,工业生产烟囱和交通工具排出的废气,构成的通常是较大范围的空气污染。

这种分类方法适用于大气扩散计算。

4.2.3 常见大气污染物的产生及其迁移转化

1. 颗粒物

据联合国环境规划署统计,20 世纪 80 年代全世界每年大约有 23 亿吨颗粒物质排入大气,其中 20 亿吨是自然排放的,3 亿吨是人为排放的。因此,颗粒物质主要来自自然污染源,如海水蒸发的盐分、土壤侵蚀吹扬、火山爆发等。人为排放主要来自于燃料的燃烧过程。颗粒物质从污染源排出后,常因空气动力条件的不同、气象条件的差异而发生不同程度的迁移。降尘受重力作用可以很快降落到地面,而飘尘则可在大气中保存很久。颗粒物质还可以作为水汽等的凝结核参与降水的形成过程。

2. 碳氢化合物

大气中大部分的碳氢化合物来源于植物的分解,人类排放的量虽然小,却非常重要。碳氢化合物的人为来源主要是石油燃料的不充分燃烧和石油类的蒸发过程,在石油炼制、石油化工生产中也产生多种碳氢化合物,燃油的机动车亦是主要的碳氢化合物污染源。

碳氢化合物是形成光化学烟雾的主要成分。在活泼的氧化物如 O_2、O_3 等的作用下,碳氢化合物将发生一系列链式反应,生成一系列的化合物,如醛、酮、烷、烯及重要的中间产物——自由基。自由基进一步促进 NO 向 NO_2 转化,造成光化学烟雾的重要二次污染物——O_3、醛和 PAN。

3. 碳氧化物

碳氧化物主要有两种物质,即 CO 和 CO_2。CO 主要是由含碳物质不完全燃烧产生的,天然源较少,1970 年全世界排入大气中的 CO 约为 3.59×10^8 t,而由汽车等移动源产生的 CO 占总排放量的 70%。可见,CO 主要是由汽车等交通车辆造成的。CO 化学性质稳定,在大气中不易与其他物质发生化学反应,可以在大气中停留较长时间。CO 在一定条件下,可以转变为 CO_2,然而其转变速率很低。由于当今世界上人口急剧增加,化石燃料大量使用,使大气中的 CO_2 浓度逐渐增高,这将对整个地区大气系统中的长波辐射收支平衡产生影响,并可能导致温室效应,从而造成全球性的气候变化。

4. 含硫化合物

硫常以 SO_2 和 H_2S 的形态进入大气,也有一部分以亚硫酸及硫酸(盐)微粒形式进入大气。大气中的硫约 2/3 来自天然源,其中以细菌活动产生的硫化氢最为重要。人为源产生的硫排放的主要形式是 SO_2,主要来自含硫煤和石油的燃烧、石油炼制及有色金属冶炼和硫酸制造等。在 20 世纪 80 年代,每年约有 1.5×10^8 t SO_2 被人为排入大气中,其中 2/3 来自煤的燃烧,而电厂的排放量约占所有 SO_2 排放量的一半。由天然源排入大气的硫化氢会被氧化为 SO_2,这是大气中 SO_2 的另一主要来源。SO_2 和飘尘具有协同效应,两者结合起来对人体危害更大。SO_2 在大气中极不稳定,最多只能存在 1~2 天。在相对湿度比较大、有催化剂存在时,可发生催化氧化反应,进而生成 H_2SO_4 或硫酸盐,所以,SO_2 是形成酸雨的主要成分。硫酸盐在大气中可存留 1 周以上,能飘移至 1000km 以外,造成远距离的区域性污染。SO_2 也可以在太阳紫外光的照射下,发生光化学反应,生成硫酸雾。

5. 氮氧化物

氮氧化物(NO_x)种类很多,包括一氧化二氮(N_2O)、一氧化氮(NO)、二氧化氮(NO_2)、三氧化二氮(N_2O_3)、四氧化二氮(N_2O_4)和五氧化二氮(N_2O_5)等多种化合物,但主要是 NO 和 NO_2,它们是常见的大气污染物。天然排放的 NO_2 主要来自土壤和海洋中有机物的分解,属于自然界的氮循环过程。人为活动排放的 NO_2 大部分来自化石燃料的燃烧过程,如汽车、飞机、内燃机及工业窑炉的燃烧过程;也有来自生产、使用硝酸的过程,如氮肥厂、有机中间体厂、有色及黑色金属冶炼厂等。

6. 其他大气污染物

其他污染物来源于发电厂、工厂等的废气及有机物腐败所散发的气体,对生物环境与人体都是有害的。农药、化肥(氨)及合成化学药品等,即使浓度低也多数有毒。随着工业的发展,不少有毒的重金属(铅、汞、镉、铬、砷等)烟尘或蒸气也混入大气内,其危害性可能超过 SO_2 等污染物。自然界有毒花粉也是一种重要的污染物,而有些毒性植物则是发生源。

4.2.4 大气污染的危害

大气污染物的种类很多,其物理和化学性质也非常复杂,毒性也各不相同。因此,大气环境受到污染所产生的危害和影响是多方面的,程度亦不相同。它既危害人体健康,又影响动植物的生长,破坏经济资源,严重时可改变大气的性质。其主要危害和影响如下。

(1)对动植物的危害

大气受到严重污染时,动物会因吸入有害物质而中毒或死亡。但大气污染对动物的危害,往往是由于动物食用或饮用积累了大气污染物的植物和水。对植物的危害是由于污染物使植物机体发生生理和生物化学的变化。急性伤害导致细胞死亡,常在短时间内显示出来;慢性伤害影响植物正常的细胞活动或植物的遗传系统,最终引起植物数量和群落的变化。植物受到慢性伤害通常不具有受到某一种污染物伤害的特征,因而与病虫害的症状相混淆。有时植物吸收有害物质在体内积累,本身并未出现症状,却能使摄食的动物受害。

(2)对人体健康的危害

大气对人体健康产生的危害因被污染大气中,污染物的来源、性质、浓度和持续时间的不同,污染地区的气象条件、地理环境等因素的差别等产生不同的危害,甚至还跟人的年龄、健康状况有着直接的关系,一般成年人,年纪越轻,身体状况越好,承受大气污染的能力相应较强。

大气中有害物质进入人体的方式有:人的直接呼吸而进入人体;附着在食物上或溶于水,随着饮食侵入人体;通过接触或刺激皮肤而进入到人体,尤其是脂溶性物质更易从皮肤渗入人体下个途径侵入人体造成危害。人体受大气污染的顺序为:首先是感觉上受到影响,随后在生理上显示出可逆性反应,再进一步就出现急性危害的症状。大气污染对人的危害大致可分为急性中毒、慢性中毒、"三致"作用3种。

(3)对天气和气候的影响

大气污染物对天气和气候的影响是十分显著的,可以从以下几个方面加以说明。

1)增加大气降水量。大工业城市排出来的微粒中很多具有水汽凝结核的作用。它能与大气中的其他一些降水条件相配合,引起降水天气。一般大工业城市的降水量还受风区的影响,下风地区,降水量更多。

2)减少到达地面的太阳辐射量。烟尘微粒向大气中大量排放使空气变得非常混浊,遮挡了阳光,使得到达地面的太阳辐射量减少。这些烟尘颗粒来源于工厂、汽车、家庭取暖设备、发电站等。大气污染严重的城市,就会导致人和动植物因缺乏阳光而生长发育不好。

3)增高大气温度。在大工业城市上空,由于有大量废热排放到空中,因此,近地面空气的温度比四周郊区要高一些。这种现象在气象学中称作"热岛效应"。

4)形成酸雨。大气中的污染物二氧化硫经过氧化形成硫酸,随自然界的降水下落,形成硫酸雨。酸雨对人类生活、生存生产都有很大的影响。硫酸雨能使大片森林和农作物毁坏,能使纸品、纺织品、皮革制品等腐蚀破碎,能使金属的防锈涂料变质而降低保护作用,还会腐蚀、污染建筑物。

5)对全球气候的影响。近年来,随着全球气温的变暖,异常气候的出现,大气污染对全球气候变化的影响成为人们逐渐关注的问题。研究发现,有可能引起气候变化的各种大气污染物质中,二氧化碳具有重大的作用。二氧化碳能吸收来自地面的长波辐射,使近地面层空气温度增高,形成温室效应。从地球上无数烟囱和其他种种废气管道排放到大气中的大量二氧化碳,约有 50% 留在大气里。经粗略估算,如果大气中二氧化碳含量增加 25%,近地面气温可以增加 $0.5℃\sim2℃$;如果增加 100%,近地面温度可以增高 $1.5℃\sim6℃$。有的专家认为,大气中的二氧化碳含量照现在的速度增加下去,若干年后会使得南北极的冰融化,导致全球的气候异常。

(4)对材料的损害

大气污染是城市地区经济损失的一大原因。这种损害有不同的形式,如腐蚀金属、侵蚀建筑材料、使橡胶制品脆裂、损坏艺术品、使有色材料褪色等。此外,颗粒物沉积在高压输电线绝缘器件上,在高湿度时可成为导体而造成短路事故。大气污染物还能在电子器件接触器上生成绝缘膜层。大气污染物对材料的损害机制,有磨损、直接的化学冲击、间接的化学冲击、电化学侵蚀。影响的因素则有湿度、温度、阳光、风、物体位置等。

(5)对农业生产的影响

大气污染对农作物的危害分慢性危害、急性危害和不可见危害三种类型。慢性危害发生在污染物低浓度时,常时间的大气污染物,使农作物叶绿素褪色,影响生长发育。急性危害,在污染物高浓度时,农作物短时间内造成危害,叶面枯萎脱落,直至死亡,造成农作物减产。不可见危害,指污染物质对农作物造成生理上的障碍,抑制生育发展,造成产量下降。

4.3　影响大气污染的因素

一个地区的大气污染程度与下列因素有关。

1)源参数。源参数是指污染源排放污染物的数量、组成、排放源的密集程度及位置等。它是影响大气污染的重要因素,它决定了进入大气的污染物的量和所涉及的范围。

2)气象因素。大气污染物自污染源排出后,在到达受体之前,在大气中要经过气象因素作用而引起的输送和扩散稀释,要经过物理或化学变化等过程。在这许多变化过程中,气象因素将决定大气对污染物的稀释扩散速率和迁移转化的途径。

3)下垫面状况。下垫面是指大气底层接触面的性质、地形及建筑物的构成情况。下垫面的状况不同,会影响到气流的运动,同时也直接影响当地的气象条件。因此,同样会对大气污染物的扩散造成影响。

4.3.1　影响大气污染的气象因素

1. 风向和风速

气象上把水平方向的空气运动称为风。风是一个矢量,具有大小和方向。例如,风从东方来称东风,风向北吹称南风。风向可用 8 个方位或 16 个方位表示,也可用角度表示,如图 4-2 所示。

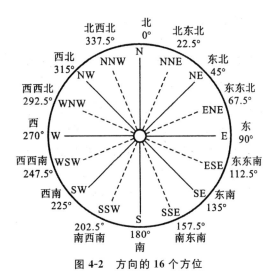

图 4-2　方向的 16 个方位

风速是指单位时间内空气在水平方向运动的距离,单位用 m/s 或 km/h 表示。通常气象台站所测的风向、风速,都是指一定时间(如 2min 或 10min)的平均值。有时也需要瞬时风速、风向。

风不仅对污染物起着输送的作用,而且还起着扩散和稀释的作用。一般说来,污染物在大气中的浓度与污染物的总排放量成正比,与平均风速成反比。若风速增加一倍,则在下风向污染物的浓度将减少一半。这是因为在单位时间内通过烟团断面的空气量增多,从而增加了大气湍流扩散稀释作用的结果。

2. 大气湍流

大气除了整体水平运动以外,还存在着不同于主流方向的各种不同尺度的次生运动或漩涡运动,把这种极不规则的大气运动称为湍流。大气湍流与大气的热力因子如大气的垂直稳定度有关,还与近地面的风速和下垫面等机械因素有关。前者所形成的湍流称为热力湍流,后者所形成的湍流称为机械湍流,大气湍流就是这两种湍流综合作用的结果。大气湍流以近地层大气表现最为突出。

大气的湍流运动造成湍流场中各部分之间的强烈混合。当污染物由污染源排入大气中时,高浓度部分污染物又与湍流混合,不断被清洁空气渗入,同时又无规则地分散到其他方向去,使污染物不断地被稀释、冲淡。

风和湍流是决定污染物在大气中扩散状况的最直接的因子,风速也是最本质的因子,是决定污染物扩散快慢的决定性因素。风速愈大,湍流愈强,污染物扩散稀释就愈快。因此,凡是有利于增大风速、增强湍流的气象条件,都有利于污染物的稀释扩散,否则,将会使污染加重。

3. 气温垂直分布

气温沿垂直高度的分布,可用坐标图上的曲线表示(如图 4-3 示),这种曲线称气温沿高度分布曲线或温度层结曲线,简称温度层结。

大气中的温度层结有四种类型:①气温随高度增加而递减,即 $\gamma > 0$,称为正常分布层结或递减层结;②气温直减率等于或近似等于干绝热直减率(γ_d 为干空气或未饱和湿空气在绝热上升或下沉过程中温度随高度的变化率，$\gamma_d = 1℃/100m$），即 $\gamma = \gamma_d$ 称为中性层结；③气温不随高度变化，即 $\gamma = 0$，称为等温层结；④气温随高度增加而增加，即 $\gamma < 0$，称为气温逆转，简称逆温。

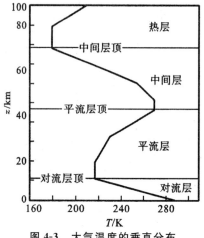

图 4-3 大气温度的垂直分布

4. 逆温

温度随高度的升高而递增，在逆温时 $\gamma < 0$，显然小于 γ_d，大气处于非常稳定的状态，这是一种最不利于大气污染物扩散的层结，就好似一个盖子一样，阻碍着气流的垂直运动，所以也叫阻挡层。严重的空气污染事件大多发生在逆温及静风条件下。因此对逆温天气必须给予足够的重视。

逆温可发生在近地层，也可能发生在较高气层中（自由大气内）。根据逆温生成的过程，可分为平流逆温、辐射逆温、峰面逆温、湍流逆温、下沉逆温等五种。

（1）下沉逆温

下沉逆温是由于空气下沉压缩增温而形成的逆温。下沉逆温的形成可用图 4-4 说明。某高度有一层空气 $ABCD$，其厚度为 h。当它下沉时，由于周围大气压逐渐增大，以及由于水平辐射使该气层变为 $A'B'C'D'$ 厚度减小为 h'（$h' < h$）。如果气层在下沉过程中是绝热的，且气层内部各部分空气不发生交换（保持原来的相对位置），则由于顶部 CD 下沉到的距离 $C'D'$ 比底部 AB 下沉到 $A'B'$ 的距离大，使气层顶部的绝热增温高，从而形成逆温层。

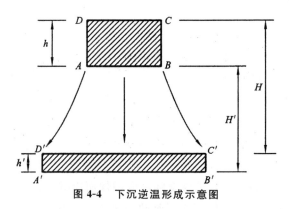

图 4-4 下沉逆温形成示意图

下沉逆温多出现在高压控制区内,范围很大,厚度也很大,一般可达数百米,一般下沉气流达到某一高度就停止了,所以下沉逆温多发生在高空大气中,又称为上部逆温。

（2）辐射性逆温

在晴朗无风的夜间,地表的降温较大气的降温快,因而出现辐射性逆温。

（3）湍流逆温

由于低层空气湍流混合而形成的逆温,称为湍流逆温,其形成过程可用图 4-5 来说明。图中 AB 为气层原来的气温分布,气温直减率（γ）比干绝热直减率（γ_d）小,经过湍流混合以后气层的温度分布将逐渐接近于干绝热直减率。这是因为湍流运动中,上升空气的温度是按干绝热直率变化的,空气升到混合层的上部时,它的温度比周围的空气温度低,混合的结果,使上层空气降温;空气下沉时情况相反,会使下层空气增温,所以空气经过充分的湍流混合以后,气温直减率就逐渐趋近于绝热直减率。图中 CD 是经过湍流混合的气温分布。这样,在湍流减弱层（湍流混合层与未发生湍流的上层空气之间的过渡层）就出现了逆温层 DE。

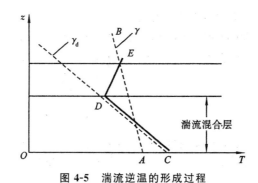

图 4-5　湍流逆温的形成过程

（4）地形逆温

这种情况多发生在坡地、盆地。由于山坡散热较快,使坡面上的大气比谷中的大气温度低,冷空气则沿山坡往下滑,热空气上移而形成。

（5）锋面逆温

对流层中的冷空气团与暖空气团相遇时,暖空气团因其密度小爬升到冷空气上面去,形成一个倾斜的过渡区,称为锋面。在锋面上,如果冷暖空气温差较大,也可以出现逆温,这种逆温称为锋面逆温。锋面逆温仅在冷空气一边可以看到。

5. 大气的稳定度

大气的稳定度与气温垂直递减率 γ 和干绝热递减率 γ_d 有密切的关系。大气的稳定度取决于 γ 与 γ_d 之比。下面简单介绍 γ 与 γ_d 在不同值下的大气稳定度。

当 $\gamma > \gamma_d$ 时,如果气块被举向高处时,气块内部的温度高于外部温度,则浮力大于重力,气块将继续上升;反之,气块受外力作用向下压时,也将继续下降,从而可以看出,当 $\gamma > \gamma_d$ 时,气块总有远离原来位置的趋势,所以则认为此时的大气处于不稳定状态。

当 $\gamma < \gamma_d$ 时,如已知距地面 100m 处气温为 12.5℃,200m 为 12℃,300m 为 11.5℃,即 $\gamma = 0.5℃/100m$（小于 γ_d）时由于某种气象因素作用,把在 200m 处的绝热气块举到 300m 处,气块内部温度为 11℃,而气块外部的温度为 11.5℃,此时气块的内部密度大于外部密度,于是

气块的重力大于浮力,气块将自动返回到原来的位置。从上述可以看出,当 $\gamma < \gamma_d$ 时,大气总是力争保持原来的状态,垂直方向上的运动很弱,所以则认为此时的大气处于稳定状态。

当 $\gamma = \gamma_d$ 时,不管气块受外力作用上升或下降,它内部的温度与外部温度始终一样,所以此时气块推到哪里就停在哪里,此时的大气处于中性状态。

当大气处于稳定状态时,湍流受到抑制,大气对污染物的扩散、稀释能力弱;当大气处于不稳定状态时,湍流得到充分发展,扩散、稀释能力增强。

6. 温度层结与烟流形状

可以从烟囱排出的烟流形状来客观地看一看温度层结对大气扩散的影响。如图 4-6 所示为五种不同温度层结情况下烟流的典型形状和稳定度的关系。

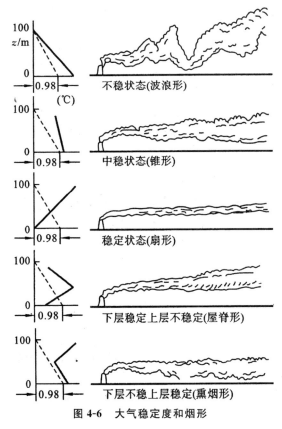

图 4-6 大气稳定度和烟形

1)波浪型。此时大气状况为 $\gamma > \gamma_d$,大气处于不稳定状态。由于对流强烈,污染物扩散快,因此地面最大浓度落地点距烟囱较近,且浓度较大。这种情况多发生在晴朗的白天。

2)锥形。$\gamma > 0$,$\gamma \approx \gamma_d$,大气处于中性或稳定状态。烟气沿主导风向扩散,兼有上下左右扩散。扩散速度比波浪形低,烟形沿风向愈扩愈大,形成锥形。这种烟形多发生在阴天中午或冬季夜间。

3)扇型。$\gamma < 0$,$\gamma < \gamma_d$,温度逆增,大气处于稳定状态。烟气几乎无上下流动,而沿两侧扩散,从高处下望,烟气呈扇形散开。这种烟气可传送到很远的地方,若遇到山地、丘陵或高层建筑物,则可发生下沉作用,在该地造成严重污染,此现象多发生在晴天的夜间或早晨。

4)屋脊形。大气处于向逆温过渡阶段,在排出口上方,$\gamma>0,\gamma>\gamma_d$,大气处于稳定状态;在排出口下方,$\gamma<0,\gamma<\gamma_d$,大气处于稳定状态。因此,烟气不向下扩散,只向上扩散,呈屋脊形。尾气流的下部浓度大,如不与建筑物或丘陵相遇,不会造成对地面的严重污染。这种状况多在傍晚日落前后时出现。

5)熏烟型。大气逆温向不稳定过渡时,排出口上方,$\gamma<0,\gamma<\gamma_d$,大气处于稳定状态;排出口下方大气处于不稳定状态。清晨太阳出来后,逆温开始消散,当不稳定大气发展到烟流的下缘,而上部大气仍然处于稳定状态时,就发生熏烟状况。这时,好像在烟流上面有一个"锅盖",阻止烟气向上扩散,烟气大量下沉,在下风地面上造成比其他烟形严重得多的污染,许多烟雾事件都是在此条件下形成的。熏烟形烟雾多发生在冬季日出前后。

4.3.2 地理因素

大气污染物从污染源排出后,因地理环境不同,受地形地物的影响,危害的程度也不同。如高层建筑,体形大的建筑物背风区风速下降,在局部地区产生涡流,如图 4-7 所示。这样就阻碍了污染物的迅速排走,而停滞在某一地区内,加深污染。

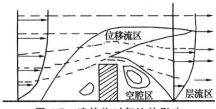

图 4-7 建筑物对气流的影响

地形和地貌的差异,造成地表热力性质的不匀性。近地层大气的增热和冷却速度不同,往往形成局部空气环流,其水平范围一般在 10~12km。局部环流对当地的大气污染起显著作用,典型的局部空气环流有海陆风、山谷风、城市热岛效应等。

1. 山谷风

由于热力的原因,在系统性大气演变不剧烈的山区,晚上山坡地比谷地冷却快,故风经常从山顶吹向谷地,叫山风;白天山坡吸收太阳辐射比山谷快,故风经常从谷地吹向山坡,叫谷风(图 4-8)。在不受大气影响的情况下,山风和谷风在一定时间内进行转换,在山谷构成闭合的环流,污染物往返积累,达到很高的浓度。

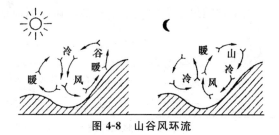

图 4-8 山谷风环流

山谷风的污染根据地形条件及时间可出现以下几种情况:

1)山谷中热力环流引起漫烟。

2)山风和谷风转换期的污染。

3）下坡风气层中的污染。

4）侧向封闭山谷引起的高浓度污染。

另外,在山风迎风面和背风面所受的污染也不相同(图 4-9)。污染源在山前上风侧时,对迎风坡会造成高浓度的污染。

图 4-9　过山风气流的影响

在山后能出现污染源在山后,正好处在过山气流的下沉气流中烟流抬升不高,很快落到地面造成污染;污染源在山的上风侧,并有一段距离,则烟流可能随风越过山头被下沉气流带到地面,而造成严重污染;污染源在山后的回流区,烟流不能扩散出去而污染的凹地中的污染。处于四周高,中间低的地区,如果周围没有明显的出口,则在静风而有逆温时,很容易造成高浓度的污染四种情况(图 4-10)。

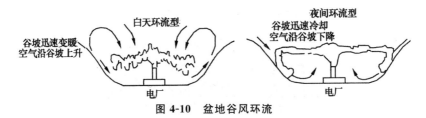

图 4-10　盆地谷风环流

2. 海陆风

海陆风是海洋或湖泊沿岸常见的现象,是以 24h 为周期的一种大气局部环流。由于白天地表受太阳辐射后,陆地增温比海面快,陆地上的气温高于海面上的气温,出现了由陆地指向海面的水平温度梯度,因而形成热力环流,下层风由海面吹向陆地,称为海风,上层则有相反气流,由大陆流向海洋。到了夜间,地表散热冷却,陆地冷却比海面快使陆地上气温低于海面,形成和白天相反的热力环流,下层风由陆地吹向海面,称为陆风(图 4-11)。

当海风吹到陆上时,造成冷的海洋空气在下,暖的陆地空气在上面形成逆温,则会形成沿海排放污染物向下游冲去形成短时向的污染。海陆风对大气污染的另一作用是循环污染。特别是海风和陆风的转变时,原来被陆风带去的污染物会被海风带回原地形成重复污染。

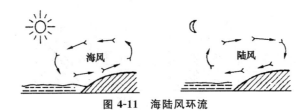

图 4-11　海陆风环流

3. 城市热岛效应

由于城市温度经常比农村高(特别是夜间),气压低,在晴朗平稳的天气下可以形成一种从周围农村吹向城市的特殊局部风,称为城市风(图 4-12)。这种风在市区内辐合产生上升气流,周围地区的风则向市中心汇合,这使城市工业区的污染物在夜晚向城市中心输送,特别当上空逆温层阻挡时,污染更为严重。

图 4-12　"热岛效应"引起的城市空气环流

(a)静风时;(b)有地方风时

4.3.3　大气污染扩散的高斯模式

1. 连续点源的扩散

连续点源一般指排放大量污染物的放散管、通风口、烟囱等。排放口处于高空位置的称为高架点源,安置在地面的称为地面点源。

(1)大空间点源扩散

高斯扩散公式的建立有如下假设:

1)风速均匀,风的平均流场稳定,风向平直;

2)污染物在输送扩散中质量守恒;

3)污染物的浓度在 y、z 轴方向符合正态分布;

4)污染源的源为均匀、连续。

图 4-13 所示为点源的高斯扩散模式示意图。平均风向与 x 轴平行,并与 x 轴正向同向,有效源位于坐标原点 O 处。不考虑下垫面的存在,假设点源在没有任何障碍物的自由空间扩散。大气中的扩散是具有 y 与 z 两个坐标方向的二维正态分布,当两坐标方向的随机变量独立时,分布密度为每个坐标方向的一维正态分布密度函数的乘积。由正态分布的假设条件2),参照正态分布函数的基本形式(4-1),取 $\mu=0$,则在点源下风向任一点的浓度分布函数为

$$C(x,y,z)=A(x)\exp\left[-\frac{1}{2}\left(\frac{y^2}{\sigma_y^2}+\frac{z^2}{\sigma_z^2}\right)\right] \tag{4-1}$$

式中,C 为空间点(x,y,z)的污染物的浓度,单位为 mg/m^3;σ_y、σ_z 分别为水平、垂直方向的标准差,即 y、z 方向的扩散参数,单位为 m;$A(x)$ 为待定函数。

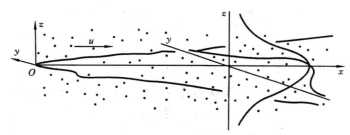

图 4-13　高斯扩散模式示意图

在任一垂直于 x 轴的烟流截面上,由守恒和连续假设条件 3)和 4)有

$$q = \int_{-\infty}^{+\infty} \int_{-\infty}^{+\infty} uC \mathrm{d}y\mathrm{d}z \tag{4-2}$$

式中,q 为源强,即单位时间内排放的污染物,单位为 $\mu g/s$;μ 为平均风速,单位为 m/s。

由风速稳定假设条件 1),A 与 y、z 无关,将式(4-1)代入式(4-2),考虑到 $\int_{-\infty}^{+\infty} \exp(-t^2/2)\mathrm{d}t = \sqrt{2}\pi$ 及假设条件 3)和 4),积分可得待定函数 $A(x)$

$$A(x) = \frac{q}{2\pi\mu\sigma_y\sigma_z} \tag{4-3}$$

将式(4-3)代入式(4-1),得到大空间连续点源的高斯扩散模式

$$C(x,y,z) = \frac{q}{2\pi\mu\sigma_y\sigma_z} \exp\left[-\frac{1}{2}\left(\frac{y^2}{\sigma_y^2} + \frac{z^2}{\sigma_z^2}\right)\right] \tag{4-4}$$

式中,扩散系数 σ_y、σ_z 与大气稳定度和水平距离 x 有关,并随 x 的增大而增加。当 $x \to \infty$,σ_y 及 $\sigma_z \to \infty$,则 $C \to 0$,表明污染物已在大气中得以完全扩散;当 $y = 0$,$z = 0$ 时,$A(x) = C(x,0,0)$,即 $A(x)$ 为 x 轴上的浓度,也是垂直于 x 轴截面上污染物的最大浓度点 C_{max}。

(2)高架点源扩散

在点源的实际扩散中,污染物可能受到地面障碍物的阻挡,因此应当考虑地面对扩散的影响。处理的方法是,或者污染物没有反射而被全部吸收;或者假定污染物在扩散过程中的质量不变,到达地面时不发生沉降或化学反应而全部反射。实际情况介于两者之间。

1)高架点源扩散模式。有效源位于 z 轴上某点,$z = H$,点源在地面上的投影点 O 作为坐标原点。高架有效源的高度 $H = h + \Delta h$,由两部分组成,其中,h 为排放口的有效高度,Δh 是热烟流的浮升力和烟气以一定速度竖直离开排放口的冲力使烟流抬升的一个附加高度,如图 4-14 所示。

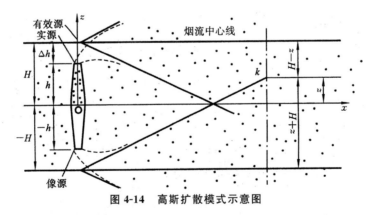

图 4-14　高斯扩散模式示意图

当污染物到达地面后被全部反射时,可以按照全反射原理,用"像源法"来求解空间某点 k 的浓度。图 4-13 中 k 点的浓度显然比大空间点源扩散公式(4-4)的计算值大,它是位于 $(0,0,H)$ 的实源在 k 点扩散的浓度和反射回来的浓度的叠加。反射浓度可视为由一与实源对称地位于 $(0,0,-H)$ 的像源(假想源)扩散到 k 点的浓度。由图可见,k 点在以实源为原点的坐标系中的垂直坐标为 $(z-H)$,则实源在 k 点扩散的浓度为式(4-4)的坐标沿 z 轴向下平移距离 H 后的计算结果:

$$C_s = \frac{q}{2\pi\mu\sigma_y\sigma_z} \exp\left[-\frac{1}{2}\left(\frac{y^2}{\sigma_y^2} + \frac{(z-H)^2}{\sigma_z^2}\right)\right] \tag{4-5}$$

k 点在以像源为原点的坐标系中的垂直坐标为 $(z+H)$，则像源在 k 点扩散的浓度为式 (4-4) 的坐标沿 z 轴向上平移距离 H 后的计算结果：

$$C_s = \frac{q}{2\pi\mu\sigma_y\sigma_z} \exp\left[-\frac{1}{2}\left(\frac{y^2}{\sigma_y^2} + \frac{(z+H)^2}{\sigma_z^2}\right)\right] \tag{4-6}$$

由此，实源 C_s 与像源 C_x 之和即为 k 点的实际污染物浓度：

$$C(x,y,z,H) = \frac{q}{2\pi\mu\sigma_y\sigma_z} \exp\left(\frac{-y^2}{2\sigma_y^2}\right) \left\{\exp\left[\frac{-(z-H)^2}{\sigma_z^2}\right] + \exp\left[\frac{-(z+H)^2}{\sigma_z^2}\right]\right\} \tag{4-7}$$

若污染物到达地面后被完全吸收，则 $C_x = 0$，污染物浓度 $C(x,y,z,H) = C_s$，即式 (4-5)。

2) 地面全部反射时的地面浓度。实际中高架点源扩散问题中最关心的是地面浓度的分布状况，尤其是地面最大浓度值和它离源头的距离。在式 (4-7) 中，令 $z=0$，可得高架点源的地面浓度公式：

$$C(x,y,0,H) = \frac{q}{\pi\mu\sigma_y\sigma_z} \exp\left[-\frac{1}{2}\left(\frac{y^2}{\sigma_y^2} + \frac{H^2}{\sigma_z^2}\right)\right] \tag{4-8}$$

上式中进一步令 $y=0$，则可得到沿 x 轴线上的浓度分布：

$$C(x,0,0,H) = \frac{q}{\pi\mu\sigma_y\sigma_z} \exp\left(-\frac{H^2}{2\sigma_z^2}\right) \tag{4-9}$$

地面浓度分布如图 4-15 所示。y 方向的浓度以 x 轴为对称轴按正态分布；沿 x 轴线上，在污染物排放源附近地面浓度接近于零，然后顺风向不断增大，在离源一定距离时的某处，地面轴线上的浓度达到最大值，以后又逐渐减小。

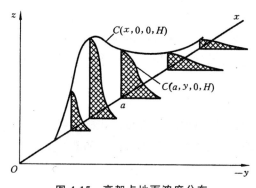

图 4-15　高架点地面浓度分布

地面最大浓度值 C_{max} 及其离源的距离 x_{max} 可以由式 (4-9) 求导并取极值得到。令 $\partial C/\partial x = 0$，由于 σ_y、σ_z 均为 x 的未知函数，最简单的情况可假定 σ_y/σ_z 为常数，则当

$$\sigma_z\big|_{x=x_{max}} = H/\sqrt{2} \tag{4-10}$$

时，得地面浓度最大值：

$$C_{max} = \frac{2q}{\pi e u H^2} = \frac{\sigma_z}{\sigma_y} \tag{4-11}$$

由式 (4-10) 可以看出，有效源 H 越高，x_{max} 处的 σ_z 值越大，而 $\sigma_z \propto x_{max}$，则 C_{max} 出现的位置离污染源的距离越远。式 (4-11) 表明，地面上最大浓度 C_{max} 与有效源高度的平方及平均风速

成反比,增加 H 可以有效地防止污染物在地面某一局部区域的聚积。

式(4-10)和式(4-11)是在估算大气污染时经常选用的计算公式。由于它们是在 $\sigma_y/\sigma_z=$ 常数的假定下得到的,应用于小尺度湍流扩散更合适。除了极稳定或极不稳定的大气条件,通常可设 $\sigma_y/\sigma_z=2$ 来估算最大地面浓度,其估算值与孤立高架点源附近的环境监测数据比较一致。通过理论或经验的方法可得 $\sigma_z=f(x)$ 的具体表达式,代入式(4-10)可求出最大浓度点离源的距离 $x_{\max}$,具体可查阅我国制定的《地方大气污染物排放标准的技术方法》(GB 3840-91)。

(3)地面点源扩散

对于地面点源,则有效源高度 $H=0$。当污染物到达地面后被全部反射时,可令式(4-7)中 $H=0$,即得出地面连续点源的高斯扩散公式:

$$C(x,y,z,0)=\frac{q}{\pi u \sigma_y \sigma_z}\exp\left[-\frac{1}{2}\left(\frac{y^2}{\sigma_y^2}+\frac{H^2}{\sigma_z^2}\right)\right] \tag{4-12}$$

其浓度是大空间连续点源扩散式(4-4)或地面元反射高架点源扩散式(4-5)在 $H=0$ 时的两倍,说明烟流的下半部分完全对称地反射到上部分,使得浓度加倍。若取 y 与 z 等于零,则可得到沿 x 轴线上的浓度分布:

$$C(x,0,0,0)=\frac{q}{\pi u \sigma_y \sigma_z} \tag{4-13}$$

如果污染物到达地面后被完全吸收,其浓度即为地面无反射高架点源扩散式(4-5)在 $H=0$ 时的浓度,也即大空间连续点源扩散式(4-4)。

高斯扩散模式的一般适用条件是:

1)地面开阔平坦,性质均匀,下垫面以上大气湍流稳定。

2)扩散处于同一大气温度层结中,扩散范围小于 10km。

3)扩散物质随空气一起运动,在扩散输送过程中不产生化学反应,地面也不吸收污染物而全反射。

4)平均风向和风速平直稳定,且 $u>1\sim2m/s$。

高斯扩散模式适应大气湍流的性质,物理概念明确,估算污染浓度的结果基本上能与实验资料相吻合,且只需利用常规气象资料即可进行简单的数学运算,因此使用最为普遍。

2. 连续线源的扩散

当污染物沿一水平方向连续排放时,可将其视为一线源,如汽车行驶在平坦开阔的公路上。线源在横风向排放的污染物浓度相等,这样,可将点源扩散的高斯模式对变量 y 积分,即可获得线源的高斯扩散模式。但由于线源排放路径相对固定,具有方向性,若取平均风向为 x 轴,则线源与平均风向未必同向。所以线源的情况较复杂,应当考虑线源与风向夹角以及线源的长度等问题。

如果风向和线源的夹角 $\beta>45°$,无限长连续线源下风向地面浓度分布为

$$C(x,0,H)=\frac{\sqrt{2}\,q}{\sqrt{\pi}\,u\sigma_z\sin\beta}\exp\left(-\frac{H}{2\sigma_z^2}\right) \tag{4-14}$$

当 $\beta<45°$ 时,以上模式不能应用。如果风向和线源的夹角垂直,即 $\beta=90°$,可得

$$C(x,0,H)=\frac{\sqrt{2}\,q}{\sqrt{\pi}\,u\sigma_z}\exp\left(-\frac{H}{2\sigma_z^2}\right) \tag{4-15}$$

对于有限长的线源,线源末端引起的"边缘效应"将对污染物的浓度分布有很大影响。随着污染物接受点距线源的距离增加,"边缘效应"将在横风向距离的更远处起作用。因此在估算有限长污染源形成的浓度分布时,"边缘效应"不能忽视。对于横风向的有限长线源,应以污染物接受点的平均风向为 x 轴。若线源的范围是从 y_1 到 y_2,且 $y_1<y_2$,则有限长线源地面浓度分布为

$$C(x,0,H)=\frac{\sqrt{2}\,q}{\sqrt{\pi}\,u\sigma_z}\exp\left(-\frac{H}{2\sigma_z^2}\right)\int_{s_1}^{s_2}\frac{1}{\sqrt{2\pi}}\exp\left(-\frac{s^2}{2}\right)\mathrm{d}s \tag{4-16}$$

式中,$s_1=y_1/\sigma_y$,$s_2=y_2/\sigma_y$,积分值可从正态概率表中查出。

3. 连续面源的扩散

当众多的污染源在一地区内排放(如城市中家庭炉灶的排放)时,可将它们作为面源来处理。因为这些污染源排放量很小但数量很大,若依点源来处理,计算工作将非常繁杂。

常用的面源扩散模式为虚拟点源法,即将城市按污染源的分布和高低不同划分为若干个正方形,每一正方形视为一个面源单元,边长一般在 $0.5\sim10\mathrm{km}$ 之间选取。这种方法假设:

1)有一距离为 x_0 的虚拟点源位于面源单元形心的上风处,如图 4-16 所示,它在面源单元中心线处产生的烟流宽度为 $2y_0=4.3\sigma_{y_0}$,等于面源单元宽度 B。

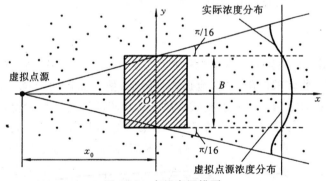

图 4-16　虚拟点源模型

2)可用虚拟点源在下风向造成的同样的浓度代替面源单元向下风向扩散的浓度。根据污染物在面源范围内的分布状况,可分为以下两种虚拟点源扩散模式。

第一种扩散模式假定污染物排放量集中在各面源单元的形心上。由假设 1)可得

$$\sigma_{y_0}=B/4.3 \tag{4-17}$$

由确定的大气稳定度级别和上式求出的 σ_{y_0},应用 $P-G$ 曲线图可查取 x_0。再由 (x_0+x) 分布查出 σ_y 和 σ_z,则面源下风向任一处的地面浓度由下式确定:

$$C=\frac{q}{\pi u\sigma_y\sigma_z}\exp\left(-\frac{H^2}{2\sigma_z^2}\right) \tag{4-18}$$

上式即为点源扩散的高斯模式(4-9),式中 H 取面源的平均高度,单位为 m。

如果排放源相对较高,而且高度相差较大,也可假定 z 方向上有一虚拟点源,由源的最初垂直分布的标准差确定 σ_{z0};再由 σ_{z0} 求出 x_{z_0},由 $x_{z_0}+x$ 求出 σ_z,由 $(x_{z_0}+x)$ 求出 σ_y,最后代入

式(4-18)求出地面浓度。

第二种扩散模式假定污染物浓度均匀分布在面源的 y 方向,且扩散后的污染物全都均匀分布在长为 $\pi(x_0+x)/8$ 的弧上,如图 4-16 所示。因此,利用式(4-17)求 σ_y 后,由稳定度级别应用 $P-G$ 曲线图查出 x_0,再由 $(x_{z_0}+x)$ 查出 σ_y,则面源下风向任一点的地面浓度由下式确定:

$$C=\sqrt{\frac{\pi}{2}}\frac{q}{u\sigma_z\pi(x_0+x)/8}\exp\left(-\frac{H^2}{2\sigma_z^2}\right) \tag{4-19}$$

4.4 大气污染的防治

4.4.1 颗粒污染物的治理技术

从气体中将固体粒子分离捕集的设备称为除尘装置或除尘器。按照除尘器利用的除尘机制(如重力、惯性力、离心力、库仑力、热力、扩散力等),可将其分成如下四类,即机械式除尘器、湿式洗涤器、过滤式除尘器和电除尘器。

1. 机械式除尘器

机械式除尘器是利用重力、惯性力、离心力等方法来去除尘粒的除尘器,包括重力沉降室、旋风除尘器和惯性除尘器等类型。这种除尘器构造简单、投资少、动力消耗低,除尘效率一般在 $40\%\sim90\%$ 之间,是国内目前常用的一种除尘设备,由于这类除尘器的效果尚待提高,一些新建项目采用不多。

(1)重力沉降室

重力沉降室(图 4-17)是通过重力作用使尘粒从气流中沉降分离的除尘装置。含尘气流通过横断面比管道大得多的沉降室时,流速大大降低,使大而重的尘粒以其沉降速度 u_s 缓慢落至沉降室低部。设计重力沉降室的模式有层流式和湍流式两种。一般重力沉降室有结构简单、压力损失小(一般为 $50\sim130\mathrm{Pa}$)、投资少、维修管理容易等优点。但它的体积大,效率低($40\%\sim60\%$),因此只能作为高效除尘的预除尘装置,除去较大和较重的粒子。

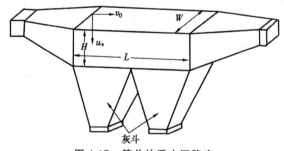

图 4-17　简单的重力沉降室

(2)惯性除尘器

惯性除尘器(图 4-18)的设计原理是气流方向急剧转变时,尘粒因惯性力作用从气体中分离出来。惯性除尘器一般直接安装在风道上,用来处理高温的含尘气体。含尘气体在方向转变的曲率半径越小,冲击或方向转变前的速度越高时,其除尘效率越高。提高除尘效率的方法之一是挡板上淋水,湿式惯性除尘器就是利用这一原理设计的。

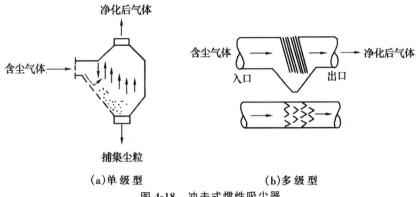

(a)单级型　　　　　**(b)多级型**

图 4-18　冲击式惯性吸尘器

(3)旋风除尘器

旋风除尘器(图 4-19)是利用含尘气流沿着某一方向作连续的旋转时尘粒获得离心力,使尘粒从气流中分离出来的原理设计的装置,也称为离心式除尘器。在机械式它适用于非黏性及非纤维性粉尘的去除,对 $5\mu m$ 以上的颗粒具有较高的去除效率,属于中效除尘器,可用于高温烟气的净化,多用于锅炉烟气除尘、多级除尘及预除尘。但对细小尘粒($<5\mu m$)的去除效率较低不适用。

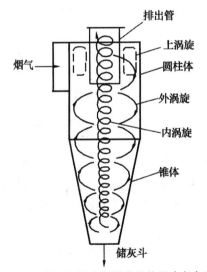

图 4-19　普通旋风除尘器的结构及内部气流

2. 湿式除尘器

湿式除尘也称为洗涤除尘。该方法是用液体(一般为水)洗涤含尘气体使尘粒与液膜、液滴或雾沫碰撞而被吸附,凝集变大,尘粒随着液体排出,气体得到净化。它既能净化气体中的固体颗粒物,又能脱除气体中的气态有害物质。湿式除尘器种类很多,主要有各种形式的离心喷淋洗涤除尘器、喷淋塔除尘器和文丘里式除尘器等。另外,某些洗涤器也可以充当吸收器使用。

湿式除尘器造价低、结构简单、除尘效率高,在处理高温、易燃、易爆气体时安全性好,在除尘的同时还可去除气体中的有害物。但其也有用水量大,产生的废液或泥浆需要进行处理,易产生腐蚀性液体,可能造成二次污染,在寒冷的地区和季节易结冰等不足之处。

3. 电除尘器

电除尘器是利用静电力实现粒子与气流分离的一种除尘装置。

电除尘器的除尘过程大致可分为三个阶段。

1)粉尘荷电。在放电极与集尘极之间施加直流高压电,使放电极发生电晕放电,气体电离,生成大量的自由电子和正离子,在放电极附近的电晕区正离子受电场力的驱使向集尘极移动,将基本充满两极间的空间。含尘气流通过电场空间时,粉尘将于负离子和自由电子之间碰撞并将它们吸附在表面,便实现了粉尘的荷电(图4-20)。

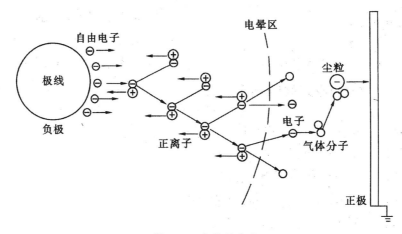

图 4-20　气体的电离

2)粉尘的沉降。荷电粉尘在电场中受库仑力的作用被驱往集尘极,经过一定时间后达到集尘极表面,放出所带电荷而沉积在一起。

3)清灰。集尘极表面上的粉尘沉积到一定厚度后,用机械振打等方法将其清除掉,使之落入下部灰斗中。放电极也会附着少量粉尘,隔一定时间也需进行清灰。

要保证电除尘器在高效率下进行,必须使上述三个过程十分有效地进行。

4. 过滤式除尘器

过滤式除尘是使含尘气体通过多孔滤料,把气体中的尘粒截留下来,使气体得到净化的方法。按照滤尘方式有外部过滤与内部过滤之分。外部过滤是用纤维织物、滤纸等作为滤料,通过滤料的表面捕集尘粒,故称为外部过滤。内部过滤是把松散多孔的滤料填充在框架内作为过滤层,尘粒是在滤层内部被捕集,如颗粒层过滤器就属于这类过滤器。袋式防尘器就是最典型的外部过滤装置,它是过滤式除尘器中应用最广泛的一种。

4.4.2　气态污染物的治理技术

气态污染物种类繁多,每种污染物又可能有多种净化方法和流程。常用的净化方法有的净化方法分为冷凝、燃烧、吸收、吸附和催化转化五大类。

1. 吸收净化气态污染物

气体吸收是气体混合物中一种或多种组分溶解于选定的液体吸收剂中,或者与吸收剂中的组分发生选择性化学反应,从而将其从气流中分离出来的操作过程。吸收法净化气态污染物是常用的方法之一,其适用范围广,净化效率高。吸收过程可分为物理吸收和化学吸收两类。由于气态污染物浓度低,采用吸收法净化时,都用化学吸收法。能用吸收法净化的气态污染物主要包括 SO_2、H_2S、HF 和 NO_x 等。

依所选用的吸收剂不同,吸收法净化废气中 NO_x 可以分为水吸收法、酸吸收法、碱吸收法等多种,目前仅限于处理气量小的企业。

当 NO_x 主要以 NO_2 形式存在时,可用水作吸收剂,水和 NO_2 反应生成硝酸和亚硝酸。

$$H_2O + 2NO_2 \rightarrow HNO_3 + HNO_2 \tag{4-20}$$

亚硝酸在通常情况下不稳定,易分解,如式(4-21),因而本法吸收效率很低。

$$3HNO_2 \rightarrow HNO_3 + 2NO + 2H_2O \tag{4-21}$$

浓硫酸和稀硝酸都可用来吸收 NO_x 的尾气。用浓硫酸吸收 NO_x 时生成亚硝基硫酸。

$$NO + NO_2 + 2H_2SO_4(浓) \rightarrow 2NOHSO_4 + H_2O \tag{4-22}$$

亚硝基硫酸可用于生产硫酸及浓缩硝酸。

稀硝酸吸收 NO_x 的原理是利用其在稀硝酸中有较高的溶解度而进行的物理吸收。该方法常用来净化硝酸厂的尾气,净化率可达 90%。影响吸收效率的因素除温度和压力外,稀硝酸的浓度是最重要的因素。

当用碱溶液如 $NaOH$ 或 $Mg(OH)_2$ 吸收 NO_x 时,欲完全去除 NO_x,必须首先将一半以上的 NO 氧化成 NO_2,或者向气流中添加 NO_2。当 NO 和 NO_2 的物质的量之比等于 1 时,吸收效果最佳。电厂用碱溶液脱硫的过程已经证明,NO_x 可以被碱溶液吸收。在烟气进入洗涤器之前,烟气中的 NO 约有 10% 被氧化成 NO_2,洗涤器大约可以去除总氮氧化物的 20%,即等物质的量的 NO 和 NO_2 碱溶液吸收 NO_x 的反应过程可以简单地表示为

$$\left.\begin{array}{l} 2NO + 2MOH \rightarrow MNO_3 + MNO_2 + H_2O \\ NO + NO_2 + 2MOH \rightarrow 2MNO_2 + H_2O \\ 2NO_2 + Na_2CO_3 \rightarrow NaNO_3 + NaNO_2 + CO_2 \\ NO + NO_2 + Na_2CO_3 \rightarrow NaNO_3 + CO_2 \end{array}\right\}$$

式中的 M 可为 K^+、Na^+、NH_4^+ 等。

此外,熔融碱类或碱性盐也可作吸收剂净化含 NO_x 的尾气。

2. 吸附法净化气态污染物

吸附法治理废气就是使废气与表面多孔性固体物质相接触,将废气中的有害组分吸附在固体表面上,使其与气体混合物分离,达到净化目的。当吸附进行到一定程度时,为了回收吸附质以及恢复吸附剂的吸附能力,需要采用一定的方法使吸附质从吸附剂上解脱下来,称之为吸附剂的再生。吸附法治理气态污染物应包括吸附及吸附剂再生的全过程。

吸附法特别适用于对排放标准要求严格或有害物浓度低,用其他方法达不到净化要求的气体净化。因此,常作为深度净化手段或联合应用几种净化方法时的最终控制手段。吸附效率高的吸附剂如活性炭、分子筛等,价格一般都比较昂贵,需要对失效吸附剂进行再生,重复使

用吸附剂,以降低吸附的费用。常用的再生方法有升温脱附、减压脱附、吹扫脱附等。再生的操作比较麻烦,这一点限制了吸附法的应用。另外,由于一级吸附剂的吸附容量有限,因此对高浓度废气的净化,不宜采用吸附法。

3. 冷凝法

冷凝法是采用降低废气温度或提高废气压力的方法,使一些易于凝结的有害气体或蒸汽态的污染物冷凝成液体并从废气中分离出来的方法。

冷凝法只适用于处理高浓度的有机废气,常用作吸附、燃烧等方法净化高浓度废气的预处理方法,以减轻这些方法的负荷。冷凝法的设备简单,操作方便,并可以回收到纯度较高的产物,因此也成为气态污染物治理的主要方法之一。

4. 催化转化法

在环境工程中所使用的催化剂就是起后面这两种转化作用的。前一种催化转化直接完成了对污染物的净化;而后一种催化转化尚需辅,如吸收和吸附等其他操作工序,方能达到净化的最终要求。催化转化净化气态污染物多属于前一种转化。它与吸收、吸附等净化方法的根本不同是无需使污染物与主气流分离就将污染物直接转化为无害物,因而既避免其他方法可能产生的二次污染,又使操作过程得到简化。催化转化法净化气态污染物,当然也具有工业催化的基本优点。由于污染物初始浓度不高,反应的热效应不大,从而使催化反应器的加热装置和温度控制装置大为简化,为绝热式固定床发挥最大效益奠定了基础。所有这些都促进了催化转化法净化气态污染物的应用研究。现在应用于净化气态污染物的催化剂已成功地用于脱硫、脱硝、汽车尾气净化和恶臭物质净化等方面。

5. 燃烧法

燃烧法是对含有可燃、有害组分的混合气体进行氧化燃烧,或高温分解,从而使这些有害组分转化为无害物质的方法。燃烧法主要应用于碳氢化合物、异味物质、沥青烟、CO、黑烟等有害物质的净化处理。实用中的燃烧法有三种:直接燃烧、热力燃烧与催化燃烧。直接燃烧是把废气中的可燃有害组分当作燃料直接烧掉。热力燃烧是利用辅助燃料燃烧放出的热量将混合气体加热到要求的温度,使可燃有害物质进行高温分解变为无害物质。直接燃烧与热力燃烧的最终产物均为 CO_2 和 H_2O。催化燃烧是在催化剂的作用下将混合气体加热到一定温度使可燃的有害物质转化为无害的物质。

4.4.3 汽车排气的治理技术

汽车发动机排放的废气中含有碳氢化合物、CO、NO_x、醛、无机铅、有机铅化合物苯并[a]芘等多种有害物质。控制汽车尾气中有害物质排放浓度的方法有两种:一种是利用装置在发动机外部的净化设备,对排出的废气进行净化治理,称为机外净化;另一种是改进发动机的燃烧方式,使污染物的产量减少,称为机内净化。机外净化采用的主要方法是催化净化法。从发展方向上说,机内净化是解决问题的根本途径,也是今后应重点研究的方向。

(1)一段净化法

一段净化法是利用装在汽车排气管尾部的催化燃烧装置,将汽车发动机排出的 CO 和碳氢化合物,用空气中的 O_2 氧化成 CO_2 和 H_2O,净化后的气体直接排入大气。显然,这种方法只能去除 CO 和碳氢化合物,对 NO_x 没有去除作用,但这种方法技术比较成熟,是目前我国应用的主要方法。

（2）二段净化法

二段净化法是利用两个催化反应器或在一个反应器中装入两段性能不同的催化剂,完成净化反应。由发动机排出的废气先通过第一段催化反应器（还原反应器）,利用废气中的 CO 将 NO_x 还原为 N_2;从还原反应器排出的气体进入第二段反应器（氧化反应器）,在引入空气的作用下,将 CO 和碳氢化合物氧化为 CO_2 和 H_2O。这种先进行还原反应后进行氧化反应的二段反应法在实践中已得到了应用。但该法的缺点是燃料消耗增加,并可能对发动机的操作性能产生影响。

（3）三元净化法

三元净化法是利用能同时完成 CO、碳氢化合物的氧化和 NO_x 还原反应的催化剂,将 3 种有害物质一起净化的方法。采用这种方法可以节省燃料、减少催化反应器的数量是比较理想的方法。但由于需对空燃比进行严格控制以及对催化性能的高要求,从技术上说还不十分成熟。

4.4.4　大气污染物的综合防治

大气污染综合防治是将一个城市或地区的大气环境看作一个整体,工业发展、综合运用各种人为防治污染的措施,统一规划能源运输、消费、城市建设等,充分利用环境的自净能力,以清除或减轻大气污染。

1. 减少污染物排放

（1）全面规划,合理布局,建立综合性工业基地

大气污染综合防治从协调地区经济发展和保护环境之间的关系出发,对该地区各污染源所排放的各类污染物质的种类、数量、时空分布作全面的调查研究,制定控制污染的最佳方案。工业生产区应设在城市主导风向的下风向。对已有污染重、资源浪费、治理无望的企业要实行关、停、并、转、迁等措施。在工厂区与城市生活区之间,要有一定间隔距离,并植树造林、绿化,减轻污染危害。开展综合利用,使各企业之间相互利用原材料和废弃物,减少污染物的排放总量。

（2）改善能源结构,提高能源有效利用率

从根本上解决大气污染问题,首先必须从改善能源结构入手,我国当前的能源结构中以煤炭为主,煤炭占商品能源消费总量的 68%,在煤炭燃烧过程中放出大量的一氧化碳（CO）、二氧化硫（SO_2）、氮氧化物（NO_x）及悬浮颗粒等污染物。但我国以煤炭为主的能源结构在短时间内不会有根本性的改变,因此,当前应首先洗选煤及推广型煤的生产和使用,以降低二氧化硫和烟尘的排放。合理选择锅炉,对低效锅炉进行改造、更新,提高锅炉的热效率,这些措施能够有效地降低燃煤对大气的污染。

（3）施行清洁生产

采用清洁的能源和原材料,通过清洁的生产过程,制造出清洁的产品。其核心是清洁的生产过程和清洁的产品。对生产工艺而言,可以避免使用有毒原材料和降低排放物的数量和毒性,节约资源与能源,实现生产过程的无污染或少污染;对产品而言,使用过程中不危害生态环

境、人体健康和安全,使用寿命长,易于回收再利用。

(4)防治汽车尾气

随着世界各国汽车保有量的增加,汽车已是造成城市大气质量恶化的主要污染源,其排放的 CO、NO_x、HC、SO_2、Pb 等污染物造成酸雨和光化学烟雾,而且严重危害人体健康,因此,汽车尾气污染已受到全球广泛的重视。

(5)植树造林、绿化环境

绿化造林是大气污染防治的一种经济有效的措施。绿色植物是区域生态环境中不可缺少的重要组成部分,绿色造林具有调节空气温湿度或城市小环境以缓解"城市热岛"效应;美化环境;防治风沙、滞尘,降低地面扬尘;净化空气;降低噪声等多方面的作用。

2. 利用环境自净能力

环境自净能力是指环境中的污染物在物理、化学和生物作用下逐渐降解、转化使其达到自然净化的过程。按其机理可分为生物净化、物理净化和化学净化 3 类。

1)生物净化。生物的吸收、降解作用使污染物浓度和毒性降低或消失。绿色植物在光合作 INT 吸收二氧化碳放出氧。

2)物理净化。通过稀释、扩散、淋洗、挥发、沉降等作用将污染物净化。如含有烟尘的大气通过气流扩散、降水淋洗和重力沉降达到净化。物理净化能力的强弱受自然条件影响较大。

3)化学净化。环境自净的化学反应有氧化和还原、化合和分解、吸附、凝聚、交换等。影响化学净化的有污染物的化学性质、形态、组分及环境的酸碱度、氧化还原电势和温度等因素。

第5章　水污染及其防治

5.1　水质指标与水质标准

5.1.1　水质指标

1. 水质

水质(Water Quality),水体质量的简称。它标志着水体的物理(如色度、浊度、臭味等)、化学(无机物和有机物的含量)和生物(细菌、微生物、浮游生物、底栖生物)特性及其组成的状况。为评价水体质量的状况,规定了一系列水质参数和水质标准。如饮用水、工业用水、渔业用水和景观用水等水质标准。

2. 水质指标

水质指标用于表示水质特性,并可用于评价给水和污水处理方法的优劣,某些指标还可预测污水排入水体后对水体的影响。水质指标可概括性地分为生物学指标、物理指标、化学指标和放射性指标。

(1)生物指标

生物指标是指水中浮游植物、浮游动物及微生物的生长情况。生物学指标主要包括大肠菌群数(或称大肠菌群值)、大肠菌群指数、病毒及细菌总数等。

1)大肠菌群数(大肠菌群值)。表示每升水样中所含有的大肠菌群的数目,是粪便污染的指示菌群,可表明水体受到粪便污染的严重程度,间接表明有肠道病原菌,如伤寒、痢疾和霍乱等致病菌存在的可能性,以个/L计。大肠菌群指数是指查出 1 个大肠菌群所需的最少水量,以毫升(ml)计。

2)病毒。它是表明水体中是否存在病毒及其他病原菌(如炭疽杆菌)的病毒指标。因为检出大肠菌群,只能表明肠道病原菌的存在,但不能表明是否存在病毒。

3)细菌总数。1ml 污水中的细菌数要以千万计。其中大部分是寄生在已丧生活机能的机体上,这些细菌是无害的;另一部分细菌,如霍乱菌、伤寒菌、痢疾菌等则寄生在有生活机能的活的有机体上,它们对人、畜是有害的。对污水进行细菌分析是一项很复杂的工作,在水处理工程中,用两种指标表示水体被细菌污染的程度,即 1ml 水中细菌(杂菌)的总数与水中大肠菌的多少。水中含有大肠菌,即说明已被污染。

生物学指标主要根据生物种类、数量、生物指数、多样性指数、生物生产力等指标,也参考生理生化、病理形态及污染物残留量进行多指标综合评价。生物学指标评价能综合反映水体污染的程度,但难以定性、定量确定污染物的种类和含量。

(2)物理指标

物理指标包括水温、外观(包括漂浮物)、颜色、臭味、浊度、透明度、固体含量(又称残渣)、矿化度、电导率和氧化还原电位等。本书中主要介绍浊度和固体含量。

1）固体含量。固体含量分为总固体含量、可滤固体含量（通过滤器的全部固体，也称为溶解性固体）和不可滤固体含量（截留在滤器上的全部固体，也称为悬浮物）。在固体含量指标中，悬浮固体（Suspended Solids，英文缩写为 SS）是通常最受关注的一项指标，是指把水样用孔径为 $0.45\mu m$ 的滤膜过滤后，被滤膜截留的残渣在一定温度下（103℃～105℃）烘干至恒重后所残余的固体物质总量。

2）浊度（Torbidity）。水中含有黏土、泥沙、微细有机物、无机物、浮游生物和微生物等悬浮物可以使水质变的浑浊而呈现一定浊度。水的浊度不仅与水中悬浮物质的含量有关，而且与它们的大小、形状和折射系数等有关。

（3）化学指标

根据水中所含物质的化学性质不同，化学指标可分为无机物指标与有机物指标。

1）无机物指标。包括溶解氧、植物营养元素（氮、磷）、pH 值、碱度、无机盐类及重金属离子等。在无机物指标中，溶解氧是一项很重要的指标，氮和磷是导致湖泊、水库和海湾等水体富营养化的主要因子。

溶解氧（Dissolved Oxygen，DO）是指水体中溶解的氧气浓度。氧气本身并不是水体污染物，但是由于有机污染物进入水体后要被微生物氧化分解，消耗水体中的氧气，从而导致受纳水体的溶解氧降低。溶解氧值越高，说明水体中有机物浓度越小，即水体受有机物污染程度越低。

氮的水质指标通常包括总氮、硝酸盐氮、氨氮、亚硝酸盐氮和凯氏氮等。其中总氮是衡量水质的重要指标之一；氨氮是指水中游离氨（NH_3）和离子状态铵盐（NH_4^+）之和。硝酸盐氮是指水中以硝酸盐形式（NO_3^-）存在的氮；亚硝酸盐氮是指水中以亚硝酸盐形式（NO_2^-）存在的氮；凯氏氮又称基耶达氮（Kjeldahl Nitrogen，KN），是指以凯氏法测得的含氮量，指有机氮与氨氮之和。

2）有机物指标。它是反映水中有机物总量的综合性指标，包括各种有机污染物，但是由于有机物种类繁多，现有的分析技术难以辨别并定量，因此根据有机物都可被氧化这一共同特性，用氧化过程所消耗的氧量来进行定量。这些综合指标值越大，表示污水中的有机物浓度越高，水被污染的程度越严重。常用的有机物指标主要包括生化需氧量（Bio-Chemical Oxygen Demand，BOD）、化学需氧量（Chemical Oxygen Demand，COD）和总需氧量（Total Oxygen Demand，TOD）等指标。

化学需氧量（COD）指用化学氧化剂氧化水中有机污染物和无机物时所需的氧量，以每升水消耗氧的毫克数表示（mg/L）。COD 值越高，表示水中有机污染物污染越重。目前常用的氧化剂主要是高锰酸钾和重铬酸钾。高锰酸钾法（简记 COD_{Mn}），适用于测定一般地表水。重铬酸钾法（简记 COD_{Cr}）氧化能力较强，对有机物反应较完全，适用于分析污染较严重的水样。

生化需氧量（BOD）是指在水温为 20℃ 的条件下，水中有机污染物被好氧微生物分解为无机物时所消耗的溶解在水中的氧的量，可以直接反映出水中能被微生物氧化分解的有机物的多少。在有氧条件下，可生物降解有机物的降解可分为碳氧化和硝化两个阶段。由于有机物的生化过程延续时间很长，在 20℃ 水温下，完成两阶段约需 100 天以上。20 天以后的生化反应过程速度趋于平缓，因此常用 20 天的生化需氧量 BOD_{20}，作为总生化需氧量。在实际应用中，20 天时间太长。而 5 天的生化需氧量约占总碳氧化需氧量的 $70\% \sim 80\%$，故通常用经过 5 天后微生物氧化有机物所消耗的氧量——五日生化需氧量（BOD_5）来表示可生物降解有机物的综合浓度指标。

总需氧量（TOD）是指水中被氧化的物质（主要是有机碳氢化合物，含 S、含 N、含 P 等化合物）燃烧变成稳定的氧化物所需的氧量。

（4）放射性指标

放射性污染是放射性物质进入水体后造成的，放射性污染物可以附着在生物体表面，也可以进入生物体蓄积起来，还可通过食物链对人产生内照射。水中的放射性污染物可能来源于核电站、工业和医疗研究用的放射性物质或铀矿开采中产生的废物。有些地下水中天然就含有氡。

放射性指标包括总 α 放射性、总 β 放射性 ^{226}Ra（镭 226）和 ^{228}Ra（镭 228）等。

5.1.2　水质标准

水无论是作为生活饮用水、工业用水、农业用水、渔业用水，还是旅游、景观、河道用水、航运等，对水体的水质都有一定要求。该要求的表示方法就是水质标准，是水的物理、化学和生物的质量标准。

水质标准是国家规定的各种用水在物理性质、化学性质和生物性质方面的要求，是由国家或地方政府对水中污染物或其他物质的最大容许浓度或最小容许浓度所作的规定。

下面介绍目前我国已经颁布的主要水质标准。

1. 地面水环境质量标准

我国已有的水环境质量标准有《渔业水质标准》（GB 11607-89）、《景观娱乐用水水质标准》（GB 12941-91）、《地表水环境质量标准》（GB 3838-2002）、《农业灌溉水质标准》（GB 5084-92）等。这些标准详细说明了各类水体中污染物的允许最高含量。

《地表水环境质量标准》按照地表水环境功能分类和保护目标规定了水环境质量应控制的项目及限值，以及水质评价、水质项目的分析方法和标准的实施与监督。根据地面水域使用的目的和保护目标，我国将地表水划分为五类：

Ⅰ类主要适用于国家自然保护、区源头水；

Ⅱ类主要适用于珍稀水生生物栖息地、虾类产卵场、集中式生活饮用水地表水源地一级保护区、仔稚幼鱼的索饵场等；

Ⅲ类主要适用于鱼虾类越冬场、洄游通道、集中式生活饮用水地表水源地二级保护区、水产养殖区等渔业水域及游泳区；

Ⅳ类主要适用于人体非直接接触的娱乐用水区及一般工业用水区；

Ⅴ类主要适用于一般景观要求水域及农业用水区。

对应地表水上述五类水域功能，将地表水环境质量标准基本项目标准值分为五类，不同功能类别分别执行相应类别的标准值。水域功能类别高的标准值严于水域功能类别低的标准值。同一水域兼有多类使用功能的，执行最高功能类别对应的标准值。表 5-1 列出了地表水环境质量标准基本项目的标准极限。

表 5-1　地表水环境质量标准基本项目标准限值

序号	项目	分类				
		Ⅰ类	Ⅱ类	Ⅲ类	Ⅳ类	Ⅴ类
1	水温(℃)	人为制造的环境水温变化应限制在:最平均最大温升≤1,最平均最大温降≤2				
2	pH 值≥			6～9		
3	溶氧量≤	饱和率90%	6	5	3	2
4	高锰酸盐指数≤	2	4	6	10	15
5	化学需氧量≤(COD)	15	15	20	20	40
6	五日生化需氧量(BOD$_5$)≤	3	3	4	6	10
7	氨氮(NH$_3$-N)≤	0.15	0.5	1.0	1.5	2.0
8	总氮(以 P 计)≤	0.02	0.1	0.2	0.3	0.4
9	总氮≤	0.2	1.0	1.0	1.5	2.0
10	Cu≤	0.01	1.0	1.0	1.0	1.0
11	Zn≤	0.05	0.011.0	1.0	2.0	2.0
12	氟化物≤	1.0	0.050	0.01.05	1.5	0.11.5
13	Se≤	0.01	0.01	0.01	0.02	0.02
14	Sn≤	0.05	0.005	0.05	0.1	0.1
15	Hg≤	0.00005	0.0005	0.0001	0.01	0.001
16	Cd≤	0.001	0.005	0.005	0.005	0.01
17	Cr≤	0.01	0.05	0.05	0.05	0.1
18	Pb≤	0.01	0.01	0.05	0.05	0.1
19	氰化物≤	0.005	0.05	0.2	0.2	0.2
20	挥发酚≤	0.002	0.002	0.005	0.01	0.1
21	石油类≤	0.05	0.05	0.05	0.5	1.0
22	阴离子表面活性剂≤	0.2	0.2	0.2	0.3	0.3
23	硫化物	0.05	0.1	0.2	0.5	1.0
24	大肠杆菌群(个/L)≤	200	2000	10000	20000	40000

2. 污水综合排放标准

《污水综合排放标准》(GB 8978-1996)是为现有单位水污染物的排放管理、建设项目环境保护设施设计、建设项目的环境影响评价、竣工验收及其投产后的排放管理而制定的。

按照地表水域使用功能要求和污水排放去向,规定了 3 个级别的水污染物的最高允许排放浓度。排入 GB 3097—1997(海水水质标准)中二类海域和排入 GB 3838—2002Ⅲ类水域 (划定的保护区和游泳区除外)的污水,执行一级标准;排入 GB 3097—1997 中三类海域排和 入 GB 3838—2002 中Ⅳ、Ⅴ类水域的污水,执行二级标准;排入设置二级污水处理厂的城镇排 水系统的污水,执行三级标准;GB 3097—1997 中一类海域,GB 3838—2002 中Ⅰ、Ⅱ类水域和 Ⅲ类水域中划定的保护区,禁止新建排污口,现有排污口应按水体功能要求,实行污染物总量 控制,以保证受纳水体水质符合规定用途的水质标准。

　　该标准还将排放的污染物按其性质及控制方式分为两类:第一类污染物是染物,是指影响 力远小于前者的污染物,只需在排放单位排放口进行采样。第二类污指能在环境和动植物体 内蓄积,对人类健康产生长远不良影响的污染物,必须在车间或车间处理设施排放口进行采 样,其最高允许排放浓度见表 5-2。

表 5-2　第一次污染物最高允许排放浓度

序号	污染物	最高允许排放浓度	序号	污染物	最高允许排放浓度
1	总汞	0.05	8	总镍	1.0
2	烷基汞	不得检出	9	苯并(a)芘	0.00003
3	总镉	0.1	10	总铍	0.05
4	总铬	1.5	11	总银	0.5
5	六价铬	0.5	12	总 α 放射性	1Bq/L
6	总砷	0.5	13	总 β 放射性	10Bq/L
7	总铅	1.0			

3. 城市污水再生回用标准

　　为推动城市污水再生利用技术进步,指导各地开展污水再生利用规划、建设、运营管理、技 术研究开发和推广应用,明确城市污水再生利用技术发展方向和技术原则,促进城市水资源可 持续利用与保护,积极推进节水型城市建设,建设部、科学技术部联合制定了《城市污水再生利 用技术政策》(建科[2006]100 号),提出城市污水再生利用的总体目标是充分利用城市污水资 源、促进水的循环利用、削减水污染负荷、节约用水、提高水的利用效率。并指出:"工业用水和 城市杂用水要积极利用再生水;城市景观环境用水要优先利用再生水;农业用水要充分利用城 市污水处理厂的二级出水;再生水集中供水范围之外的具有一定规模的新建住宅小区或公共 建筑,提倡综合规划小区再生水系统及合理采用建筑中水。"2003 年国家标准化委员会开始制 定《城市污水再生利用》系列标准,其中包括《城市污水再生利用——城市杂用水水质》、《城市 污水再生利用——景观环境用水水质》、《城市污水再生利用——补充水源水质》、《城市污水再 生利用——分类》、《城市污水再生利用——工业用水水质》、《城市污水再生利用——农田灌溉 用水水质》六项。

· 93 ·

5.2   水污染与水体自净

5.2.1   水体污染的定义

在研究环境污染时,区分"水"与"水体"的概念十分重要。例如,重金属污染物容易从水中转移到底泥中,水中重金属的含量一般都不高,若只着眼于水,似乎未受到污染,但从水体来看,可能受到较严重的污染,因此,研究水体污染主要是研究水污染,同时也研究底质(底泥)和水生生物体污染。

所谓水体污染是指排入水体的污染物,使水体的感官性状(如色度、味、浑浊度等)、物理化学性质(如温度、电导率、氧化还原电位、放射性等)、化学成分(有机物和无机物)、水中的生物组成(种群、数量)以及底质等发生变化,从而影响水的有效利用,危害人体健康或者破坏生态环境,造成水质恶化的现象。

5.2.2   水体污染的类型

将水体污染分为 3 大类,即生物污染、物理污染、化学性污染。

1. 生物性污染

生物性污染主要指致病病菌及病毒的污染。生活污水,特别是医院污水和某些工业(如生物制品、制革、酿造、屠宰等)废水污染水体。往往可带入一些病原微生物,它们包括致病细菌、寄生虫和病毒。常见的致病细菌是肠道传染病菌,如伤寒、霍乱和细菌性疾病等,它们可以通过人畜粪便的污染而进入水体,随水流而传播。一些病毒(常见的有肠道病毒和肝炎病毒等)及某些寄生虫(如血吸虫、蛔虫等)也可通过水流传播。这些病原微生物随水流迅速蔓延,给人类健康带来极大威胁。如印度新德里市 1955~1956 年发生了一次传染性肝炎,全市 102 万人口,将近 10 万人患肝炎,其中黄疸型肝炎 29300 人。

2. 物理性污染

常见的物理性污染有热污染、悬浮物污染、放射性污染等。

(1)热污染

热污染主要来源于工矿企业向江河排放的冷却水,当温度升高后的水排入水体时,将引起水体水温升高,溶解氧含量下降,微生物活动加强,某些有毒物质的毒性作用增加等,对鱼类和水生生物的生长有不利的影响。

(2)悬浮物污染

悬浮物是水体主要污染物之一。各类废水中均有悬浮杂质,排入水体后影响水体外观和透明度,降低水中藻类的光合作用,对水生生物生长不利。悬浮物还有吸附凝聚重金属及有毒物质的能力。

水体被悬浮物污染,造成的危害主要有以下几个方面:

1)漂浮在水面上的悬浮物不仅破坏了水的外观,而且会对水体复氧产生很大影响。悬浮物提高了水的浊度,增加了给水净化工艺的复杂性。

2)水中悬浮物,可能堵塞鱼鳃,导致鱼的死亡。

3)降低了光的穿透能力,减少了水的光合作用,也妨碍了水体的自净作用。

4)水中的悬浮物可能成为各种污染物的载体,吸附水中的污染物并随水漂流迁移,扩大了污染区域。

5)沉于河底的悬浮固体形成污泥层,会危害底栖生物的繁殖,影响渔业生产。污泥层主要由有机物组成,则易出现厌氧状态,恶化环境。

近年来,石油开始成为水体的主要污染物质之一。水体中油类物质主要来自石油运输、近海海底石油开采、油轮事故、工业含油废水的排放、油轮压舱洗舱、铁路内燃机务段、车辆段、铁路油罐车洗涮污水的排放。由于比重较水小,油能在水面形成一层油膜,从而使大气与水面隔绝,破坏正常的供氧条件,导致水体缺氧,降低水体的自净能力。另外,油还能堵塞鱼的鳃部引起鱼窒息死亡,甚至还能使鸟类遭到危害。石油所含的多环芳烃,可通过食物链进入人体,对于人体有致癌作用。

(3)放射性污染

放射性物质是指各种放射性元素,如^{238}V、^{236}Ra、^{40}K 等。这类物质通过自身的衰变而放射具有一定能量的射线,如α、β 和γ 射线,能使生物和人体组织受电离而受到损伤。某些放射元素还可被水生生物浓缩,通过食物链进入人体,使人体受到内照射损伤。

放射性污染主要来源于原子能工业和反应堆设施的废水、核武器制造和核武器的污染、放射性同位素应用产生的废水、天然铀矿开采和选矿、精炼厂的废水等。

3. 化学污染

常见的化学性污染有酸碱污染、非金属毒物污染、重金属污染、需氧性有机物污染和营养物质污染等。

(1)酸碱污染

污染水体中的酸主要来源于矿山排水及许多工业废水,如粘胶纤维、酸法造纸、化肥、农药等工业的废水。如美国水体中的酸70%来自矿山排水,主要由硫化矿物的氧化作用产生:

$$4FeS_2+15O_2+14H_2O \rightarrow 8H_2SO_4+4Fe(OH)_3 \downarrow$$

碱性废水主要来自碱法造纸、化学纤维制造、制碱、制革等工业的废水。

酸碱污染会改变水体的 pH 值,抑制细菌和其他微生物的生长,影响水体的生物自净作用,还会腐蚀船舶和水下建筑物,影响渔业,破坏生态平衡,并使水体不适于作饮用水源或其他工、农业用水。

(2)非金属毒物污染

这类物质包括毒性很强且危害甚大的 As、有机氯农药、酚类化合物、氰化物、多环芳烃等。

1)As 是传统的剧毒物,As_2O_3 即砒霜,对人体有很大毒性。长期饮用含 As 的水会慢性中毒,主要表现是腹痛、呕吐、肝痛、神经衰弱、肝大等消化系统障碍。并常伴有肝癌、肾癌、肺癌、皮肤癌等发病率增高的现象。

2)氰化物是剧毒物质,一般人只要误服 0.1g 左右的 KCN 或 NaCN 便立即死亡。当水中 CN^- 含量达 $0.3 \sim 0.5mg/L$ 时,鱼可死亡,世界卫生组织规定鱼的中毒限量为游离氰 0.03mg/L;地表水中最高容许浓度 0.1mg/L;生活饮水中氰化物不许超过 0.05mg/L。

3)酚类化合物水体遭受酚污染后严重影响水产品的产量和质量。体中的酚浓度低时能影响鱼类的繁殖,酚浓度为 0.1～0.2mg/L 时,鱼肉有酚味,浓度高时引起鱼类大量死亡,甚至绝迹,酚有毒性,但人体有一定解毒能力。酚超过 0.002～0.003mg/L 时,使用氯法消毒,消毒后的水有氯酚臭味,影响饮用。若经常摄入的酚量超过解毒能力时,人会慢性中毒,发生腹泻、头疼头晕、呕吐、精神不安等症状。

（3）重金属污染

重金属是指比重大于或等于 5.0 的金属,是构成地壳的物质,在自然界分布非常广泛。重金属主要指 Hg、Cd、Pb、Cr 等生物毒性显著的重元素,还包括具有重金属特性的 Zn、Cu、Co、Ni、Sn 等。

重金属对人体健康及生态环境的危害极大。重金属污染物最主要的特性是:能被生物富集于体内,既危害生物,又能通过食物链,成千上万倍地富集,而达到对人体相当高的危害程度。如 Cr,可富集 4000 倍;Hg,淡水鱼可富集 1000 倍。不能被生物降解,有时还可能被生物转化为毒性更大的物质(如无机汞被转化成甲基汞)。

1)Cd 是一种积累富集型毒物,Cd 浓度 0.2～1.1mg/L 可使鱼类死亡,浓度 0.1mg/L 时对水体的自净作用有害,如日本富山事件,其进入人体后,主要累积于肝、肾内和骨骼中。能引起骨节变形,腰关节受损,自然骨折,有时还引起心血管病。这种病潜伏期 10 多年,发病后难以治疗。

2)Hg 具有很强的毒性,有机汞比无机汞的毒性更大,更容易被吸收和积累,长期的毒性后果严重。人的致死剂量为 1～2g。Hg 浓度 0.006～0.01mg/L 可使鱼类或其他水生动物死亡,浓度 0.01mg/L 可抑制水体的自净作用。甲基汞能大量积累于脑中,引起乏力、动作失调、精神混乱甚至死亡。水体 Hg 的污染主要来自生产 Hg 的厂矿、有色金属冶炼以及使用 Hg 的生产部门排出的工业废水,尤以化工生产中 Hg 的排放为主要污染来源。

3)Pb 也是一种积累富集型毒物 Pb 对鱼类的致死浓度为 0.1～0.3mg/L,Pb 浓度 0.1mg/L 时,可破坏水体自净作用,摄取 Pb 量每日超过 0.3～1.0mg,就可在人体内积累,引起贫血、肾炎、神经炎等症状。

5.2.3 水体污染源

向水体排放或释放污染物的场所、设备和装置等都称为水体污染源。各种水体及其循环过程中几乎涉及各种污染源。污染源的类型很多,从环境保护角度可将水体污染源分为天然污染源和人为污染源。水体天然污染源是指自然界自行向水体释放有害物质或造成有害影响的场所。如岩石和矿物的风化和水解、火山喷发、水流冲蚀地面等。水体人为污染源是指人类活动形成的污染源,按污染物进入水体的途径,可以分为点源和非点源(或面源)。

在当前的条件下,工业、农业和交通运输业高度发展,人口日益增多并大量集中于城市,水体污染主要是人类的生产和生活活动造成的,因此,水体人为污染是环境保护研究和水污染防治的主要对象。

1. 点污染源

排污形式为集中在一点或一个可当作一点的小范围,最主要的点污染源有工业废水和生活污水。

工业废水是水体最重要的一个大点污染源。随着工业的迅速发展,工业废水的排放量增大,污染范围更广,排放方式更复杂,污染物种类繁多,成分更复杂,在水中不易净化,处理也比较困难。表 5-3 给出了一些工业废水中所含的主要污染物及废水特点。

表 5-3　一些工业废水中主要污染物及废水特点

工业部门	废水中主要污染物	废水特点
化学工业	各种盐类、Hg、As、Cd、氰化物、苯类、酚类、醛类、醇类、油类、多环芳香烃化合物等	有机物含量高,pH 变化大,含盐量高,成分复杂,难生物降解,毒性强
石油化学业	油类、有机物、硫化物	有机物含量高,成分复杂,水量大,毒性较强
冶金工业	酸、重金属 Pb、Zn、Hg、Cd、As 等	有机物含量高,酸性强,水量大,有放射性,有毒性
纺织印染工业	染料、酸、碱、硫化物、各种纤维素悬浮物	带色,pH 变化大,有毒性
制革工业	铬、硫化物、盐、硫酸、有机物	有机物含量高,含盐量高,水量大,有恶臭
造纸工业	碱、木质素、酸、悬浮物等	碱性强,有机物含量高,水量大,有恶臭
动力工业	冷却水的热污染、悬浮物、放射性物质	高温,酸性,悬浮物多,水量大,有放射性
食品加工工业	有机物、细菌、病毒	有机物含量高,致病菌多,水量大,有恶臭

2. 面污染

污染物无固定出口,是以较大范围形式通过降水、地面径流的途径进入水体。面源污染主要指农田径流排水,具有面广、分散、难于收集、难于治理的特点。据统计,农业灌溉用水量约占全球总用水量的 70% 左右。随着农药和化肥的大量使用,农田径流排水已成为天然水体的主要污染来源之一。资料表明,一个饲养 1.5 万头牲畜的饲养场雨季时流出的污水中,其 BOD 相当于一个 10 万人口城市的排泄量。

施用于农田的农药和化肥除一部分被农作物吸收外,其余都残留在土壤和飘浮于大气中,经过降水的淋洗和冲刷,尤其是农田灌溉的排水,这些残留的农药(杀虫剂、除草剂、植物生长调节剂等)和化肥(N、P 等)会随着降水和灌溉排水的径流和渗流汇入地面水和地下水中。有的农药难以降解,在自然界残存相当长的时间,对环境造成严重危害。面源污染的变化规律主要与农作物的分布和管理水平有关。

5.2.4　水体污染的危害

水体污染直接影响人民生产、生活,破坏生态和工农业生产,直接危害人与自然的健康,给国民经济健康发展以及社会和人类、自然界可持续发展造成了很大的危害。主要危害表现在以下几个方面。

1. 危害人的健康

水污染后,通过饮用水或食物链,污染物有可能进入人体,使人急性或慢性中毒。砷、铬、铵类、苯并[a]芘等,还可诱发癌症。被寄生虫、病毒或其他致病菌污染的水,会引起多种传染病和寄生虫病,由于卫生保健事业的发展,很多传染病和寄生虫病虽然已经得到有效控制,但对人类的潜在威胁仍然存在。

我们知道,世界上 80％的疾病与水有关。伤寒、霍乱、胃肠炎、痢疾、传染性肝类是人类五大疾病,均由水的不洁引起。

2. 破坏水生态系统

水环境的恶化导致水生生物资源的减少或绝迹,打乱了原有水生态系统的平衡状态,据统计,全国鱼虾绝迹的河流约达 2400km。水污染使湖泊和水库的鱼类有异味,体内毒物严重超标,无法食用。水污染破坏了水域原有的清洁的自然生态环境。水质恶化使许多江河湖泊水体浑浊,气味变臭,尤其是富营养化加剧了湖泊衰亡,全国面积在 $11km^2$ 以上的湖泊数量,在30 年间减少了 543 个。

3. 影响正常的工农业生产

水体受到污染后,工业用水必须投入更多的处理设施和处理费用,造成资源、能源浪费。食品工业用水要求非常严格,水质直接影响产品质量,水质不合格会导致生产停顿。农业使用污水,有可能使作物减产,品质降低,甚至使人畜受害,大片农田遭受污染,降低土壤质量。海洋污染的后果也十分严重,如石油泄漏造成的污染,将会导致大量的海鸟和海洋生物的死亡等。

4. 加剧缺水状况

一方面,随着人口的增长,工农业生产的不断发展,水资源供需矛盾的日益加剧。另一方面,有限的水资源由于受到污染的影响,而产生水质性缺水。水质性缺水不是水量不足,也不是供水工程滞后,而是大量排放的废污水造成淡水资源受污染而短缺的现象。水质性缺水往往发生在丰水区,是沿海经济发达地区共同面临的难题。以珠江三角洲为例,尽管水量丰富,身在水乡,但由于河道水体受污染、冬春枯水期又受咸潮影响,清洁水源严重不足,因此节约用水、珍惜和保护好水资源已经成一个迫切的问题。

5. 加剧水体的富营养化(Eutrophication)

含有大量氮、磷、钾的生活污水的排放,大量有机物在水中降解放出营养元素,促进水中藻类丛生,植物疯长,使水体通气不良,溶解氧下降,甚至出现无氧层。以致使水生植物大量死亡,水面发黑,水体发臭形成"死湖"、"死河"、"死海",进而变成沼泽。这种现象称为水的富营养化。富营养化的水臭味大、颜色深、细菌多,这种水的水质差,不能直接利用,水中断鱼大量死亡。

5.2.5 水体自净

自然界在不断的演变和物质能量转换中,对水体排放各种废物,造成水体性质不断变化,破坏原有的物质平衡,甚至引起水质变差。随着人类科技和工业化的迅猛发展,生活污水、工业废水和农业废水等大量排入水体,更加快了水质恶化的速度。但同时,污染物与水体自身含有的物质经过一系列的物理、化学和生物变化后,经过稀释、分解或者分离,污水中污染物的浓度得以降低,一段时间后,水体往往能恢复到受污染前的状态,并在微生物的作用下,使水体由不洁恢复为清洁,这一过程称为水体的自净过程(Self Purification Of Water Body)。

水体自净的整个过程相当复杂,根据净化机理,可分为以下几个过程。

(1)水自净的物理过程

水体自净的物理过程是指污染物由于稀释、扩散、沉淀和混合等作用,使污染物在水中的浓度降低的过程。其中,稀释作用是一个重要的物理净化过程。

(2)水自净的化学过程

化学过程污染物质由于氧化还原、酸碱反应、分解化合和吸附凝聚等化学或物理化学作用而降低浓度。

(3)水自净的生物化学过程

有机污染物进入水体后在微生物的氧化分解作用下,分解为无机物而使污染物质浓度降低的过程,称为生物化学过程。水体的生物自净过程需要消耗溶解氧,因此生化自净过程实际上包括了氧的消耗和氧的补充(复氧)两方面的过程。水体自净过程中物理、化学和生物净化过程是同时起作用的。认识水体的自净过程,可以对水体的自净能力和纳污能力以及水体环境质量的变化作出比较客观的评价。

图 5-1 表示有机物的生化降解过程。以某条受污染的河流为例,O 点为废水进入水体的起始点。上游未受污染的清洁河段 BOD$_5$ 很低,DO(溶解氧)接近饱和点。废水流入水体后,废水中的有机物在微生物的作用下氧化分解,BOD$_5$ 逐渐降低。有机物的微生物氧化分解过程要耗氧,由于大量的有机物的分解,耗氧速率大于复氧速率,DO 也随之下降,当河水流至河流下游的某一段时,DO 降至最低点。此时耗氧速率与复氧速率处于动态平衡。经过最低点后,耗氧速率因有机物浓度的降低而小于复氧速率,DO 开始回升,最后恢复到废水流入水体前的 DO 水平。

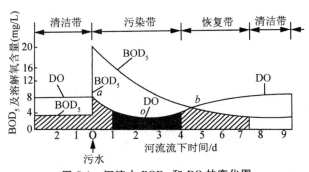

图 5-1　河流中 BOD$_5$ 和 DO 的变化图

水体的自净能力是有限的,如果排入水体的污染物数量超过某一界限时,将造成水体的永久性污染,这一界限称为水体的自净容量或水环境容量。影响水体自净的因素很多,其中主要因素有:受纳水体的地理、水文条件、微生物的种类与数量、水温、复氧能力以及水体和污染物的组成、污染物浓度等。但自然水体的自净过程,仍需不断研究探索。图 5-2 为水体自净示意图。

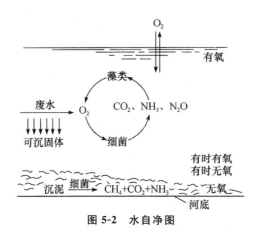

图 5-2　水自净图

5.3　污染物在水体中的迁移转化

污染物排入河流后,在随河水往下游流动的过程中受到稀释、扩散和降解等作用,污染物浓度逐步减小。污染物在河流中的扩散和分解受到河流的流量、流速、水深等因素的影响。大河和小河的纳污能力差别很大。

地下水埋藏在地质介质中,其污染是一个缓慢的过程,但地下水一旦污染要恢复原状非常困难。污染物在地下水中的迁移转化受对流与弥散、机械过滤、吸附与解吸、化学反应、溶解与沉淀、降解与转化等过程的影响。

河口是指河流进入海洋前的感潮河段。一般以落潮时最大断面的平均流速与涨潮时最小断面的平均流速之差等于 0.05m/s 的断面作为河口与河流的分界。河口污染物的迁移转化受潮汐影响,受涨潮、落潮、平潮时的水位、流向和流速的影响。污染物排入后随水流不断回荡,在河流中停留时间较长,对排放口上游的河水也会产生影响。

海洋虽有巨大的自净能力,但是海湾或海域局部的纳污和自净能力差别很大。此外,污水的水温较高,含盐量少,密度较海水小,易于浮在表面,在排放口处易形成污水层。

湖泊、水库的贮水量大,但水流一般比较慢,对污染物的稀释、扩散能力较弱。污染物不能很快地和湖、库的水混合,易在局部形成污染。当湖泊和水库的平均水深超过一定深度时,由于水温变化使湖(库)水产生温度分层,当季节变化时易出现翻湖现象,湖底的污泥翻上水面。

5.3.1　无机污染物在水体中的迁移转化

无机污染物进行化学迁移的方式有氧化-还原、配合作用、沉淀-溶解、胶体形成、吸附-解吸等,通过这一系列的迁移转化,无机污染物参与、干扰各种环境化学过程和物质循环过程,最终以一种或多种形态长期存留于环境,形成永久性的潜在危害。下面以重金属为例,来对无机污染物在水体中的迁移转化。

重金属在自然环境中空间位置的移动和存在形态的转化因迁移作用而发生转化,这种迁移能引起重金属的富集和分散。

水环境中的重金属迁移,包括为机械迁移、物理化学迁移和生物迁移三种基本类型。

重金属离子以溶解态或颗粒态的形式被水流机械搬运是重金属的机械迁移过程,这一迁移过程服从水力学原理。

重金属以简单离子、可溶性分子或络离子,在环境中通过一系列物理化学作用(氧化、还原、沉淀、水解、溶解、络合、吸附作用等)所实现的迁移与转化过程为重金属离子的物理化学迁移。物理化学迁移是重金属在水环境中的最重要迁移转化形式。其迁移转化的结果决定了重金属在水环境中的存在形式、富集状况和潜在生态危害程度。

重金属通过生物体的生长、新陈代谢、死亡等过程所进行的迁移为重金属的生物迁移。重金属的生物迁移使重金属在生物体迁移,并且某些重金属会在一些有机体内富集,再经食物链的放大作用,对人体构成危害。生物迁移过程是一个比较复杂的过程,它既是物理化学问题,也服从生物学规律。

重金属在水环境中的物理化学迁移包括下述几种作用。

(1)沉淀作用

沉淀作用是指与相应的阴离子反应生成碳酸盐或硫化物的沉淀,或者是重金属在水中发生水解反应。使重金属污染物在水体中的扩散速度和范围受到限制,从水质自净方面看这是有利的,但大量重金属沉积于排污口附近的底泥中,当环境条件发生变化时有可能重新释放出来,成为二次污染源。

(2)络合作用

天然水体中存在着许多天然和人工合成的无机与有机配位体能与重金属离子形成稳定度不同的络合物和螯合物的过程为络合作用。无机配位体主要有 Cl^-、OH^-、CO_3^{2-}、SO_4^{2-}、HCO_3^-、F^-、S^{2-} 等。有机配位体主要是腐殖质。腐殖质能起络合作用的是各种含氧官能团,如—COOH、—OH、—C=O、—NH_2 等。各种无机、有机配位体与重金属生成的络合物和螯合物可使重金属在水中的溶解度增大,导致沉积物中重金属的重新释放。重金属的次生污染在很大程度上与此有关。

(3)氧化还原作用

重金属在不同条件下水体中,由于氧化还原作用的结果,以不同的价态存在。重金属的价态影响其活性和毒性。

(4)吸附作用

胶体的吸附作用对重金属离子在水环境中的迁移有重大影响,是使许多重金属从不饱和的溶液中转入固相的最主要途径。天然水体中的悬浮物和底泥中含有丰富的无机胶体和有机胶体。由于悬浮物和胶体有巨大的比表面、表面能和带大量的电荷,因此能够强烈地吸附各种分子和离子,无机胶体主要包括各种黏土矿物和各种水合金属氧化物,有机胶体主要是腐殖质。

5.3.2　氮、磷化合物在水体中的转移

水体中氮、磷营养物质过多,是水体发生富营养化的直接原因。因此,研究水体中氮、磷的平衡、分布和循环,生物吸收和沉淀,底质中氮、磷形态,有机物分解和释放等规律,对水体的富营养化过程研究和防治都有重要意义。

水体富营养化的关键不仅在于水体中营养物的浓度,更重要的是连续不断流入水体中的

营养物氮、磷的负荷量。

氮在生态系统中具有气、液、固三相循环,被称为"完全循环"。磷只存在液、固相形式的循环,被称为"底质循环"。进入湖泊的氮、磷物质加入生态系统的物质循环,构成水生生物个体和群落,并经由自养生物-异养生物和微生物所组成的营养级依次转化迁移。湖泊底质和水体之间处在物质交换过程之中,而且底质中磷的释放是湖泊水体中磷的重要来源之一。不同湖泊底质磷的释放速度差异很大;对同一个湖泊而言,其底质磷的释放速度也随季节的不同而变化。

湖泊底质中磷分为有机态和无机态两大类。无机态中按照与其结合的物质又分为钙磷、铝磷、铁磷和难溶磷四种形态。底质中磷的释放与其形态密切相关。许多学者研究试验结果表明:底质中向水体释放的磷主要来自铁磷。影响底质中磷释放的因素很多,其中主要有水中溶解氧、pH、E_h、温度、混合强度、生物扰动等方面。另外,水中硝酸盐浓度对底质磷释放有明显作用。丹麦的湖泊调查研究表明,当湖泊中的硝酸盐浓度低于 $0.5g/m^3$ 时,沉积物中的磷能释放到水体中,当超过 $0.5g/m^3$ 时,沉积物不能释放出来磷。

5.3.3 石油类物质在水体中的迁移转化

石油中含有烷烃和芳香烃等,其进入水体后就浮于水面,在水面扩展、漂流,发生扩展、挥发、溶解、乳化、光化学氧化、微生物降解、生物吸收和沉积等一系列复杂的迁移转化过程。造成水体污染危害严重。

(1)扩展过程

扩展过程包括重力惯性扩展、重力黏滞扩展、表面张力扩展和停止扩展四个阶段。重力惯性扩展在 1h 内就可完成;重力黏滞扩展大约需要 10h;而表面张力扩展要持续 100h。

扩展作用与油类的性质有关,同时受到水文和气象等因素的影响。扩展作用的结果,一方面增大了油-气、油-水的接触面积,使更多的油通过挥发、溶解、乳化作用进入水体或大气中,加快了油类的降解过程,另一方面扩大了污染范围。

(2)挥发过程

挥发作用是水体中油类污染物质自然消失的途径之一,挥发的速度取决于石油中各种烃的组分、面积大小与厚度、起始浓度和气象状况等。它可去除海洋表面约 50% 的烃类。挥发模拟试验结果表明:石油中低于 C_{15} 的所有烃类,在水体表面很快全部挥发掉;$C_{15}\sim C_{25}$ 的烃类,在水中挥发较少;大于 C_{25} 的烃类,在水中极少挥发。

(3)溶解过程

石油在水中的溶解度实验表明,在蒸馏水中的一般规律是烃类中每增加 2 个碳、溶解度下降 1 倍。在海水中也服从此规律,但其溶解度比在蒸馏水中低 12%~30%。溶解过程虽然可以减少水体表面的油膜,但加重了水体污染。

(4)乳化过程

乳化过程包括水包油和油包水两种乳化作用。油包水乳化是含沥青较多的原油将水吸收形成一种褐色的黏滞的半固体物质。而水包油乳化是把油膜冲击成很小的涓滴分布水中。

(5)光化学氧化过程

光化学氧化大致过程为石油中的烃类在阳光(特别是紫外光)照射下,迅速发生光化学反应,先离解生成自由基,接着转变为过氧化物,然后再转变为醇等物质。该过程有利于消除油膜,减少海洋水面油污染。

（6）微生物降解过程

微生物降解石油的主要过程有烷烃的降解,最终产物为二氧化碳和水;环己烷的降解,最终产物为己二酸;烯烃的降解,最终产物为脂肪酸;芳烃的降解,最终产物为琥珀酸或丙酮酸和 CH_3CHO。石油物质的降解速度受水体中的溶氧量、油的种类、微生物群落、环境条件的控制。

（7）生物吸收过程

生物吸收石油的数量与水中石油的浓度有关,而进入体内各组织的浓度还与脂肪含量密切相关。石油烃在动物体内的停留时间取决于石油烃的性质。海洋动物则通过吞食、呼吸、饮水等途径将石油颗粒带入体内或被直接吸附于动物体表;浮游生物和藻类可直接从海水中吸收溶解的石油烃类。

（8）沉积过程

沉积过程包括两个方面:一是石油烃中较轻的组分被挥发、溶解,较重的组分便被进一步氧化成致密颗粒而沉降到水底;二是以分散状态存在于水体中的石油,也可能被无机悬浮物吸附而沉积。沉积过程可以减轻水中的石油污染,沉入水底的油类物质,可能被进一步降解,但也可能在水流和波浪作用下重新悬浮于水面,造成二次污染。这种吸附作用与物质的粒径有关,同时也受盐度和温度的影响,即随盐度增加而增加,随温度升高而降低。

5.4　水污染的防治

水体环境污染的根源来自人类生产、生活所排放的含有大量污染物的各种废水。保护水环境质量、预防水体污染的重要任务及有效途径之一,就是通过采取各种管理对策和治理工程措施,对废水的水质进行控制,将其可能对水体环境造成的污染控制在环境许可的限度之内。

5.4.1　水体污染的防治对策

1. 加强水环境监测和监督

水环境系统的监测是贯彻水环境法规及进行技术仲裁的关键性依据,也是以后进行水环境评价、规划、开发利用及防治水污染、水灾害的主要前提,所以,选取合适的时间、地点和必要的监测项目,定期对国内主要河流、湖泊、水库等的水质状况进行监测,建立排污管理机制,对水污染可以起到良好的预防作用。

2. 加大重点流域区域城市海域的污染减排力度

抓紧实施重点流域、区域污染防治规划,督促加快规划治污工程项目的建设,尽早发挥效益。

3. 加大生活污水污染削减力度

监督污水处理厂严格执行排放标准,正常运转,加快推进城镇污水处理厂建设,达标排放,2010 年全国设市城市污水处理率达到 77.4%,城市污水处理能力达到 $1.25\times10^8\,t/d$。

4. 加大重点行业的污染削减力度

重点抓好造纸、化工、酿造、印染行业的水污染物削减工作,大力推进清洁生产,鼓励工业园区进行生态化设计与改造,发展循环经济,从生产的全过程削减污染。

5. 合理规划及调整工业布局

抓紧实施重点流域、区域污染防治规划,加大重点流域区域城市海域的污染减排力度,督促加快规划治污工程项目的建设,尽早发挥效益。

5.4.2 水污染防治技术

废水处理一般要达到防止毒害和病菌传染的目的,避免有异臭和恶感的可见物,以满足不同用途的水质要求。

污水中所含污染物的种类多种多样,不能预期只用一种方法就可以将所有的污染物都去除干净,往往需要多种处理方法、多个处理单元有机组合,才能达到预期处理程度的要求。

废水处理相当复杂,处理方法的选择,必须根据废水的水质和水量,以及排放到的接纳水体或水的用途来考虑,同时还要考虑水处理过程所产生的污泥、残渣的处理利用和可能产生的二次污染问题,以及絮凝剂的回收利用等。

通常对污水处理方法可作如下分类。

1. 按污水处理的程度分类

污水处理流程的组合,一般应遵循先易后难、先简后繁的规律,即先去除大块垃圾及漂浮物质,然后再依次去除悬浮固体、胶体物质及溶解性物质。先使用物理法,再使用生物法、化学法及物理化学法。按照不同的处理程度,废水处理一般可分为 3 级:一级处理、二级处理和三级处理。

一级处理又称为预处理,主要去除污水中呈悬浮状态的固体污染物质,物理处理法大部分只能完成一级处理的要求。经过一级处理的污水,BOD 一般可去除 30% 左右,悬浮固体的去除率为 70%～80%,达不到排放标准。

二级处理又称生化处理,主要去除污水中呈胶体和溶解状态的有机污染物质,去除率可达 90% 以上,使有机污染物达到排放标准。一般可以达到农业灌溉水的要求,但在一定条件下仍可能造成天然水体的污染。

三级处理又称深度处理,为进一步处理难降解的有机物、N 和 P 等能够导致水体富营养化的可溶性无机物。主要方法有混凝沉淀法、砂滤法、活性炭吸附法、生物脱氮除磷法、离子交换法和电渗分析法等。

对于某种污水,采取由哪几种处理方法组成的处理系统,要根据排放水体的具体规定,污水的水质、水量,回收其中有用物质的可能性和经济性,并通过调查、研究和经济比较后决定,必要时还应当进行一定的科学试验。调查研究和科学试验是确定处理流程的重要途径。

2. 按处理过程中的作用原理分类

可分为生物处理法、物理处理法、化学处理法和物理化学法。

（1）生物处理法

生物处理是城市污水处理的发展方向,石油化工、食品、轻工、纺织印染、制药等工业废水也用此法处理。高浓度有机废水厌氧处理把有机物降解为甲烷、二氧化碳等,甲烷可作工业原料和城市燃气。污水的生物处理法属于生物处理法的工艺,又可以根据参与作用的微生物种类和供氧情况分为两大类,即好氧生物处理和厌氧生物处理。

1）好氧处理是利用好氧微生物在有氧环境下,把污水中的有机物分解为简单的无机物。其处理方法有生物膜法、活性污泥法。

生物膜法是靠固着在载体表面的生物膜的作用来净化废水中的有机物。生物滤池的基本流程与活性污泥法基本相似,分初次沉淀、生物过滤、二次沉淀等三个阶段。初次沉淀的作用是防止滤层堵塞;二次沉淀池的作用是分离脱落的生物膜。由于生物滤池中的生物是固着生长,不需要回流接种,因此在一般生物滤池中不设污泥回流系统,如图 5-3 所示。

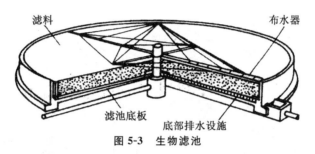

图 5-3　生物滤池

污水中存在大量的好氧菌和耐污藻类,有机物被细菌利用分解为简单的含氮、磷物质,这些物质为藻类生长繁殖提供了必要的营养,藻类则利用光合作用放出大量的氧气,供细菌生长所需。藻类和细菌这种相互依存的关系称为藻菌共生系统。氧化塘法构筑物简单,运行费用低,广泛用于中小城镇生活污水和食品、制革工业废水的处理,一般 BOD_5 可降低 80% 左右。

生物接触氧化法又称为淹没式生物滤池。微生物附着于充填在生物接触氧化池的填料表面,利用曝气提供的溶解氧分解废水中的有机物。

活性污泥法是利用悬浮生长的微生物絮凝体(由好氧微生物及其吸附物组成)对废水中的有机污染物吸附和降解的。其主要构筑物是曝气池。污水进池后与活性污泥混合并连续不断供给空气,过一定时间后,就能吸附、氧化、分解污水中的有机物,并以此为养料,使微生物获得能量并不断增殖。废水在曝气池中停留 3～5 小时,废水中的 BOD_5 可降低 90% 左右。这是好氧处理中最主要的一种方法,其典型的工艺流程如图 5-4 所示。

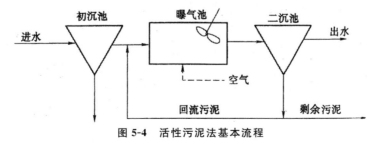

图 5-4　活性污泥法基本流程

2)厌氧处理利用厌氧菌在无氧条件下将有机污染物降解为甲烷、二氧化碳等。多用于有机污泥、高浓度有机工业废水等的处理。

（2）物理处理法

物理法是利用物理作用来分离水中的悬浮物,处理过程中只发生物理变化。常用的物理处理方法有离心分离法、重力分离（沉淀）法、蒸发结晶法、过滤法、气浮（浮选）等。该方法具有简单、易行、价廉的优点。

1)过滤法。过滤是去除悬浮物,特别是去除浓度比较低的悬浊液中微小颗粒的一种有效方法。过滤时,含悬浮物的水流过具有一定孔隙率的过滤介质,水中的悬浮物被截留在介质表面或内部而除去。通常使用的过滤装置（Filter）包括快滤池（如图 5-5 所示）和慢滤池。

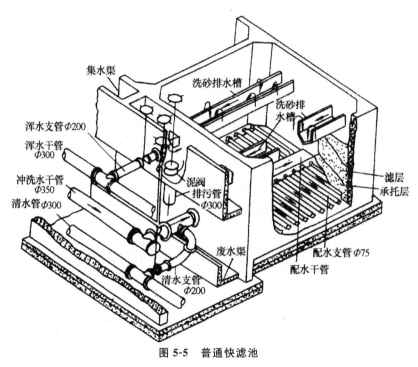

图 5-5　普通快滤池

2)沉淀法。根据水和悬浮固态物质的密度不同,在沉淀装置中将悬浮固态物分离。根据功能和结构的不同,沉淀池有不同的类型,常用的设施是沉淀池,图 5-6 是竖流式沉淀池。

3)浮力浮上法。借助于水的浮力,使水中不溶态污染物浮出水面,然后用机械加以刮除,从水中去除。根据分散相物质的亲水性强弱和密度大小,以及由此而产生的不同处理机理,浮力浮上法可分为自然浮上法、气泡浮升法和药剂浮选法 3 类。

如果水中的粗分散相物质是比重比 1 小的强疏水性物质,那么可以依靠水的浮力使其自发地浮升到水面,这就是自然浮上法。如果分散相物质是强亲水性物质,就必须首先投加浮选药剂,将粒子的表面性质转变为疏水性质,然后再用气浮法加以去除,这就是药剂浮选法,简称浮选。如果分散相物质是乳化油或弱亲水性悬浮物,就需要在水中产生细微气泡,使分散相粒子黏附于气泡上一起浮升到水面,这就是气泡浮升法,简称气浮。

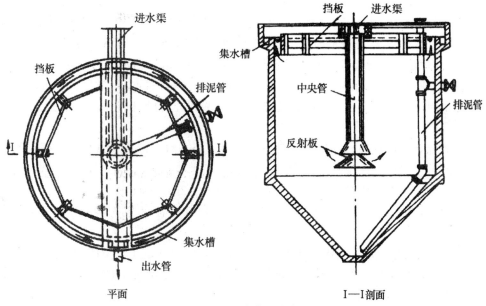

图 5-6 竖流式沉淀池

（3）化学法

化学法是利用化学反应的原理及方法来分离回收废水中的污染物,或是改变它们的性质,使其无害化的一种处理方法。处理过程中发生的是化学变化,处理的对象主要是废水中可溶解的无机物和难以生物降解的有机物或胶体物质。常用的化学处理方法有中和法、混凝法、化学沉淀法、氧化还原法（包括电解）等。

1）中和法。中和法就是使废水进行酸碱的中和反应,调节废水的酸碱度（pH）,使其呈中性或接近中性或适宜于下步处理的 pH 范围。

2）化学沉淀法。利用某些化学物质作为沉淀剂,与水体中的可溶性污染物（主要是重金属离子）反应,生成沉淀从污水中分离出去,其工艺流程如图 5-7 所示。

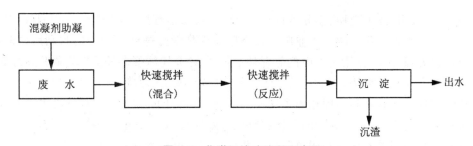

图 5-7 化学沉淀法流程示意图

根据所使用的沉淀剂和生成的难溶物质的种类,化学沉淀法可分为氢氧化物沉淀法、硫化物沉淀法和钡盐沉淀法。

例如,含汞、镉污水的处理。为使 Hg^{2+}、Cd^{2+} 的浓度达到国家规定的排放标准（$[Hg^{2+}] \leqslant 0.05mg/L,Cd^{2+} \leqslant 0.1mg/L$）,可采用下列方法处理。

①加入石灰,使 OH^- 达到一定浓度,即有 $Hg(OH)_2$ 和 $Cd(OH)_2$ 沉淀生成。经计算可

知,当 pH＞9 时,有 90％以上的 Hg^{2+}、Cd^{2+} 被沉淀除去,基本可达到排放标准。

②加入过量 Na_2S,使 Hg^{2+}、Cd^{2+} 生成难溶的硫化物。由于单一的 HgS 颗粒小、沉淀困难,故要同时加入 $FeSO_4$ 与过量的 S^{2-} 生成 FeS,它容易与 HgS 一起共沉淀从水中析出。

3)氧化还原法。氧化还原法是利用氧化还原反应将溶解在污水中的有毒有害物质转化为无毒无害的物质。此法常用来处理难以生物降解的有机物,如农药、染料、酚、氰化物以及有色、有臭味的污染物。常用的氧化剂有液态氯、次氯酸钠、漂白粉和空气、臭氧、过氧化氢、高锰酸钾等。

例如,含氰污水的处理。在碱性条件下(pH 为 8.5～11)、液态氯或 H_2O_2 可将氰化物氧化成氰酸盐

$$CN^- + 2OH^- + Cl_2 = CNO^- + 2Cl^- + H_2O$$

氰酸盐的毒性仅为氰化物的 1/1000。若投加过量氧化剂,可进一步将氰酸盐氧化为 CO_2 和 N_2

$$2CNO^- + 4OH^- + 3Cl_2 = 2CO_2 \uparrow + N_2 \uparrow + 6Cl^- + 2H_2O$$

反应要在碱性条件下进行,因为遇到酸后,氰物会放出剧毒 HCN 气体。也可在含氰污水中加入 $FeSO_4$,使其生成无毒的 $[Fe(CN)_6]_4$。

再如,含铬污水的处理。先用 H_2SO_4 使污水酸化(pH 为 3～4),再加入质量分数为 5％～10％的 $FeSO_4$,使铬由 6 价还原为 3 价

$$6Fe^{2+} + Cr_2O_7^{2-} + 14H^+ = 6Fe^{3+} + 2Cr^{3+} + 7H_2O$$

随着反应的进行,水电的 H^+ 被大量消耗,pH 增大,到一定程度时有如下反应发生

$$Cr^{3+} + 3OH^- = Cr(OH)_3$$

$$Fe^{3+} + 3OH^- = Fe(OH)_3$$

$Fe(OH)_3$ 具有凝聚作用,可吸附 $Cr(OH)_3$,形成沉淀与水分离。如果向含 Cr^{3+} 污水中加入石灰,将酸度降低(pH 为 8～9),可促使 $Cr(OH)_3$ 沉淀的生成

$$2Cr^{3+} + 3Ca(OH)_2 = 2Cr(OH)_3 + 3Ca^{2+}$$

(4)物理化学法

利用萃取、吸附、离子交换、膜分离技术、电渗析、反渗透等操作过程,处理或回收利用工业废水的方法可称为物理化学法。工业废水在应用物理化学法进行处理或回收利用之前,一般均需先经过预处理,尽量去除废水中的悬浮物、油类、有害气体等杂质,或调整废水的 pH,以便提高回收效率及减少损耗。

1)离子交换法。它是利用固相离子交换剂功能团所带的可交换离子,与废水中相同电性的离子进行交换反应,以达到离子的置换、分离、去除等目的。按照所交换离子带电的性质,离子交换反应可分为阳离子交换和阴离子交换两种类型。电镀废水处理常采用离子交换法。

2)膜分离法。膜分离法是利用特殊的半透膜的选择透过性作用,将污水中的颗粒、分子或离子与水分离的方法。膜分离技术被认为是 21 世纪最有发展前景的高新技术之一,在环保领域,膜分离技术的使用成为一种发展趋势。

第6章 土壤污染及其防治

6.1 土壤的组成与性质

6.1.1 土壤的组成

土壤是由固体、液体和气体组成的三相复合系统。土壤固相包括土壤矿物质、有机质和微生物等;土壤液相主要指土壤水分;土壤气相是存在于土壤孔隙中的空气。每个组分都有自身的理化性质,相互间处于相对稳定或变化状态。每种土壤都有特定的生物区系,如细菌、真菌、放线菌等土壤微生物以及藻类、原生动物、软体动物和节肢动物等动植物组成。

1. 土壤的剖面结构

土壤从地面垂直向下是由不同土层构成的,这种土壤垂直断面称为土壤剖面构型。不同的土壤类型有着不同的土壤剖面构型。一般来讲,土壤是由腐殖质表层、淀积层、母质层和风化层构成的。不同土层的物质组成和性质都有很大差异。

腐殖质层通常又分为覆盖层和淋溶层。覆盖层覆盖着大量的枯枝落叶;而淋溶层中由于生物活动最为强烈,发生着水溶性物质向下淋溶、有机物质转化和积累等作用,所以形成了一个颜色较暗、具有粒状或团粒结构的层次。

淀积层是位于表土与底土之间的层次,因该层常淀积着自上层淋溶下来的物质,所以称为淀积层。母质层位于土壤剖面底部,由岩石风化物的残积物或运积物组成,是形成土壤的母质。风化层又称母岩,是离地表最近且已受到不同程度风化的岩石圈层,但尚未受成土过程的影响。

2. 土壤矿物质

土壤矿物质是岩石经物理风化作用和化学风化作用形成的,占土壤固相部分总重量的90%以上,是土壤的骨骼和植物营养元素的重要供给来源。按成因分为原生矿物、次生矿物和可溶性矿物。

原生矿物是岩石经风化作用被粉碎后形成的碎屑,其原来化学成分没有改变。它们主要分布在土壤的砂粒和粉粒中。图6-1所示是土壤中主要原生矿物组成。

可溶性矿物是盐渍土和含盐沉积岩的特征,在土壤中有广泛的分布,其中最典型的是钙、镁、钾、钠的碳酸盐,可溶性矿物类和次生矿物类对土壤的形成作用起着非常重要的影响。

次生矿物是原生矿物质经过化学风化作用后形成的新矿物,其化学组成和晶体结构均有所改变,主要有高岭石、蒙脱石、伊利石类(粒径<0.001mm)。

土壤矿物绝大部分为结晶质固态无机物(即晶体),具有比较固定的化学成分和晶体构造,表现出一定的几何形态和物理化学性质,并以各种形态(多为固态)存在于自然界中。也有少数的矿物为非晶质的液态、气态和胶体状态存在。

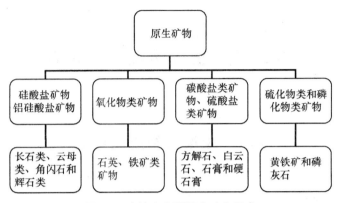

图 6-1　土壤中主要原生矿物组成

3. 土壤有机质

土壤有机质与矿物质一起构成土壤的固相部分,是土壤中各种含碳有机化合物的总称。土壤中有机质一般只占固相总质量的 10% 以下,一般耕地耕层中有机质含量只占土壤干重的 0.5%～2.5%,耕层以下更少,在但它是土壤的重要组成,对土壤性质的影响重大。有机质含量的多少是衡量土壤肥力高低的一个重要标志。土壤有机质含量差异很大,水田为 20g/kg 左右,农田旱地为 14g/kg 左右。

土壤有机质由微生物体(1.5%～4%)、动植物残体(6%～20%)、土壤腐殖质(80% 以上)组成。它的主要组成元素是 C、O、H、N,含量分别为 52%～58%、34%～39%、3.3%～4.8%、3.7%～4.1%,其次为 P、S,碳氮比为 10%～15%,土壤有机质还含有各种微量元素。

土壤有机质可分为两大类,一类是称为腐殖质的特殊有机化合物,它包括腐殖酸、富里酸和腐黑物等;另一类是组成有机体的各种有机化合物,称为非腐殖物质,如蛋白质、糖类、树脂、有机酸等(见图 6-2)。

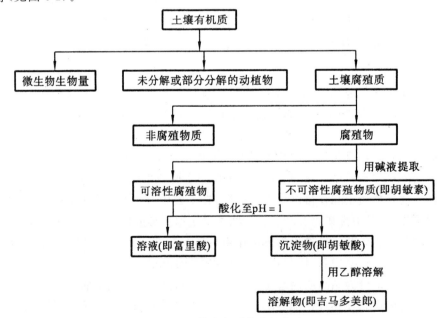

图 6-2　土壤有机质的分组方法

腐殖质是一种有机胶体,吸水保肥能力很强,一般黏粒的吸水率为 $50\%\sim60\%$,而腐殖质的吸水率高达 $400\%\sim600\%$,保肥能力是黏粒的 $6\sim10$ 倍。腐殖质是指新鲜有机质经过微生物分解转化所形成的黑色胶体物质,是作物养分的主要来源。它不仅含有 N、P、S、K、Ca 等大量元素,还含有微量元素,经微生物分解可以释放出来供作物吸收利用。腐殖质为微生物活动提供了丰富的养分和能量,又能调节土壤酸碱反应,因而有利微生物活动,促进土壤养分的转化。腐殖质是形成团粒结构的良好胶结剂,可以提高黏重土壤的疏松度和通气性,改变砂土的松散状态。同时,由于它的颜色较深,有利于吸收阳光,提高土壤温度。有机质在分解过程中产生的有机酸、维生素、腐殖酸和一些激素,对作物生育有良好的促进作用,可以增强呼吸和对养分的吸收,促进细胞分裂,从而加速根系和地上部分的生长。

4. 土壤溶液

土壤水分是土壤的最重要液相组成部分,但也有固态、液态和气态 3 种形态,固相水(冰)只有在低温下(如我国北方冬季)才出现,而在常温下的状态常是液态和气态。土壤液相部分不是纯水,而是稀薄的溶液,不仅溶有各种溶质,而且还有胶体颗粒悬浮或者分散于其中,在盐碱土中土壤水分所含盐分的浓度相当高。一般将土壤水划分为以下几种类型(见图 6-3)。

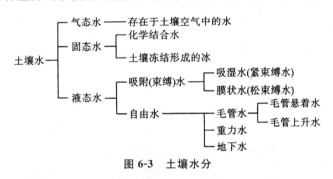

图 6-3　土壤水分

土壤水是地下水、大气水、地表水、土壤水转化的纽带。但是,随着现代农业发展、工业化、城市化进程加快,我国人口增长以及生态环境改善和现代旅游业的发展,我国将长期面临着资源短缺、水资源消耗持续增长水与需求增长的矛盾。

5. 土壤空气

土壤空气和水分共存于土壤的空隙中,主要从大气中渗透而来,其次是内部进行的生物化学过程产生的一些气体,它与大气的主要区别见表 6-1。

表 6-1　土壤空气与大气组成的差异

气体	O_2(%)	CO_2(%)	N_2(%)	其他气体(%)
近地表大气	20.94	0.03	78.05	0.98
土壤大气	$18.0\sim20.03$	$0.15\sim0.65$	$78.8\sim80.24$	0.98

土壤空气的数量和组成不是固定不变的,土壤空隙的状况和含水量的变化是土壤空气数量发生变化的主要原因。生产上应采用深耕松土、破除板结、排水、晒田(指稻田)等措施,以改善土壤通气状况。

6. 土壤微生物

土壤微生物是指生活于土壤中的形体微小、构造简单的单细胞或多细胞生物类群。一般包括细菌、放线菌、真菌、藻类和原生动物等。其特点是①个体小,一般用微米甚至纳米来计算,能扩散到土体的各个部分;②种类繁多,可适应不同的土壤环境,对土壤有机质进行分解与合成;③繁殖迅速,数量巨大,每克土中微生物可达1亿个以上。

土壤微生物是污染的"清洁工"。它们参与污染物的转化,在土壤自净过程及减轻污染物危害方面起着重要作用。微生物对农药的降解可使土壤对农药进行彻底的净化。同时,应注意微生物也会使某些无毒的有机物分子变为有毒的物质。

6.1.2 土壤的性质

1. 土壤的物理性质

(1)土壤结构

土壤结构是指土粒相互排列、胶结在一起而成的团聚体,也称结构体。土壤的许多特性,如水分运动、热传导、通气性、容重以及孔隙度等都受土壤结构的影响,而许多农业措施,如耕作、种植、灌排和施肥等,所感受的土壤物理性质的重大变化也多来自土壤结构。

土壤结构的类型,通常是根据结构体的大小,外形以及与土壤的关系划分的,即按土壤结构体的形态分为3大类,板状(片状)柱状和棱柱状,块状、核状和团状(见图6-4);然后再按结构体大小细分;最后根据土壤结构体与土壤的关系划分(有些结构对作物生长不利,农业上称为不良的结构体;有些则有利,称为良好的结构体)等。

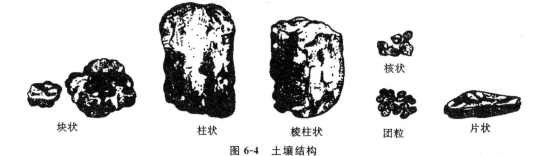

核状

块状　　　柱状　　　棱柱状　　　团粒　　　片状

图 6-4　土壤结构

创造和提高土壤结构的质量是农业生产的重要增产措施。改善土壤结构的途径和措施很多,主要是增加土壤有机质含量,多施有机肥料,合理耕作和合理轮作、间作、套作或施加土壤结构改良剂。

(2)土壤孔隙

一般土壤内部空间并没有全部为土壤所填满,土壤总是按一定方式排列,其间有许多孔隙。土壤孔隙系统包括形状、大小各不相同的大量粒间孔隙,它们之间被孔隙本身直径还小的通道互相连接。土壤孔隙包括非毛管孔隙(大孔隙)和毛管孔隙(小孔隙)。土壤团聚体间的孔隙以非毛管孔隙为主,而团聚体内部的孔隙以毛管孔隙为主。毛管孔隙能吸持水分,不易通气透水。非毛管孔隙不能吸持水分,易通气、透水。土壤孔隙的多少以总孔隙度(%)表示(自然状态下,单位体积土壤中孔隙体积所占的百分率)。一般总孔隙度在50%左右,其中非毛管孔隙占

1/5～2/5 为宜。土壤质地、结构性能、有机质含量都对土壤孔隙状况产生重要的影响。

上述性质取决于土壤的密度、土壤的黏结性、黏着性和结持性等土壤的物理性质,从而决定了土壤的可耕性。

(3)土壤耕作

土壤耕性指是土壤各种理化特性在耕作上的综合表现,土壤在耕作时所表现的性状,包括耕作难易、宜耕期长短及耕作质量等。土壤质地、结构、含水量、黏结性、黏着性、可塑性、胀缩性等,都可以直接或间接影响土壤的耕性。

土壤耕作的难易主要指耕作时土壤对农具阻力的大小,这种阻力如抗压力、抗楔入、抗位移等。耕性好的土壤一般是耕作阻力小,质地轻,有机质含量多。结构性良好者易耕、省力。适耕期的长短、耕作质量的好坏,也与这些性质成正相关,另外,还与土壤含水量和耕作技术有关。

不同的土壤耕作性的差异主要是由土壤的黏着性、可塑性、黏结性、胀缩性等土壤物理机械性不同造成的。因此,改良土壤耕性要从调节影响土壤物理机械的因素着手,主要措施有增施有机肥料,改良土壤质地,创造良好的结构,合理灌排,适时耕作。

2. 土壤胶体及土壤的吸附性

(1)土壤胶体的概念

土壤胶体是指土壤中颗粒最细小而活性最大的部分,其直径通常在 $0.001～0.2\mu m$ 之间,含量为土壤重量的 $2\%～50\%$。

土壤胶体分散系包括胶体微粒(为分散相)和微粒间溶液(为分散介质)两大部分。胶体微粒在构造上由微粒核、决定电位离子层和补偿离子层三部分组成。微粒核主要由腐殖质、无定形的 SiO_2、氧化铝、氧化铁、铝硅酸盐晶体物质、蛋白质分子及有机无机胶体的分子群所构成。微粒核表面的一层分子通常解离成离子,形成一层离子层(决定电位离子层),通过静电引力,在该离子层外围又形成一层符号相反而电量相等的离子层(补偿离子层),称为双电层。胶体微粒的构造如图 6-5 所示。

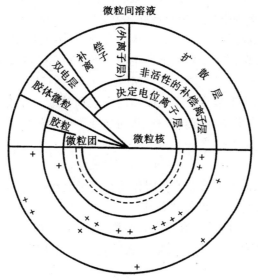

图 6-5　胶体微粒的构造示意图

（2）土壤胶体的类型

土壤胶体一般可分为无机胶体、有机胶体、有机-无机复合胶体三种类型。

1）无机胶体。主要是细颗粒的黏土矿物，包括黏土矿物中的高岭石、伊利石、蒙脱石、埃洛石、蛭石、绿泥石和海泡石、水铝英石等以及铁、铝、锰水合氧化物。

2）有机胶体。主要是腐殖质和生物活动的产物，它是高分子有机物，呈球形、三维空间网状结构，胶粒直径在 $20\sim40\text{nm}$。

3）有机-无机复合胶体。由土壤中一部分矿物胶体和腐殖质胶体结合在一起形成。这种结合可能通过金属离子的桥键，也可能通过交换阳离子周围的水分子氢键来完成。

（3）土壤胶体性质

土壤胶体除具有与其化学组成相对应的一般性质外，还有下列特性。

1）巨大的表面积和表面能。土壤胶体的细小颗粒，具有巨大的表面积，而表面分子由于受到不均衡的分子引力，使表面分子具有一定的剩余能量——表面能。由于土壤胶体的细小颗粒，具有大的表面面积，因而具有大的表面能，通常土壤腐殖质及黏粒越多，表面能越大。

2）电荷性质。土壤胶体带有一定电荷。所带电荷的性质主要决定胶粒表面固定离子的性质。通常，土壤无机胶体如 $SiO_2\cdot nH_2O$ 离解出 H^+、SiO_3^{2-} 留在胶核表面，使胶体带负电荷；土壤腐殖质分子中的羧基及羟基离解 H^+ 后，胶体表面的 $RCOO^-$ 及 RO^- 表现负电性。两性胶体在不同酸度条件下可以带负电，也可以带正电，如 $Al(OH)_3$ 可呈两性

$$Al(OH)_3+H^+\rightleftharpoons Al(OH)_2^++H_2O$$
$$Al(OH)_3+OH^-\rightleftharpoons Al(OH)_2O^-+H_2O$$

固定在胶核表面，胶体带负电。土壤从酸性到碱性，胶体电荷由正变到负。在这一变化中，出现两性胶体呈电中性，而胶体失去电性，这时称为胶体的等电点。据测，$Al(OH)_3$ 及 $Fe(OH)_3$ 胶体等电点 pH 为 $5\sim6$。所以酸性土壤的 $Al(OH)_3$ 及 $Fe(OH)_3$ 胶体带正电荷，而腐殖质等电点在土壤酸度以下，所以腐殖质通常带负电荷。

3）分散性和凝聚性。土壤胶体有溶胶与凝胶两种存在状态，胶体微粒均匀分散在土壤溶液中成为胶体溶液状态，称为溶胶。微粒彼此相互连接凝聚在一起，呈无定型絮状凝胶体，称凝胶。由溶胶连接凝聚成凝胶的作用叫做胶体的凝聚作用，凝聚作用对土壤结构的形成极为重要。这种凝聚一般是在阳离子的作用下产生的。不同阳离子的凝聚能力为

$$Fe^{3+}>Al^{3+}\geqslant Ca^{2+}>Mg^{2+}\geqslant K^+>NH_4^+>Na^+$$

影响土壤凝聚性能的主要因素是土壤胶体的电位和扩散层厚度。例如，当土壤溶液中阳离子增多，由于土壤胶体表面负电荷被中和，从而加强了土壤的凝聚。pH 值也将影响其凝聚性能。

（4）土壤的吸附作用

土壤的吸附特性从大的方面可分为吸附作用和离子交换吸附作用两种类型。吸附又可分为机械吸附、生物吸附、物理吸附和化学吸附。

1）机械吸收。土壤足多孔性、具有巨大表面积的物质，能把大于孔隙的物质阻留，小于孔隙的颗粒也能阻留在土壤中。土壤颗粒越细，孔隙越小，机械吸收越强。机械吸收对不溶性颗粒物的作用最为明显。

2）生物吸收。生物吸收是指植物和土壤微生物对营养物质的吸收保蓄作用，具有选择性

和提供表层土壤养分的能力。因此,生物吸收是促进土壤肥力发展的动力。某些植物兼有从土壤吸收有毒物质的能力。

3)物理吸收。它是指土壤颗粒对分子态物质的吸附作用。土壤对不同的分子态物质的吸附能力各不相同,土壤越细,分子态物质极性越强,物理吸附性能越大。饲养牲畜时常以土垫圈,就是利用细土吸收尿液及气态氨分子,减少养分损失。但物理吸附能力较小,不是土壤保持肥力的主要因素。

4)化学吸收。土壤溶液中的可溶性物质相互作用,产生难溶性化合物而固定在土壤中,称为土壤化学吸收。例如,$Ca(H_2PO_4)_2$ 施入石灰性土壤中生成难溶的 $Ca_3(PO_4)_2$,或在酸性土壤中与 Al^{3+}、Fe^{3+} 生成 $AlPO_4$ 或 $FePO_4$ 而沉淀:

$$2CaCO_3+Ca(H_2PO_4)_2=Ca_3(PO_4)_2\downarrow+2H_2O+2CO_2\uparrow$$
$$Al^{3+}+PO_4^{3-}=AlPO_4\downarrow$$
$$Fe^{3+}+PO_4^{3-}=FePO_4\downarrow$$

化学吸收通常是一种化学固定作用,一方面防止养分流失,但降低养分的效力;另一方面对于有毒重金属起净化作用。

(5)离子交换吸附作用

土壤胶体吸附阳离子,在一定条件下,与土壤溶液中的其他阳离子发生交换,这就是土壤阳离子的交换过程。能够参与交换过程的阳离子,称为交换性阳离子。如 NH_4Cl 处理土壤,NH_4^+ 将把土壤胶体表面的阳离子取代。

$$\boxed{胶核}\cdot M^{n+}+nNH_4^+ \rightleftharpoons \boxed{胶核}\cdot nNH_4+M^{n+}$$

M^{n+} 表示 Al^{3+}、Fe^{3+}、Ca^{2+}、Mg^{2+}、K^+、Na^+、H^+ 等离子,反应中 NH_4^+ 进入胶核的过程称为交换吸附;而 M^{n+} 被置换进入溶液的过程称为解吸作用。交换反应在阳离子间等当量进行,反应是可逆过程,可以用可逆平衡关系来表示反应进行的程度。

通常用阳离子交换量来表示交换反应能力的大小,交换量的大小与溶液 pH 有关,测量时一般采用 pH 等于 7 的提取液处理土壤。土壤的阳离子交换量与土壤的类型、结构及腐殖质含量有关。各种阳离子的交换能力与离子的价态、半径及水化程度有关。一般价数越大,交换能力越大;同价离子中,离子半径越大,水化程度越小,交换能力越大。一些阳离子交换能力按下列顺序排列

$$Fe^{3+}>Al^{3+}>H^+>Ca^{2+}>Mg^{2+}>NH_4^+>K^+>Na^+$$

从上述交换顺序可以看到,H^+ 的交换能力比 Ca^{2+}、Mg^{2+} 大,这是因为 H^+ 的离子半径小,运动速度大,交换能力强。

土壤胶体吸附的交换性阳离子除 Mg^{2+}、K^+、Na^+、NH_4^+ 等离子外,还有 H^+ 及 Al^{3+}。阳离子交换量是上述交换阳离子的总和。H^+ 及 Al^{3+} 虽非营养元素,但它们对土壤的理化性质和生物学性质影响很大,对重金属在土壤中的净化作用也有直接关系。上述离子中 Mg^{2+}、K^+、Na^+、NH_4^+ 称之为盐基性离子。在吸附的全部阳离子中,盐基性离子所占的百分数称为盐基饱和度。

$$盐基饱和度=\frac{交换盐基离子总量(mol/100g土)}{阳离子交换总量(mol/100g土)}$$

当土壤胶体吸附的阳离子全部是盐基离子时呈盐基饱和状态,称为盐基饱和土壤。吸附阳离子除盐基离子外,还有 H^+ 及 Al^{3+},土壤呈盐基不饱和状态,称盐基不饱和土壤。盐基饱和度大的土壤,一般呈中性或碱性。盐基离子以 Ca^{2+} 为主,土壤呈中性或微碱性;以 Na^+ 为主,呈较强碱性;盐基饱和度小则呈酸性。正常土壤的盐基饱和度一般保持在 $70\% \sim 90\%$ 为宜。

土壤胶体主要带负电,但酸性土壤也有带正电的胶体,因而能进行阴离子交换吸附。阴离子交换吸附作用比阳离子交换吸附作用要弱得多。

阴离子交换常伴随有化学固定作用,因为阴离子可与胶体微粒(如酸性条件下带正电荷的含水氧化铁、铝)或溶液中的阳离子(Ca^{2+}、Fe^{3+}、Al^{3+})形成难溶性沉淀而被强烈吸附,因此不像阳离子交换有明显的当量交换关系。

土壤中常见阴离子吸附交换能力的强弱可以分成:①易被土壤吸收同时产生化学固定作用的阴离子,如 $H_2PO_4^-$、HPO_4^-、PO_4^{3-}、SiO_3^{2-} 以及某些有机酸阴离子;②难被土壤吸收的阴离子,如 Cl^-、NO_2^-、NO_3^-;③介于上面两类之间的阴离子,如 SO_4^{2-}、CO_3^{2-} 及某些有机阴离子。所有上述离子被土壤吸附的顺序为 $PO_4^{3-} > SO_4^{2-} > Cl^- > NO_3^-$。

3. 土壤的酸碱性

(1)土壤酸度

土壤有机物的分解、营养元素的释放、微生物的活动和土壤中元素的迁移都与土壤溶液的酸碱性有关。各种植物都有各自适合的酸碱范围,超过这一范围,生长就要受阻。有机物分解产生有机酸以及少数无机酸、土壤中 H^+ 主要是 CO_2 溶于水形成碳酸,Al^{3+} 水解产生 H^+ 是土壤酸性重要来源。OH^- 主要来自土壤溶液中的碳酸氢钠、碳酸钠、碳酸钙以及胶粒表面交换性 Na^+,它能水解产生 OH^-。

(1)土壤酸度

土壤中 H^+ 主要来源于土壤中 CO_2 溶于水形成的碳酸和有机物质分解产生的有机酸及土壤中矿物质氧化产生的无机酸,还有施用肥料中残留的无机酸(如硝酸、硫酸和磷酸),以大气污染形成的大气酸沉降等。

黏土矿物铝氧层中的铝,在较强的酸性条件下释放出来,进入到土壤胶体表面成为代换性的铝离子,被其他阳离子交换,进入土壤溶液后水解而产生 H^+。

$$Al^{3+} + H_2O = Al(OH)^{2+} + H^+$$
$$Al(OH)^{2+} + H_2O \rightleftharpoons Al(OH)_2^+ + H^+$$
$$Al(OH)_2^+ + H_2O \rightleftharpoons Al(OH)_3 \downarrow + H^+$$

长江以南的酸性土壤主要是由于铝离子引起的。

土壤中潜性酸度是土壤胶体上吸附 H^+、Al^{3+} 的反映,其大小常用土壤交换性酸度和水解性酸度表示。

1)土壤交换性酸度。用过量的中性盐溶液(1mol/L 的 KCl、NaCl 或 $BaCl_2$)与土壤作用,将胶体表面上的大部分 H^+ 或 Al^{3+} 交换出来,再以标准碱滴定溶液中的 H^+,这样测得的酸度称为交换性酸度或代换性酸度,以 c^+ mol/kg 为单位,它是土壤酸度的数量指标。

2)土壤水解性酸度。用弱酸强碱盐溶液(常用 pH 值为 8.2 的 1mol/L NaAc 溶液)与土壤作用,从土壤中交换出来 H^+、Al^{3+} 所产生的酸度称为水解性酸度。

(2)土壤碱度

土壤溶液中 OH^- 离子主要来源于碳酸根和碳酸氢根的碱金属、碱土金属(Na^+、Ca^{2+}、Mg^{2+})盐类。不同溶解度的碳酸盐和重碳酸盐对土壤碱性的贡献不同,$CaCO_3$ 和 $MgCO_3$ 的溶解度很小,故富含 $CaCO_3$ 和 $MgCO_3$ 的石灰性土壤呈弱碱性(pH 值在 7.5~8.5 之间)。Na_2CO_3、$NaHCO_3$ 及 $Ca(HCO_3)_2$ 等都是水溶性盐类,可使土壤碱度升高,含 Na_2CO_3 的土壤,一般 pH 值可达 10 以上,而含 $NaHCO_3$ 及 $Ca(HCO_3)_2$ 的土壤,pH 值常在 7.5~8.5,碱性较弱。

$$Na_2CO_3 + 2H_2O \rightleftharpoons 2Na^+ + 2OH^- + H_2CO_3$$
$$NaHCO_3 + H_2O \rightleftharpoons Na^+ + OH^- + H_2CO_3$$
$$CaCO_3 + 2H_2O \rightleftharpoons Ca^{2+} + 2OH^- + H_2CO_3$$
$$Ca(HCO_3)_2 + 2H_2O \rightleftharpoons Ca^{2+} + 2OH^- + 2H_2CO_3$$

由碳酸盐和重碳酸盐导致土壤碱性的程度称土壤碱度,以 $cmol/kg$(干土)为单位。形成碱性反应的主要机理是碱性物质的水解反应。除了与水溶性盐类 Na_2CO_3、$NaHCO_3$ 及 $Ca(HCO_3)_2$ 有关外,还与土壤交换性 Na^+ 的含量有关。通常把钠饱和度即交换性钠离子占阳离子交换量($cmol/kg$)的百分比称作碱化度(%)。

$$碱化度 = \frac{交换性钠(cmol/L)}{阳离子交换总量(cmol/L)}$$

当土壤交换性钠饱和度为 5%~20% 时称之为碱化土,其中 5%~10% 为轻度碱化土,10%~15% 为中度碱化土,15%~20% 为强碱化土,钠饱和度大于 20% 时称为碱土。

土壤的酸碱度受到多种因素的影响。如气候、地形、母质、植被、酸雨、土壤空气的 CO_2 分压、人类耕作活动等因素。同时,土壤酸碱度又对土壤养分的有效性、土壤微生物活性、土壤物理化性质、植物生长、污染物的迁移转化等产生影响。

(3)土壤的缓冲能力

当加入致酸或致碱物质于土壤中时,土壤具有缓和酸碱度发生剧烈变化的能力,称为土壤缓冲性。常用缓冲容量来表示土壤缓冲酸碱能力的大小,即使单位(质量或容积)土壤改变 1 个 pH 单位所需的酸或碱量。

土壤缓冲性能是土壤缓和酸碱度的能力。土壤对酸碱具有缓冲作用,一是因为土壤溶液中含有碳酸、硅酸、磷酸、腐殖酸和其他有机酸等弱酸及其盐类,构成一个良好的酸碱缓冲体系。二是土壤胶体吸附有各种阳离子,其中盐基离子和氢离子能分别对酸和碱起缓冲作用。

另外,铝离子对碱也能起到缓冲作用。

1)碳酸盐的缓冲作用

对酸的缓冲作用:
$$Na_2CO_3 + 2HCl = 2NaCl + H_2CO_3$$
$$H_2CO_3 + Ca(OH)_2 = CaCO_3 + 2H_2O$$

2)有机酸的缓冲作用

对酸的缓冲作用:
$$R-CH(NH_2)(COOH) + HCl = R-CH(NH_3Cl)(COOH)$$

对碱的缓冲作用：

$$R-CH(NH_2)(COOH)+NaOH=R-CH(NH_2)(COONa)+H_2O$$

3）土壤胶体的缓冲作用

对酸的缓冲作用：

$$土壤胶体-M+HCl=土壤胶体-H+MCl$$

对碱的缓冲作用：

$$土壤胶体-H+MOH=土壤胶体-M+H_2O$$

4）铝离子的缓冲作用

$$2[Al(H_2O)_6]^{3+}+2OH^-=[Al_2(OH^-)_2(H_2O)_8]^{4+}+4H_2O$$

土壤缓冲容量与其 CEC 呈正相关。凡影响土壤 CEC 的因素都影响缓冲容量，如土壤黏土矿物类型、质地、有机质含量等。土壤组分酸碱缓冲容量的一般顺序是有机胶体＞无机胶体，蒙脱石＞伊利石＞高岭石＞含水氧化铁、铝的腐殖质＞黏土＞壤土＞砂土。

4. 土壤的氧化还原性

土壤氧化还原作用是土壤中的主要化学反应或生化反应。土壤是一个复杂的氧化还原体系，存在着多种有机、无机的氧化、还原态物质。一般土壤中的有机质及其厌氧条件下的分解产物和低价金属等为还原剂，土壤高价金属离子、空气中的游离氧为氧化剂。土壤中存在的氧化态与还原态物质之间的土壤化学或生化反应。土壤氧化还原条件不仅包括纯化学反应，且很大程度上是在生物（微生物、植物根系分泌物等）参与下完成的。

土壤氧化还原状况的调节重点在水田土壤，核心是处理好水、气的关系。

第一，缺水、漏水的水稻田，氧化性过强，对水稻生长不利，应蓄水保水和增施有机肥，促进土壤适度还原。

第二，水分过多的下湿田、深脚烂泥田，排水不畅，渗漏量过小，还原性强，土壤氧化还原电位（Eh）为负值，还原性物质大量积累，导致作物低产。加强以排水、降低地下水为主的水浆管理，改善土壤的通气条件。

影响土壤氧化还原状况的因素包括：土壤通气性，在通气良好的土壤中，土壤空气与大气中的气体交换迅速，致使土壤中氧浓度较高，Eh 值较高；土壤中的易分解有机质，在淹水条件下施用新鲜的有机物料，土壤 Eh 值急剧下降；土壤中易氧化物质或易还原物质；植物根系的代谢作用；微生物的活动和土壤的 pH 值。

6.1.3　土壤环境元素背景值与土壤环境容量

1. 土壤背景值概念

土壤背景值是指土壤在自然成土过程中所形成的固有的地球化学组成和含量，它是指一定区域内自然状态下未受人为污染影响的土壤中元素的正常含量。目前，在全球环境受到污染冲击的情况下，要寻找绝对不受污染的背景值是非常难的。因此，土壤背景值实际上只是一个相对的概念，只能是相对不受污染情况下土壤的基本化学组成和含量。

2. 土壤背景值确定

影响土壤背景值的因素包括生物小循环的影响，风化、淋溶、淀积等地球化学作用等，母质成因、质地和有机物含量的影响外,还包括数万年以来人类活动的综合影响等复杂因素。因此土壤背景值是一个范围值,为了确定土壤背景值,应在远离污染源的地方采集样品,分析测定化学元素的含量。在此基础上,运用数理统计等方法,检验分析结果,然后取分析数据的平均值(或数值范围)作为背景值。我国环境工作者采用的土壤环境背景值分析数据检验方法主要有以下几种。

(1)富集系数法

利用含量较高的抗风化物质作为指示矿物,用下式计算某一元素的富集系数:

$$富集系数 = \frac{表层土中元素的含量/土壤中 \ TiO_2 \ 含量}{岩石中元素的含量/岩石中 \ TiO_2 \ 含量}$$

富集系数大于 1 者,表示该元素对土壤有污染,应予剔除。

(2)平均值加标准差法

在元素测定值符合正态分布或接近正态分布的情况下,一般用算术平均值(x)表示数据分布的集中趋势,用算数均值标准差(S)表示数据的分散度,用 $\bar{x} + 2S$ 表示 95% 置信度数据的范围值。

$$\bar{x} = \frac{1}{n} \sum_{i=1}^{n} x_i$$

$$S = \sqrt{\frac{\sum_{i=1}^{n} (x_i - \bar{x})^2}{n-1}}$$

式中,x 为土壤中元素的背景值;x_i 为土壤重元素实测值;n 为土壤样本数。

(3)元素相关分析法

该方法的关键是找出一个能代表自然含量水平,它又与其他元素具有一定相关性的某化学元素做依据,然后计算相关系数,相关性好者求出回归方程,对方程建立 95% 的置信带。处于置信带内的样点,可认为是背景含量;落在置信带外的,则认为不正常,不宜作为背景值。

3. 土壤环境容量的概念

土壤环境容量是指一定环境单元、一定时限内遵循环境质量标准,既保证农产品质量和生物学质量,同时也不使环境污染时,土壤能容纳污染物的最大负荷量。土壤环境容量受土壤性质、污染物种类和含量、污染历程等多种因素的影响。土壤环境容量是通过对社会经济、自然环境、污染状况等调查,对环境效应、污染物生态效应、物质平衡等研究而确定的一个临界含量。

4. 土壤环境容量的确定

(1)土壤静容量

土壤静态容量是以静止的观点来度量土壤达到某个环境标准所能容纳污染物的净量,土壤静容量的计算式为

$$C_s = 10 - 6M(C_i - C_{Bi})$$

式中,C_s 为土壤静容量,单位为 mg/kg;M 为每公顷耕作层的土壤质量,取值为 2.25×10^6 kg/hm^2;C_i 为某污染物的土壤环境标准,单位为 mg/kg;C_{Bi} 为某污染物的土壤环境背景值,单位为 mg/kg。

由上式可知,在一定区域的土壤特性和环境条件下,C_{Bi} 值是一定的,C_s 的大小决定于 C_i。土壤环境标准值大,土壤环境容量也大;反之,容量则小。

但这个模型计算出来的土壤容量,仅反映了土壤污染物生态效应和环境效应所容许的水平,没有考虑土壤中污染物的输入与输出、吸附与解吸、固定与释放、累积与降解的净化过程及土壤的自净作用。这些过程的结果,都将影响到容许进入土壤中污染物的量。将这一部分净化的量(Q_2)加上土壤净容量(Q_1)才是土壤动态的、全部容许的量,即土壤环境容量 Q,也有人称为土壤环境动容量。用数学式表示即为 $Q=Q_1+Q_2$。

(2)土壤动容量

动态容量的计算公式为

$$Q_{in}=10^{-6}M(S_i-C_iK^n)\frac{1-K}{K(1-K^n)}$$

式中,S_i 为若干年后土壤中元素 i 含量的允许限值,单位为 mg/kg;C_i 为土壤中元素 i 的现状值,单位为 mg/kg;K 为污染物的残留率,单位为%;Q_{in} 为土壤中元素 i 的年动态容量,单位为 kg/hm²;M 为每公顷耕作层的土壤质量,取值为 2.25×10^6 kg/hm²;n 为控制年限。

6.1.4　土壤在地球表层环境系统中的地位和作用

土壤是地球表层环境系统的一个重要组成要素。土壤圈在地球表层环境系统中位于大气圈、水圈、岩石圈和生物圈的界面交接地带,是无机界和有机界联系的纽带,是地球表层环境系统中物质与能量迁移和转化的重要环节。因此,土壤对维护和保持地球表层环境系统的自然生态平衡和环境质量具有不容忽视的重要作用。

土壤不仅是维持地球上大多数动物、植物生长发育的基础,也是人类生存和发展所必需的条件。人们不仅向土壤索取了大量的粮食,还利用土壤的净化能力消纳了各种污染物质,使其成为处理和处置各种废物的场所。

6.2　土壤污染及污染源

6.2.1　土壤污染

1. 土壤污染的概念

土壤污染是指人类活动所产生的污染物质通过各种途径进入土壤,其数量超过土壤的容纳和同化能力而使土壤的理化性质、组成性状等发生变化,导致土壤的自然功能失调、土壤质量恶化的现象。因此,土壤污染应同时具备两个条件:

1)人类活动引起的外源污染物进入土壤。

2)外源污染物(生物、水体、空气或人体健康等)导致土壤环境质量下降而有害于受体。

2. 土壤污染程度的评定

土壤污染过程由本底(清洁)到玷污和污染的变化过程,是由量变到质变的发展过程。污染发生时污染物浓度是其危害的临界值,也就是土壤污染临界值。

实际中,人们以土壤环境质量第二级标准值、土壤环境背景值和土壤污染临界值作为评价区域和场地土壤是否污染的指标。这三类指标的取值及含义如下。

（1）土壤环境质量标准

采用国家土壤环境质量标准（GB 15618－1995）中第二级标准值（见表 6-2），这是初步判断和识别当地土壤是否受污染的筛选值。若高于此值，则土壤可能受污染，但要依据深入调研或风险评估而定；若化学物质含量低于此值，说明土壤未受污染，无须进行深入调研。

表 6-2　土壤环境质量标准（GB 15618－1995）　　　　　单位：mg/kg

级别 项目 土壤	一级	二级			三级
	自然背景	＜6.5	6.5～7.5	自然背景	＜6.5
镉≤	0.20	0.30	0.30	0.60	1.0
汞≤	0.15	0.30	0.50	1.0	1.5
砷　水田≤	15	30	25	20	30
旱地≤	15	40	30	25	40
铜　农田等≤	35	50	100	100	400
果园≤		150	200	200	400
铅≤	35	250	300	350	500
铬　水田≤	90	250	300	350	400
旱地≤	90	150	200	250	300
锌≤	100	200	250	300	500
锰≤	40	40	50	60	200
六六六≤	0.05		0.50		1.0
DDT≤	0.05		0.50		1.0

注：①重金属（铬主要是三价）和砷均按元素量计，适用于阳离子交换量＞5cmol（＋）/kg 的土壤；若阳离子交换量≤5cmol（＋）/kg，其标准值为表内数值的半数。

②六六六为四种异构体总量，DDT 为四种衍生物总量。

③水旱轮作地的土壤环境质量标准，砷采用水田值，铬采用旱地值。

（2）土壤环境背景值

采用当地土壤环境背景值数据，这是揭示当前土壤是否有污染物进入的临界点，是保持当前土壤良好状态的目标值。若土壤中化学物质含量高于此值，则要警惕，要找出和控制污染源，防止污染物继续进入，以保护土壤环境质量。

通过对当地土壤污染的风险评估，得出土壤污染临界值，这是揭示土壤是否受污染的阈值。若化学物质含量高于此值，说明土壤已受污染，应研究提出修复污染土壤与控制污染源的方案。

除了国家规定的土壤环境质量标准中二级标准值外，土壤环境背景值和土壤污染临界值均因土壤类型和受体的不同而异。一般说来，当土壤中化学物质处于环境背景值范围时，土壤处于本底状态，随着外源污染物不断进入，达到土壤环境质量二级标准值，此时不一定就有危害，而达到污染临界值时，土壤才属污染（见图 6-6）。

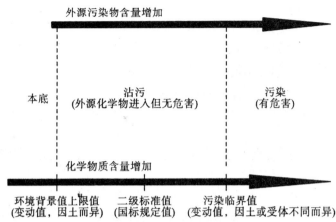

图 6-6　土壤污染三类评价标准的关系

3. 土壤污染的特点

土壤污染具有以下特点：

（1）土壤污染具有隐蔽性

土壤污染往往是通过农作物或家禽污染后，通过人食用后身体的健康状况来反映。从开始污染到导致后果，有一段很长逐步积累的间接的隐蔽过程。

（2）土壤污染具有不可逆转性

许多有机化学物质的污染也需要较长的时间才能降解，而重金属对土壤污染基本上是一个不可逆转的过程。例如，被某些重金属污染的土壤可能要 100～200 年才能够恢复。

（3）土壤污染的累积性

污染物质在土壤中不断积累而超标，同时也使土壤污染具有很强的地域性。

（4）污染后果的严重性

严重的污染通过食物链危害动物和人体，甚至使人畜失去赖以生存的基础。

6.2.2　土壤污染源

土壤污染源可分为天然污染源和人为污染源。天然污染源是指自然界自行向环境排放有害物质的场所，如活动的火山；人为污染源是指人类活动所形成的污染物排放源。其中，后者是土壤污染研究的主要对象。土壤污染源按照其来源不同可做如下分类：

1. 农业污染

农用化学品的应用会直接污染土壤。这种污染过程是在不合理、不适当使用化肥、农药和塑料薄膜等技术措施下发生的。如氯化乙基汞随拌种进入土壤的汞量可达 $3～6g/hm^2$；又如磷肥中含有的各种重金属也会进入土壤。据估计，我国随磷肥进入土壤中的 Cd 的含量约为 37t/a。

2. 污水灌溉

污水灌溉是造成我国土壤污染的最主要途径之一。污水灌溉是指利用城市污水、工业废水或混合污水进行农田灌溉，补充农田水分的"措施"。这种未经处理的工业废水和混合型污水中含有各种各样污染物质,主要有有机污染物和无机污染物(重金属)。

3. 大气污染

任何大气污染过程给大气中增加的污染物质,如各种气态或固态、液态颗粒状污染物,都可能通过各式各样的途径落至地面,进而对土壤造成污染。干沉降和湿沉降都是土壤污染的重要途径。如尘埃微粒、重金属颗粒等在重力作用下,在一定条件下会自空中落至地面,这一过程通常被称为"干沉降";"湿沉降"则是指大气中的固体、气体以及液体污染物,通过降雨、结露等降水过程被带入土壤的现象。

4. 固体废物的农业利用

固体废物包括工业废渣、污泥和城市垃圾以及畜禽粪便、农作物秸秆等。其中前三者是污染物含量比较高的废物。由于这些废物中含有较多的有机物质和一定的养分,因而可以用来作为肥料。如城市污水处理厂的污泥和城市生活垃圾中都富含大量植物可利用的营养物质和土壤需要的有机物质。但与此同时,污泥和垃圾中含有较多的有毒有害成分,即使经过高温堆肥化处理,其有毒有害成分含量仍很高。这些固体废物在堆放、处理和填埋过程中,不仅侵占大量耕地,而且可通过大气扩散或降水淋渗,使周围地区的土壤受到污染。

5. 生物污染

向农田施用垃圾、污泥、粪便,或引入生活污水,都有可能使土壤受到病原菌等微生物的污染。

6.2.3　土壤污染物

1. 无机物

无机污染物包括有害元素的氧化物、酸、碱和盐类,以及通过污水灌溉、污泥肥料、废渣堆放、大气降尘等途径进入土壤的汞、镉、铅、铬、铜、锌、镍、砷等重金属污染物。

2. 有机物

通常造成土壤污染的有机物主要是酚、油类、多氯联苯、苯并芘等。农药主要是有机氯类(六六六、DDT、艾氏剂、狄氏剂等)、有机磷类(马拉硫磷、对硫磷、敌敌畏)、氨基甲酸酯类(杀虫剂、除草剂)、苯氧羧酸类(2,4-D、2,4,5-T 等除草剂)。

3. 放射性物质

放射性物质是指人类活动排放出的放射性污染物,使土壤的放射性水平高于天然本底值。例如,锶 90(^{90}Sr)半衰期为 28 年,铯 137(^{137}Cs)半衰期为 30 年,它们都可在土壤中蓄积而长期污染土壤。

4. 致病的微生物

致病的微生物是指一个或几个有害生物种群,从外界侵入土壤,大量繁殖,破坏原来的动态平衡,对人类健康和土壤生态系统造成不良影响。

5. 化学肥料

大量使用含氮和含磷的化学肥料,改变了土壤的物理、化学性质。严重者影响作物生长,导致农业产品退化。

6. 建筑废弃物和农业垃圾

石灰、水泥、涂料和油漆、塑料、砖、石料等作为填土或堆放进入农田污染土壤。

另外,土壤中有机物分解产生的 CO_2、CH_4、H_2S、NH_3 等气体,在某些条件下也可能成为土壤的污染物。

6.2.4 土壤自净

土壤的自净作用是土壤所具有的自身更新的能力。它是指土壤被污染后,由于土壤的物理、化学和生物化学等作用,经一段时间后各种有机物、病原微生物、寄生虫卵和有毒物质等逐渐分解、吸收、转化、积沉,最终达到无害化的过程。土壤的自净过程很复杂,主要有以下几个方面:

(1)物理作用

物理作用是指日光、土壤温度、风力等因素的作用。日光可使土壤表层温度升高;风力可以带走某些具有挥发性的污染物。例如,"六六六"在旱田施用后,主要靠挥发散失;氯苯灵等除草剂在高温条件下易挥发失活。

(2)化学和物理化学自净作用

土壤中污染物经过吸附、配合、沉淀、氧化还原作用使其浓度降低的过程,成为物理化学自净。土壤黏粒、有机质具有巨大的表面积和表面能,有较强的吸附能力,是产生化学和物理化学自净的主要载体,酸碱反应和氧化还原反应在土壤自净过程中也起着主要作用。严格地说,土壤黏粒对重金属离子的吸附、配位和沉淀过程等,只是改变了金属离子的形态,降低它们的生物有效性,是土壤对重金属离子生物毒性的缓冲。从长远来看,污染物并没有真正消除,而相反地在土壤中"积累"起来,最终仍能被生物吸收,危及生物圈。

(3)生物化学自净作用

生物化学自净作用是指有机污染物在微生物及其酶作用下,通过生物降解,被分解为简单的无机物而消散的过程。从净化机理看,生物化学自净是真正的净化。

总之,土壤的自净作用是各种物理、化学、生物过程的共同作用、互相影响的结果,土壤的自净能力是有一定限度的,这就涉及土壤环境容量问题。

6.3 污染物在土壤中的迁移转化

6.3.1 重金属污染物在土壤中的迁移转化

土壤本身均含有一定量的重金属,其中很多是作物生长所需要的微量营养元素,如 Mn、Cu、Zn 等。因此,只有当进入土壤的重金属元素积累的浓度超过了作物需要的和可忍受的程度,会表现出受害的症状,或作物生长并未受害但产品中某种重金属超过标准,造成人畜的危害时,才能认为土壤被重金属污染。

1. 重金属元素在土壤中的污染特征

重金属元素在土壤中一般不易随水移动,不能为微生物分解,而在土壤中累积。甚至有的可能转化成毒性更强的化合物(如甲基化合物),它可以通过植物吸收在植物体内富集转化,对人类带来潜在的危害。重金属在土壤中的累积初期,不易被人们觉察和关注,属于潜在危害,一旦毒害作用比较明显地表现出来,就难以彻底消除。

通过各种途径进入土壤中的重金属种类很多,其影响较大,目前研究较多的重金属元素有Hg、Cd、As、Cb、Cr、Cu、Zn、Ni、Se 等。由于各元素本身具有不同化学性质,而造成的污染危害也不尽相同。

植物对各种重金属的需求有很大差别,有些元素是植物正常生长发育所必需的微量元素,包括 Fe、Mn、Zn、Cu、Mo、Co 等,但土壤中含量过高时,也会发生污染危害;有些重金属是植物生长发育中并不需要的元素,而且对人体健康直接危害明显,如 Hg、Cd、Pb 等。

重金属元素对土壤环境污染危害作用还与它们的存在形态有关,其迁移转化的特点和污染性质也有密切关系。因此,在研究土壤中重金属污染危害时,不仅应注意他们的总含量,还必须重视重金属各种形态的含量。

2. 土壤中重金属元素的迁移转化

土壤重金属污染物的迁移转化过程分为物理迁移、化学迁移、物理化学迁移和生物迁移。其迁移转化是多种形式的错综结合,形式复杂多样,并受重金属本身的性质、土壤物理化学性质和环境条件等多种因素的影响。

重金属与土壤中的其他物质结合后以一定的形态存在,它的迁移与传输就是在一定的形态下进行的。当重金属进入土壤后与土壤中的矿物质、有机物以及微生物发生吸附、络合和转化作用,伴随着能量的变化,导致了重金属元素存在形式的改变、时空的迁移变化。

(1)物理迁移

土壤溶液中的重金属离子或络合物离子在土壤中,可随水分从土壤表层运移至土壤下部,从地势高处运移到地势低处,甚至随水流流出土壤剖面而进入地表水体或地下水体。在干旱地区,这样的矿物颗粒或土壤胶粒也会以尘土的形式随风发生机械迁移。

(2)化学迁移

重金属在土壤中的化学迁移主要是通过沉淀-溶解、氧化-还原、吸附-解析和其他一些化学反应来进行。

1)沉淀-溶解反应。沉淀和溶解反应是重金属在土壤环境中迁移的重要途径。重金属元素迁移能力的大小可直观地以重金属化合物在土壤溶液中的溶解度来衡量。溶解度小者,其迁移能力小;溶解度大者,其迁移能力大。溶解反应时常是各种重金属难溶化合物在土壤固相和液相间的多相离子平衡,其变化规律遵守溶度积原则,并受土壤环境条件的显著影响。

土壤 pH 值直接影响重金属的溶解度和沉淀规律,通常当 pH 值降低时,重金属溶解度增加,在碱性条件下,它们将以氢氧化物沉淀析出,也可能以难溶的碳酸和磷酸盐形态存在。例如,土壤中 Pb、Cd、Zn、Al 等金属氢氧化物的溶解度直接受土壤 pH 值所控制。在不考虑其他反应条件下,可有如下平衡反应式:

$$Cu(OH)_2 \rightarrow Cu^{2+} + 2OH^- \quad K_{sp} = 1.6 \times 10^{-19}$$

$$Pb(OH)_2 \rightarrow Pb^{2+} + 2OH^- \quad K_{sp} = 4.2 \times 10^{-15}$$

$$Zn(OH)_2 \rightarrow Zn^{2+} + 2OH^- \qquad K_{sp} = 4.0 \times 10^{-17}$$

$$Cd(OH)_2 \rightarrow Cd^{2+} + 2OH^- \qquad K_{sp} = 2.0 \times 10^{-14}$$

根据溶度积能求出它们的离子浓度与 pH 值的关系。现以 $Cd(OH)_2$ 为例说明：

$$[Cd^{2+}] \cdot [OH^-] = 2.0 \times 10^{-14}$$

$$[Cd^{2+}] = 2.0 \times 10^{-14} / [OH^-]$$

由于 $[H^+][OH^-] = 1.0 \times 10^{-14}$，所以 $[OH^-] = 1.0 \times 10^{-14} / [H^+]$ 并带入上式，则得：

$$[Cd^{2+}] = 2.0 \times 10^{-14} / (1.0 \times 10^{-14} / [H^+])^2$$

两边取对数，则可获得金属离子浓度与 pH 值的关系式为：

$$\log_{10}[Cd^{2+}] = 14.0 - 2pH$$

用以上方法也可以获得其他金属离子浓度与 pH 值的类似关系式。从以上关系可以看出，$[Cd^{2+}]$ 的浓度随 pH 值的升高而减小；反之，pH 值下降时，土壤中的重金属则可以溶解出来。这也是当土壤 pH 值低时作物更容易受害的原因之一。

2)吸附解析。从土壤环境化学角度看，土壤具有吸附解吸的特性，因此能吸附和固定重金属，土壤吸附容量的大小决定其对重金属吸附率的高低。土壤吸附是重金属离子从液相转到土壤固相的重要途径之一，它在很大程度上决定着土壤中重金属的分布和富集。同时，因各种土壤胶体所携带的电荷极性和数量的不同，土壤胶体对重金属离子吸附的种类及其吸附交换容量也不相同。应当指出被吸附到同相表面的离子在一定条件下会发生解吸，重新进入到土壤溶液中，这种离子交换作用处于动态平衡之中。土壤中的无机与有机配位体多种多样，它们能与重金属生成稳定的配合和螯合物，对重金属在土壤中的迁移有很大的影响。

3)氧化-还原反应。从化学性质看，重金属大多属于周期表中过渡性元素，其原子具有特有的电子构型，在土壤中重金属的价态变化和反应受氧化-还原电位的影响很大。氧化-还原反应改变了金属元素和化合物的溶解度，从而使各种重金属在不同的氧化或还原条件下迁移能力差异很大。如在富含游离氧，Eh 值高的土壤环境中，Hg、Pb、Co、Sn、Mn、Fe 等重金属常以高价存在，高价金属化合物一般比相应的低价化合物溶解度小，迁移能力低，对作物危害也轻。而呈高氧化态的重金属 Cr、V 则形成了可溶性盐，具有很高的迁移能力。

此外，羟基配位作用和氯离子的配位作用是影响一些重金属难溶盐类溶解的重要因素，重金属的这种羟基配位及氯配位作用，减弱了土壤胶粒对重金属的束缚，并可提高难溶重金属化合物的溶解度，从而大大促进重金属在土壤中的迁移。

3. 重金属污染土壤的防治措施

(1)重金属污染源控制

控制与消除土壤污染源是防止污染的根本措施。如在工业生产中大力推广清洁生产、循环经济，以减少或消除工业"三废"排放。在农业生产中，加强对污灌区的例行监测及管理，防止因不当污灌引起土壤污染；合理施用化肥与农药，避免引起土壤污染和土壤理化性质恶化，降低土壤自净能力。

(2)客土翻土

根除土壤重金属的根本办法是彻底挖去污染土层、换上新土的排土法与客土法。耕翻土层，即采用深耕，将上下土层翻动混合，使表层土壤重金属含量减低。这种方法动土量较少，但在严重污染的地区也不宜采用。

（3）施加改良剂

施加改良剂（施加石灰、磷酸盐、硅酸钙等）可与重金属生成难溶化合物的主要目的是使重金属固定在土壤中，降低重金属在土壤和植物中的迁移能力。但此方法条件变化时重金属又会转成可溶性，只起临时性的抑制作用，时间过长会引起污染物的积累，因而只在污染较轻地区才能使用。

（4）农业生态工程措施

在污染土壤上利用某些特定的动植物与微生物较快地吸走或降解土壤中的污染物质，从而达到净化土壤的目的；或繁殖非食用的种子、经济作物或种属，从而减少污染物进入食物链的途径。

（5）控制土壤氧化-还原状况

加强水浆管理，控制土壤氧化-还原条件，可有效地减少重金属的危害。如淹水可明显地抑制水稻对镉的吸收，落干则促进水稻对镉的吸收。但砷相反，随着土壤氧化-还原电位的降低，其毒性增加。

（6）工程治理

利用隔离法、清洗法、热处理、电化法等物理（机械）、物理化学原理治理污染土壤，这是一种最为彻底、稳定、治本的措施，但投资大，适于小面积的重度污染区。

6.3.2　农药在土壤中的迁移转化

1. 农药的分类

农药在广义上指农业上使用的药剂。根据防治对象的不同，农药可分为杀虫剂、杀螨剂、杀菌剂、杀线虫剂、除莠剂、杀鼠剂、杀软体动物剂、植物生长调节剂和其他药剂等。根据农药的化学组成成分又可分为有机氯农药、有机磷农药、有机汞农药、有机砷农药、氨基甲酸酯农药以及苯酰胺农药和苯氧羧酸类农药等。

下面介绍几种常用农药。

（1）有机氯类农药

大部分是含有一个或几个苯环的氯素衍生物。最主要的品种是 DDT 和六六六，其次是艾氏剂、狄氏剂和异狄氏剂等（见图 6-7）。

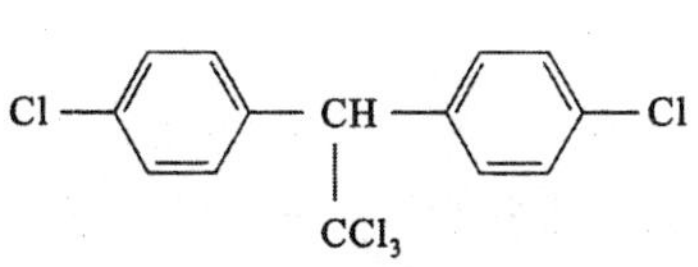

4, 4'-二氯二苯基三氯乙烷(DDT) 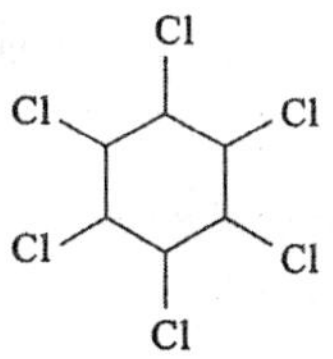　　　　　六氯环己烷(六六六)

图 6-7　几种有机农药分子式

有机氯类农药在我国使用长达 30 余年。由于其化学性质稳定，在环境中很难降解，如 DDT、六六六的残留期长达 50 年，且有机氯类农药挥发性不高，脂溶性强，易在动植物富含脂肪的组织及谷类外壳富含脂质的部分中蓄积，因此在食物中残留性强，属高残毒农药。目前许多国家都已禁止使用,我国已于1983年3月起停止生产DDT和六六六。

(2)酸酯类农药

该类农药均具有苯基-N-甲酸酯的结构(见图6-8)与有机磷农药一样,具有抗胆碱酯酶作用,中毒症状也相同,但中毒机理有差别。在环境中易分解,在动物体内也能迅速代谢,而代谢产物的毒性多数低于本身毒性,因此属于低残留的农药。

图6-8 几种氨基甲酸酯类农药分子结构式

(3)有机磷类农药

有机磷类农药是含磷的有机化合物,有的还含硫、氮元素,其大部分是磷酸酯类或硫代磷酸酯类,其结构式中 R_1、R_2 多为甲氧基($CH_3O—$)或乙氧基($C_2H_5O—$),Z为氧(O)或硫(S)原子,X为烷氧基、芳氧基或其他取代基团(见图6-9)。

图6-9 几种有机磷农药的分子结构式

有机磷农药常分为剧毒类、高毒类、低毒类等三大类。有机磷农药一般不溶于水,易溶于有机溶剂如苯、丙酮、乙醚、三氯甲烷及油类,对光、热、氧均较稳定,遇碱易分解破坏,敌百虫则能溶于水,遇碱可转变为毒性较大的敌敌畏。有机磷农药有剧烈毒性,但比较易于分解,在环境中残留时间短,在动植物体内,因受酶的作用,磷酸酯进行分解后不易蓄积,因此常被认为是较安全的一种农药。

有不少品种对人、畜的急性毒性很强,在使用时要特别注意安全。近年来,高效低毒的品种逐步取代一些高毒品种,使有机磷农药的使用更安全有效。不过,多份研究报告指出,有机磷农药具有烷基化作用,可能会引起动物的致癌、致突变作用,所以,有机磷类农药的环境污染仍是不可忽视的。

(4)除草剂(除莠剂)

最常用的除草剂有2,4-D(2,4-二氯苯氧基乙酸)和2,4,5-T(2,4,5-三氯苯氧基乙酸)及其脂类,其分子结构见图6-10。

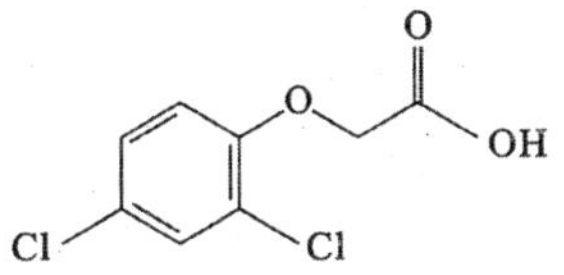

2, 4-D (2, 4-二氯苯氧基乙酸) 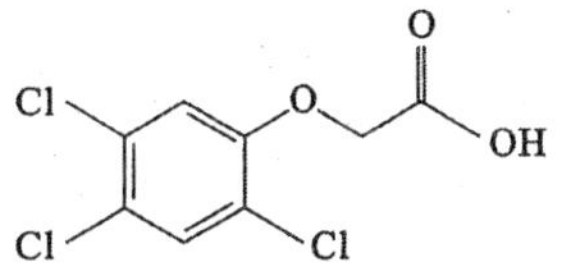   2, 4, 5-T (2, 4, 5-三氯苯氧基乙酸)

图 6-10 几种除草剂分子结构式

2. 农药对环境的危害

化学农药对消灭杂草,提高粮、油、果的产量。防治病虫害以及有关林、牧、副业生产的重要作用是不容置疑的。但是,由于长期、广泛和大量地使用化学农药,导致土壤环境中农药残留与污染,已危及动植物的生长和人类的健康。农药对环境的污包括大气、水体、土壤和作物等多方面的污染。进入环境的农药在环境各要素间迁移、转化并通过食物链富集,最后对人体造成危害(图 6-11)。

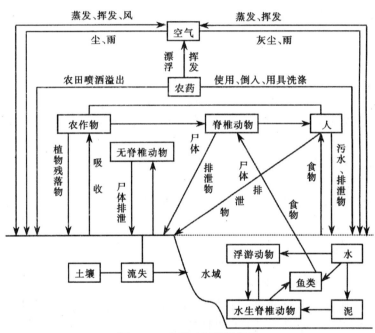

图 6-11 农药对环境的危害

(1)农药对土壤的污染

土壤中的农药主要来自于通过浸种、拌种等施药方式进入土壤;直接施用;飘浮在大气中的农药随降雨和降尘落到地面进入土壤。

(2)农药对大气的污染

大气中农药的污染主要来自为各种目的而喷洒农药时所产生的药剂漂浮物和来自水中残留农药的蒸发、挥发、扩散、农作物表面、土壤表面和农药厂排出的废气。大气中的农药漂浮物在风的作用下可跨山越海,到达世界各个角落。据报道,在地球的南、北极圈内和喜马拉雅山最高峰上都曾发现有机氯农药的存在。

（3）农药对水体的污染

农田施药和土壤中的农药被水流冲刷及农药厂废水排放导致水体的农药污染。

此外,不合理使用化肥除污染土壤外,还会使地下水 NO_x、亚硝酸铵超标;垃圾焚烧、秸秆的田间燃烧等会产生二噁英类物质。

3. 农药在土壤中的行为

农药在土壤中的行为可大致分为吸附、降解、挥发。而影响这些过程的因素除农药的性质、环境条件等外,土壤的理化性质是主要的因素。这些过程在土壤中相互制约、相互影响。

（1）土壤对农药的吸附

进入土壤的化学农药可以通过氢键结合和配位价键结合、物理吸附、化学吸附等形式吸附在土壤颗粒表面,从而降低农药的有效性。土壤胶体的种类和数量、胶体的阳离子组成、化学农药的物质成分和性质等都直接影响到土壤对农药的吸附能力。吸附能力大小依次为:有机胶体＞蛭石＞蒙脱石＞伊利石＞绿泥石＞高岭石。在不同酸碱度条件下农药可解离成有机阳离子或有机阴离子,因此土壤 pH 值也是影响农药吸附的重要因素。

（2）农药在土壤中的降解

1）农药的光解。农药在光照下可吸收光辐射,使农药分子发生光分解、光氧化、光水解或光异构化等光化学反应。光解作用使某些农药降解变成易被微生物降解的中间体,从而加快农药的降解。光解对于降解土壤中的稳定性较差的农药有着显著作用。

2）农药的化学降解。农药的化学降解可分为催化反应和非催化反应。非催化反应包括异构化、离子化、水解、氧化等作用,其中水解和氧化反应最重要。

水解作用。如有机磷酸叔酯杀虫剂在土壤中发生水解反应。

有研究认为土壤 pH 值和吸附是影响水解反应的重要因素。

氧化作用。土壤无机组分,如铁、钴、锰的碳酸盐及硫化物能起催化作用,使许多农药能降解氧化,生成羧基、羟基。如 P,P'-DDT 的脱氯产物 P,P'-DDD 可进一步氧化为 P,P'-DDA。

农药的氧化-还原反应是与土壤中的氧化-还原电位密切相关的。当土壤透气性好时,其 Eh 高,有利于氧化反应进行,反之则利于还原反应进行。

土壤含水量的多少影响了土壤的透气性能,进而影响了土壤中的氧化还原电位的大小,从而决定了农药化学降解的快慢。土壤的组分对于农药的化学降解有着直接的影响,农药在各种不同的土壤中的降解速率各不相同。

3)农药的微生物降解。微生物降解是一些农药在土壤中的迁移转化的主要方式,如 DDT、对硫磷、艾氏剂等的主要消失途径是通过微生物降解。农药的微生物降解的主要途径包括水解、脱卤缩合、氧化、还原、脱羧、异构化等。

(3)农药在土壤中的扩散

农药在土壤中的扩散有两种形式。一种是由于外力作用发生的结果,如土壤中的农药在流动水或在重力作用下向下渗滤,并在土壤中逐层分布。这种形式是土壤中农药扩散的主要模式;另一种则是由于农药分子的不规则运动而使农药迁移的过程。这个过程与吸附、降解和挥发等过程密切相关。

(4)迁移

农药还能以水为介质进行迁移,其主要方式有两种:一是直接溶于水,二是被吸附于土壤固体细粒表面上随水分移动而进行机械迁移。农药的水溶性、土壤的吸附性能等影响农药的迁移。

4. 农药污染的控制措施

(1)合理使用农药

从根源上杜绝农药残留污染来解决农药残留问题。科学、合理使用农药,严格按照《农药合理使用准则》加强技术指导。合理使用农药不仅可以有效地控制病虫草害,而且可以减少农药的使用,避免农药残留超标,减少浪费。

(2)改变土壤耕作条件

消除某些污染物的危害,可以通过土壤耕作改变土壤环境条件来消除。例如,将旱田改为水田后 DDT 的降解速度加快,而旱田中 DDT 与六六六在旱田中的降解速度慢,积累明显。因此,实行水旱轮作,是减轻或消除农药污染的有效措施。

(3)推广应用无公害农药

研究筛选高效、低毒、安全、无公害的农药,以取代剧毒有害化学农药。积极推广应用生物防治措施,大力发展生物高效农药。同时,应研究残留农药的微生物降解菌剂,使农药残留降至限制值以下。

（4）加强法制管理

加强《农药管理条例》、《农药合理使用准则》、《食品中农药残留限量》等有关法律法规的贯彻执行，加强对违反有关法律法规行为的处罚，是防止农药残留超标的有力保障。

（5）加强农药残留监测

通过全面开展系统的农药残留监测工作，及时掌握农产品中农药残留的状况和规律，查找农药残留形成的原因，帮助政府部门提供及时有效的数据，为政府职能部门制定相应的规章制度和法律法规提供依据。

6.3.3　化肥在土壤中的迁移转化

1. 氮肥在土壤中的迁移转化

土壤中氮素存在的主要形态是无机态氮和有机态氮两大类。土壤无机态氮主要为铵态氮（NH_4^+）和硝态氮（NO_3^-），是植物能直接吸收利用的生物有效态氮。有机态氮是土壤氮的主要存在形态，一般占土壤全量氮的95％以上，按其溶解度的大小及水解的难易分为水溶性有机氮、水解性有机氮和非水解性有机氮三类。

土壤中各种形态的氮素处在动态的转化之中，主要的转化过程包括有机氮的矿化、铵的硝化、土壤中的氮反硝化作用和氨挥发或土壤矿物固定过程等（见图6-12）。

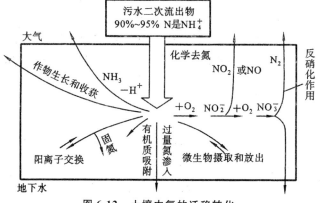

图6-12　土壤中氮的迁移转化

（1）氨挥发或固定作用

在碱性条件下，进入土壤中的NH_4^+转变成NH_3，挥发至大气中。NH_3可通过离子交换作用被土壤中黏土矿物或腐殖质吸附。

（2）氮的矿化作用

氮素矿化作用是指土壤中有机态氮经土壤微生物分解成铵态氮（NH_4^+）和硝态氮（NO_3^-）的过程。矿化作用的强度与土壤理化性质有关，还受被矿化的有机化合物中氮元素含量比例的影响。

（3）硝化作用

硝化作用是指硝化细菌将氨氧化为硝酸的过程（$NH_4^+ \longrightarrow NO_2^- \longrightarrow NO_3^-$），通常发生在

通气良好的土壤中,受水分、温度和 pH 值等的影响。硝化作用由自养型细菌分阶段完成。第一阶段为氨氧化为亚硝酸的阶段;第二阶段为亚硝酸氧化为硝酸的阶段。硝化作用所产生的 NO_3^- 由于不能被土壤胶体所吸附,除供植物吸收外,其余部分或随水流(径流和渗漏)污染地表水和地下水。

(4)反硝化作用

反硝化作用也称脱氮作用,是反硝化细菌在缺氧条件下,还原硝酸盐,释放出分子态氮(N_2)或一氧化二氮(N_2O)的过程($NO_3^- \rightarrow NO_2^- \rightarrow N_2 \uparrow$)。反硝化作用使硝酸盐还原成氮气,从而降低了土壤中氮素营养的含量,对农业生产不利。经反硝化作用而还原的 N_2 和 N_2O,逸入大气之中,造成大气环境污染和土壤氮的损失。

2. 磷肥在土壤中的迁移转化

土壤磷分为无机态磷和有机态磷两大类。土壤中无机态磷种类较多,成分较复杂,大致可分为水溶态、吸附态和矿物态三种形态。土壤中有机磷化合物的形态组成目前大部分还是未知的,在此不做讨论。

土壤对磷酸盐有很强的亲和力,土壤中磷酸盐主要以固相存在,其活度与总量无关。表层土壤中磷酸盐含量可达 $200\mu g/g$,在黏土层中可达 $1000\mu g/g$。土壤中的 Ca^{2+}、Al^{3+}、Fe^{3+} 等容易和磷酸盐生成难溶性化合物,抑制磷酸盐的活性。这部分磷占土壤全磷的 95% 以上。土壤中可被植物吸收的磷组分称为土壤的有效磷,主要来自土壤有机磷(生物残体中磷)矿化,土壤固结态磷的微生物转化,土壤黏粒和铁铝氧化物对元机磷的吸附解吸、溶解沉淀等。

3. 化肥污染防治措施

1)化肥与有机肥配合使用,增强土壤保肥能力和化肥利用率,减少水分和养分流失,使土质疏松,防止土壤板结。

2)防止化肥污染,不要长期过量使用同一种肥料,掌握好施肥时间、次数和用量,采用分层施肥、深施肥等方法减少化肥散失,提高肥料利用率。

3)制定防止化肥污染的法律法规和无公害农产品施肥技术规范,使农产品生产过程中肥料的使用有章可循、有法可依,有效控制化肥对土壤、水源和农产品的污染。

4)进行测土配方施肥,合理增加磷肥、钾肥和微肥的用量,通过土壤中磷、钾及各种微量元素的作用,降低农作物中硝酸盐的含量,提高农作物品。

6.4　土壤污染的防治

对于土壤污染,必须贯彻"预防为主,防治结合"的环境保护方针。首先,要控制和消除污染源;其次,应该看到土壤具有强大的净化能力,在防治土壤污染时应充分利用这一特点。

6.4.1　控制和消除土壤污染源

将进入土壤中的污染物的数量和速度控制在其自然净化能力的范围内,进而不造成土壤污染。

1. 控制和消除工业"三废"排放

对工业"三废"进行回收处理,化害为利。对气液"三废"要进行净化处理,并严格控制污染物排放量和浓度,使之符合排放标准。大力推广无毒工艺和循环经济,以减少或消除污染物的排放。

2. 合理使用化学农药

禁止或限制使用高残留性、剧毒农药,力发展高效、低毒、低残留农药。制定使用农药的安全间隔期,根据农药特性,安全合理施用,保证农药的使用及能防治病虫害对农作物的威胁,又将高效又经济地把农药对环境和人体健康的影响限制在最低程度的综合防治措施。

3. 加强土壤污灌区的监测和管理

对用污水进行灌溉的污灌区,了解水中污染物质的成分、含量及其动态变化,加强对灌溉污水的水质监测,避免不易降解的高残留的污染物随水进入土壤,引起土壤污染。

4. 合理施用化学肥料

要合理施肥、经济用硝酸盐和磷酸盐肥料,避免施用过多而造成土壤污染。严格控制本身含有毒物质的化肥品种的施用范围和数量。

6.4.2 防治土壤污染源的措施

防治土壤污染常用以下几种方法。

1. 采用生物防治

所谓生物防治,就是利用捕食害虫或寄生于害虫体内外的生物,以抑制或控制害虫数量及其发展。这种方法消除了土壤污染源,减少了土壤中污染物的含量,既是自然保护生态平衡的好方法,又是防止土壤污染的有效措施。利用生物防治害虫,在我国有悠久的历史。我国古代就记载利用一种蚁防治柑橘害虫的事例。

2. 施加抑制剂

对重金属轻度污染的土壤,施加某些抑制剂,可改变重金属污染物质在土壤中的迁移转化方向,促进某些有毒物质转化为难溶物质,以减少作物吸收。常用的抑制剂有石灰、碱性磷酸盐、硅酸钙等。

碱性磷酸盐也可与土壤中的 Cd 作用生成磷酸镉沉淀,与 Hg 生成磷酸汞沉淀,从而消除土壤中的 Cd、Hg 污染。施用石灰,可提高土壤 pH 值,促使 Cd、Cu、Zn、Hg 等形成氢氧化物沉淀,从而减少作物对这些重金属的吸收。据试验,施用石灰石,可使稻米含 Cd 量降低 30%。另外,日本利用珊瑚礁上的覆盖层,制成砂粒施入土壤,对土壤中重金属离子也有很强的吸附力。重金属元素均能与土壤中的硫化氢反应生成硫化物沉淀。因此,加强水浆管理,可有效地减少重金属的危害。但砷相反,随着土壤 E_h 的降低而毒性增加。

3. 控制土壤氧化-还原状况

控制土壤氧化还原条件,也是减轻重金属污染危害的重要措施。据研究,在水稻抽穗到成熟期,无机成分大量向穗部转移,淹水可明显地抑制水稻对镉的吸收,落干则促进水稻对镉的吸收。

4. 改变耕作制度

改变耕作制度,从而改变土壤环境条件,可以消除某些污染物的毒害。实行水旱轮作是减轻或消除农药污染的有效措施。例如,我国苏北棉田旱改水试验,旱田,棉田中施加的 DDT 和六六六降解很慢,在田中积累的残留量较大,消除比较困难。改水田后,仅一年左右,残存在土壤中的 DDT 就基本消失。

5. 换土、深翻、刮土

土壤污染物,在土壤中产生积累,阻碍作物的生长发育。防治的根本办法是彻底挖去污染土层,换上新土的排土法和客土法,以根除污染物。但如果是地区性的污染,实际上采用客土法是不现实的。

耕翻土层,即采用深耕,将上下土层翻动混合,使表层土壤污染物含量减低。这种方法动土量较少,但在严重污染的地区不宜采用。被放射性物质污染的土壤,应迅速刮除受污染的表层,这样可除去存在于表土中 95% 的放射性散落物。

总之,在防治土壤污染的措施上,必须考虑到因地制宜,采取可行的办法,既消除土壤环境的污染,又不致引起其他环境污染问题。

第7章 其他环境污染及其防治

7.1 固体废物污染及其防治

7.1.1 固体废物的分类及其来源

固体废物按其形态可分为固态、半固态和液态废物;按其组成可分为有机废物和无机废物;按污染特性可分为危险废物和一般废物;按来源可分为工业固体废物、矿业固体废物、农业固体废物、有害固体废物和城市垃圾。在1995年颁布的《中华人民共和国固体废物污染环境防治法》中,将固体废物分为:①工业固体废物;②城市固体废物或城市生活垃圾;③危险废物。

工业固体废物是指在工业生产过程中产生的固体废物。按行业分有如下几类:

1)冶金工业固体废物。产生于金属冶炼过程,如高炉渣等。

2)矿业固体废物。产生于采矿、选矿过程,如废石、尾矿等。

3)石油化工工业固体废物。产生于石油加工和化工生产过程。

4)能源工业固体废物。产生于燃煤发电过程,如煤矸石、炉渣等。

5)轻工业固体废物。产生于轻工生产过程,如废纸、废塑料、废布头等。

6)其他工业固体废物。产生于机械加工过程,如金属碎屑、电镀污泥等。工业固体废物含固态和半固态物质。随着行业、产品、工艺、材料不同,污染物产量和成分差异很大。

城市固体废物成分复杂多变,有机物含量高,主要成分为碳,其次是氧、氢、氮、硫。城市固体废物或城市生活垃圾是指在城市居民日常生活中或为日常生活提供服务的活动中,产生的固体废物,如废塑料、废织物、废金属、厨余物、废纸、废玻璃陶瓷碎片、粪便、废旧电器等。城市居民家庭、服务业、市政环卫、交通运输业、城市商业、餐饮业、旅馆业、旅游业、文化卫生业和行政事业单位、工业企业单位以及水处理污泥等都是城市固体废物的来源。

危险废物通常具有毒性、易燃性、反应性、腐蚀性、浸出毒性、放射性和疾病传播性。危险废物是这种固体废物,由于没有进行适当的处理、储存、运输、处置等,它能引起各种疾病甚至死亡,或对人体健康造成显著威胁。危险废物来源于工、农、商、医各部门乃至家庭生活。工业企业是危险固体废物的主要来源之一,集中于化学原料及化学品制造业、黑色和有色金属冶炼及其压延加工业、石油工业及炼焦业、采掘业、造纸及其制品业等工业部门,其中一半危险废物来自化学工业。医疗垃圾带有致病病原体,也是危险废物的来源之一。此外,城市生活垃圾中的废电池、废日光灯管和某些日化用品也属于危险废物。

7.1.2 固体废物的环境问题

1. 固体废物污染途径

固体废物不是环境介质,但往往以多种污染成分长期存在于环境中。在一定条件下,固体废物会发物理的、化学的或生物的转化,对周围环境造成一定的影响。如果处理、处置不当,污染成分就会通过水、气、土壤、食物链等途径污染环境,危害人体健康。通常,工业、矿业等废物所含的化学成分会形成化学物质型污染,其途径如图 7-1 所示。人畜粪便和有机垃圾是各种病原微生物的孳生地和繁殖场,形成病原体型污染,其污染途径如图 7-2 所示。

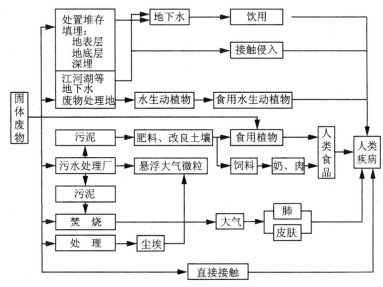

图 7-1　固体废物中化学物质致人疾病的途径

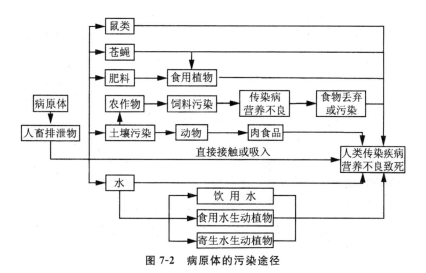

图 7-2　病原体的污染途径

2. 固体废物对环境的影响

固体废物产生量大、占地广。从有害成分迁移转化的角度看,由于废水、废气在处理时其有害成分往往转化成固体形态,因此,固体废物在某种意义上成了有害成分存在的终态。存于固体废物中的有害物质不易破坏衰减,其危害具有长期性和潜在性,不易被人们发现。由于过去只注意防治水、气的污染,加上环境保护观念不强,管理不完善,随意不按期处置这些固体废物,有的甚至直接倒入江、河、湖、海中,造成严重污染。

(1)污染水体

固体废物一般通过下列几种途径进入水体使水体污染:①废物中的有害物质随水渗入土壤,进入地下水,使地下水污染;②废物随天然降水流入江、河、湖、海,污染地表水;③较小的颗粒、粉尘随风散扬,使果林、叶孔堵塞减产,落入地表水使水污染;④将固体废物直接排入江、河、湖、海,造成更大的污染。

(2)侵占土地

固体废物累积量的增加,使占地大量增加。这是国内外普遍存在的一个问题。大约每堆积 10000t 废渣需占用 $0.067hm^2$ 的土地。据统计,我国固体废物历年累积堆存量超过 65 亿 t,占地面积约为 560 万 hm^2。全国城市垃圾堆存量占地总面积超过 83.51 万 hm^2,其中占用耕地就超过 5.7 万 hm^2。

(3)污染大气

固体废物一般通过以下途径使大气受到污染:①废物中的细粒、粉末随风吹扬,加重大气的粉尘污染;②在适宜的温度下,由废物本身的蒸发、升华及发生化学反应而释放出有害气体;③在废物运输处理、处置和利用过程中产生有害的气体和粉尘。

(4)污染土地

固体废物中有害成分随固体废物长期露天堆放后,受风化、雨淋、地表径流的等的侵蚀后渗入土壤中、变为有害成分,使土壤中的微生物死亡,土壤变为死土。这些有害成分在土壤中过量积累,使土壤盐碱化、毒化。垃圾、粪便长期弃置郊外,粗制滥造,作为堆肥使用,使土壤碱性增加,重金属富集。因过量施用废物使土质被破坏的土地每年有近 $7000hm^2$,从而影响了农业生产。受到污染的土壤,由于一般不具有天然的自净能力,也很难通过稀释扩散的办法减轻其污染程度,所以不得不采取耗资巨大的办法解决。

(5)影响环境卫生

固体废物被随意倾倒,堆放在城市的各个角落,既影响市容、妨碍景观,又容易影响环境卫生,传染各种疾病。在我国大部分生活垃圾只作简单分选就直接上地,没有经过高温堆肥、无害化处理,但要求城市垃圾、粪便要是送往近郊区的农田作肥料。因此必须设置大量的废渣、垃圾处置场所。目前随着城市人口的迅速增加,城市的生活垃圾每年以 6%～7% 的速度增加,固体废物在面临着无处安纳的困难局面。

此外,随着城市垃圾中有机质含量的提高和由露天分散堆放变为集中堆存,只采用简单覆盖易造成产生甲烷气体的厌氧环境,使垃圾产生沼气的危害日益突出,垃圾爆炸事故时有发生。

7.1.3 固体废物污染的防治技术

对固体废物污染的控制,关键在于解决好废物的处理、处置和综合利用问题。首先,需要从污染源头开始,改进或采用更新的清洁生产工艺,尽量少排或不排废物,这是控制固体废物污染的根本措施;其次,是对固体废物开展综合利用,使其资源化;其三,是对固体废物进行处理与处置,使其无害化。

1. 减量化技术

固体废物污染控制需从两个方面入手,一是减少固体废物的排放量,二是防治固体废物污染。为使得工业生产中固体废物产生量减少,需积极推行清洁生产审核制度,鼓励和倡导不断采取改进设计、使用清洁的能源和原料、采用先进的技术和设备、改善管理、综合利用等措施，从源头消减固体废物污染，提高资源利用效率，减少或避免在生产、服务和产品使用过程中产生的固体废物，以减轻或消除固体废物对人类健康或环境的危害。

对于工业固体废物，可采取以下主要控制措施。

1) 淘汰落后生产工艺。1996 年 8 月，国务院发布的《国务院关于环境保护若干问题的决定》(国发[1996]31 号)中明确规定：取缔、关闭或停产 15 种污染严重的企业(简称"15 小")。这对保护环境、削减固体废物的排放，特别是削减有毒有害废物的产生意义重大。在这"15 小"中，均不同程度地产生大量有害废物，对环境造成很大危害。

2) 推广清洁生产工艺。推广和实施清洁生产工艺对削减有害废物的产生量有重要意义。利用清洁"绿色"的生产方式代替污染严重的生产方式和工艺，既可节约资源，又可少排或不排废物，减轻环境污染。

工业生产中的原料品位低、质量差，也是造成工业固体废物大量产生的主要原因。只有采用精料工艺，才能减少废物的排放量和所含污染物质的成分。例如，一些选矿技术落后、缺乏烧结能力的中小型炼铁厂，渣铁比相当高。如果在选矿过程中提高矿石品位，便可少加造渣熔剂和焦炭，并大大降低高炉渣的产生量。一些工业先进的国家采用精料炼铁，高炉渣产生量可减少一半以上。

3) 发展物质循环利用工艺。在企业生产过程中，发展物质循环利用工艺，使第一种产品的废物成为第二种产品的原料，并用第二种产品的废物再生产第三种产品，如此循环和回收利用，最后只剩下少量废物进入环境，以取得经济、环境和社会的综合效益。

城市生活垃圾的产生量与城市人口、燃料结构、生活水平等有密切关系，其中人口是决定城市垃圾产量的主要因素。为有效控制生活垃圾的污染，可以采取以下措施。

1) 加强宣传教育，积极推进城市垃圾分类收集制度。按垃圾的组分进行垃圾分类收集，不仅有利于废品回收与资源利用，还可大幅度减少垃圾处理量。分类收集过程中通常可把垃圾分为易腐物、可回收物、不可回收物几大类。

2) 鼓励城市居民使用耐用环保物质资料，减少对假冒伪劣产品的使用。

3) 改进城市的燃料结构，提高城市的燃气化率。我国城市垃圾中，有 40%～50% 是煤灰。如果改变居民的燃料结构，较大幅度提高民用燃气的使用比例，则可大幅度降低垃圾中的煤灰含量，减少生活垃圾总量。

4) 进行城市生活垃圾的无害化处理与处置，通过焚烧处理、卫生填埋处置等无害化处理处置措施，减轻污染。

5) 进行城市生活垃圾综合利用。

2. 资源化技术

(1) 固体废物的资源化的途径

固体废物的资源化有物质回收；物质转换，即利用废弃物制取新形态的物质；能量转换，即从废物处理过程中回收能量，包括热能或电能三个途径。

(2) 固体废物资源化技术

1) 物理处理技术。物理处理是通过浓缩或相应变化改变固体废物的结构，使之成为便于运输、储存、利用或处置的形态。物理处理也往往作为回收固体废物中有价物质的重要手段。

物理处理方法包括压实、破碎、分选、增稠、吸附、萃取等。

2)化学处理技术。采用化学方法使固体废物发生化学转换从而回收物质和能源,是固体废物资源化处理的有效技术。煅烧、焙烧、烧结、溶剂浸出、热分解、焚烧等都属于化学处理技术。

3)生物处理技术。生物处理法可分为好氧生物处理法和厌氧生物处理法。好氧处理法是在水中有充分溶解氧存在的情况下,利用好氧微生物的活动,将固体废物中的有机物分解为二氧化碳、水、氨和硝酸盐。厌氧生物处理法是在缺氧的情况下,利用厌氧微生物的活动,将固体废物中的有机物分解为甲烷、二氧化碳、硫化氢、氨和水。生物处理法具有效率高、运行费用低等优点。

(3)资源化技术在固体废物处理中的应用

1)城市垃圾。图7-3所示是城市垃圾资源化总体示意图,它包括收集运输系统、资源化系统和最终处置系统三大部分。

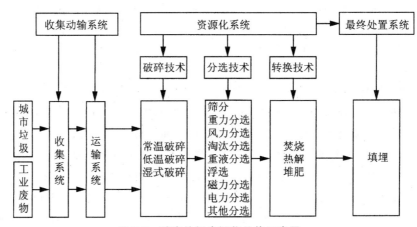

图7-3 城市垃圾资源化总体示意图

城市垃圾资源化系统可分为两个过程。前一个过程是不改变物质的化学性质,直接利用和回收资源。通过破碎、分选等物理的和机械的作业,回收原形废物直接利用或从原形废料中分选出有用的单体物质。后一个过程则是通过化学的、生物的、生物化学的方法回收物质和能量。只有根据城市垃圾数量、组成成分和废物的物理化学特性,正确地选择各种处理单元操作技术,才能组成经济而有效的资源化系统。

2)农业固体废物。农业固体废物产量大,在物质组成上,其主要成分为糖类、纤维素、木质素、淀粉、蛋白质,属于典型的有机质。针对上述特点,农业固体废物资源化利用技术包括:①利用其含热量和可燃性作为农村能源使用,积极发展农作物秸秆的沼气化;②提取其有机化合物和无机化合物,生产化工原料和化学制品;③利用其营养成分制作肥料和饲料,以及加工生产淀粉、糖、酒、醋、酱油和其他食品;④利用其物理技术特性,生产质轻、绝热、吸声的植物纤维增强材料;⑤利用其特殊的结构构造,生产吸附脱色、保温材料、吸声材料等。

3)生产农肥。利用固体废物生产或代替农肥有着广阔的前景。许多工业固体废物含有较高的硅、钙以及各种微量元素,有些固体废物还含有磷,可作为农业肥料使用。但是,在使用工业固体废物作为农肥时,必须严格检验这些固体废物是否有毒。应严格禁止将有毒固体废物用于农业生产上。

4）城市生活垃圾。城市生活垃圾资源化技术包括建筑垃圾的再生利用、废塑料的综合利用、废橡胶的再生利用、废纸的再生利用及废纤维织物的利用。

5）回收能源。很多工业固体废物热值高，可以回收利用。常用方法有焚烧法、热解法等热处理法以及甲烷发酵法和水解法等低温方法。例如，煤矸石发热量为(0.8～8)MJ/kg，可利用煤矸石发展坑口电站；粉煤灰中含碳量达 10% 以上(甚至 30% 以上)，可以回收后加以利用。

3. 无害化技术

固体废物"无害化"是指通过采用适当的工程技术对废物进行处理(包括热解技术、分离技术、焚烧技术、生化好氧或厌氧分解技术等)，使其对环境不产生污染，不致对人体健康产生影响。

（1）热解技术

1）热解原理。将有机物在无氧或缺氧状态下加热，使之成为气态、液态或固态可燃物质的化学分解过程。

2）热解特点。固体废物热解的主要特点：①由于是无氧或缺氧分解，排气量少，因此，采用热解工艺有利于减轻对大气环境的二次污染；②可将固体废物中的有机物转化为以燃料气、燃料油和炭黑为主的储存性能源；③由于保持还原条件，Cr^{3+} 不会转化为 Cr^{6+}；④废物中的硫、重金属等有害成分大部分被固定在炭黑中；⑤NO_x 的产生量少。

固体废物的热解反应过程可用下述通式表示：

有机固体废物 $\xrightarrow{\text{加热}}$ 气体(H_2、CH_4、CO、CO_2)＋有机液体(有机酸、芳烃、焦油)＋固体(炭黑、灰渣)

3）热解工艺分类。热解工艺的主要分类方法：①按供热方式可分为直接加热法、间接加热法；②按热解炉的结构可分为固定床、移动床和旋转炉；按热解温度的不同可分为高温热解(1000℃以上)、中温热解(600℃～700℃)、低温热解(600℃以下)；④按热解产物的物理形态可分为汽化方式、液化方式和碳化方式。

（2）焚烧技术

1）焚烧技术原理。焚烧法是以一定量的过剩空气与被处理的废物在焚烧炉内进行氧化燃烧反应，废物中的有害毒物在高温下氧化、热解而被破坏。这种处理方式可使废物完全氧化成无毒害物质。焚烧技术是一种可同时实现废物无害化、减量化、资源化的处理技术。

2）可焚烧处理废物类型。焚烧法可处理城市垃圾、一般工业废物和有害废物，但当处理可燃有机物组分很少的废物时，需补加大量的燃料。一般来说，发热量小于 3300kJ/kg 的垃圾属低发热量垃圾，不适宜焚烧处理；发热量介于 3300～5000kJ/kg 的垃圾为中发热量垃圾，适宜焚烧处理；发热量大于 5000kJ/kg 的垃圾属高发热量垃圾，适宜焚烧处理并回收其热能。

3）焚烧工艺。现代化生活垃圾焚烧的工艺流程主要由前处理系统、进料系统、焚烧炉系统、空气系统、烟气净化系统、灰渣系统、余热利用系统及自动控制系统组成，工艺流程见图 7-4。

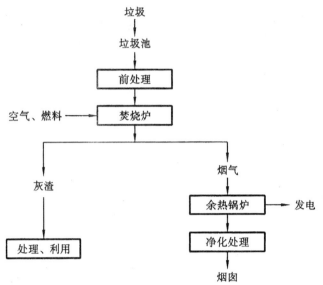

图 7-4　城市生活垃圾焚烧发电工艺流程图

焚烧炉系统的主体设备是焚烧炉,包括受料斗、饲料器、炉体、炉排、助燃器、出渣和进风装置等设备和设施。目前在垃圾焚烧中应用最广的生活垃圾焚烧炉,主要有机械炉、排焚烧炉、流化床焚烧炉和回转窑焚烧炉、静态连续焚烧炉、二段式垃圾焚烧炉等。

(3)固体废物的土地填埋技术

土地填埋处置是从传统的堆放和填地处置发展起来的一项最终处置技术,是一种按照工程理论和土工标准,对固体废物进行有控管理的一种综合性科学工程方法。土地填埋处置,首先需要进行科学的选址,在设计规划的基础上对场地进行防护(如防渗)处理,然后按严格的操作程序进行填埋操作和封场,要制定全面的管理制度,定期对场地进行维护和监测。

土地填埋处置具有工艺简单、成本较低、适于处置多种类型固体废物的优点。目前,土地填埋处置已成为固体废物最终处置的一种主要方法。土地填埋处置的主要问题是渗滤液收集控制问题。

1)土地填埋处置的分类。土地填埋处置的种类很多,采用的名称也不尽相同。按固体废物污染防治法规,可分为一般固体废物填埋和工业固体废物填埋;填埋场地水文气象条件可分为干式填埋、湿式填埋和干、湿混合式填埋;按填埋场地形特征可分为山间填埋、峡谷填埋、平地填埋、废矿坑填埋;按填埋场的状态可分为厌氧性填埋、好氧性填埋、准好氧性填埋和保管型填埋。

2)填埋场的基本构造。按照填埋废物的类别和填埋场污染防治设计原理,填埋场构造有封闭型填埋场和衰减型填埋场之分。通常用于处置有害废物的安全填埋场属全封闭型填埋场,而处置城市垃圾的卫生填埋场属衰减型填埋场或半封闭型填埋场。

①全封闭型填埋场。全封闭型填埋场的设计是将废物和渗滤液与环境隔绝开,将废物安全保存相当一段时间(数十年甚至上百年)。这类填埋场通常利用地层结构的低渗透性或工程密封系统来减少渗滤液产生量和通过底部的渗透泄漏渗入蓄水层的渗滤液量,将对地下水的污染降低到最低限度,并对所收集的渗滤液进行妥善处理处置,认真执行封场及善后管理,从

而达到使处置的废物与环境隔绝的目的。图 7-5 所示为全封闭型填埋场剖面图。

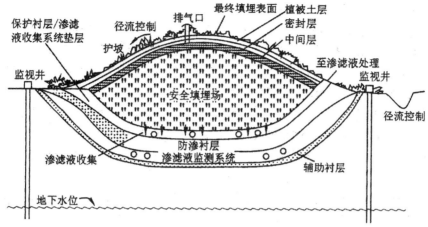

图 7-5　全封闭型填埋场剖面图

②自然衰减型填埋场。自然衰减型土地填埋场的基本设计思路是允许部分渗滤液由填埋场基部渗透,利用下伏包气带土层和含水层的自净功能来降低渗滤液中污染物的浓度,使其达到能接受的水平。填埋底部的包气带为黏土层,黏土层之下是含砂潜水层,而在含砂水层下为基岩。包气带土层和潜水层应较厚。图 7-6 为一个理想的自然衰减型土地填埋场的地质横截面。

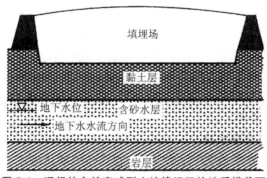

图 7-6　理想的自然衰减型土地填埋场的地质横截面

7.2　噪声污染及其防治

7.2.1　噪声及其特征及分类

1. 噪声的定义

固体的振动产生声波,或当流体越过、环绕或穿过固体孔洞时流体分离产生声波。这种振动和分离使周围空气被交替地压缩与膨胀。空气压缩使空气局部密度和压力增加;相反,膨胀则使密度和压力减小。这些交替的压力变化即是人耳所听到的声音。

噪声是声波的一种,具有声音的所有特征,从物理学的观点来看,噪声是指声波的频率和强弱变化毫无规律、杂乱无章的声音。

在人们生存的环境中存在着各种各样的声波,有的声波是在进行交流和传递信息,这是社会活动所需要的;但有的声波则会影响人们的工作和休息,甚至危害人体健康,是人们不需要的。因此,从心理学的观点看,凡是人们不需要的,使人烦躁的声音都是噪声,它对周围环境造成的不良影响叫噪声污染。

2. 噪声的主要特征

1)噪声是一种感觉性污染,在空气中传播时不会在周围环境里留下有毒有害的化学污染物质。对噪声的判断与个人所处的环境和主观愿望有关。

2)噪声源的分布广泛而分散,但是由于传播过程中会发生能量的衰减,因此噪声污染的影响范围是有限的。

3)噪声产生的污染没有后效作用。一旦噪声源停止发声,噪声便会消失,转化为空气分子无规则运动的热能。

3. 噪声的分类

作为感觉公害,归纳起来,噪声大致可分为四类:

1)无影响声。日常生活中,人们习以为常的声音,如户外风吹树叶的沙沙声等。

2)不愉快声。如摩擦声、刹车声均属此类。

3)妨碍声。此种声音虽不太响,但它妨碍人的交谈、思考、学习、睡眠和休息。

4)过响声。如喷气发动机发出的轰隆声。

7.2.2 噪声的来源

噪声按来源可分为交通噪声、工业噪声、建筑施工噪声、社会生活噪声及其他噪声。

工业噪声主要来自于生产和各种工作过程中机械振动、摩擦、撞击及气流扰动,而产生的声音。再加上一些企业在扩大生产规模的同时,对环保方面重视不够,使用了大量的简易厂房,封闭措施不到位,隔音效果很差,使得噪声很大。另有部分设备老化后继续使用,在生产操作过程中工人装卸搬运不注意,部分工厂选址不合理,从而严重扰乱了周围居民的正常生活,影响了居民的身体健康。

交通噪声主要包括飞机、火车、轮船、各种机动车辆等交通运输工具的行驶、振动和喇叭声。其中飞机的噪声强度最大。由于交通噪声是流动的噪声源,对环境的影响范围极大。尤其是汽车和摩托车,它们影响面广,几乎影响每一个城市居民。有资料表明,城市环境噪声的70%来自于交通噪声。在车流量高峰期,市内大街上的噪声可高达90dB(A)。遇到交通堵塞时,噪声甚至可达100dB(A)以上,以致有的国家出现警察戴耳塞指挥交通的情况。

社会生活噪声主要指街道和建筑物内部各种生活设施,如人群的大声喧哗、吵闹,家庭电器的高音播放,户外广告、宣传、高音喇叭的不断播放等人群活动等产生的声音。这些噪声又可分居室噪声和公共场所噪声。干扰人们的交谈、工作、学习和休息。

工地初期的挖土机、切割机、电焊机、打桩机、混凝土搅拌机的使用及大型拖拉机的装卸、建房、出进过程中浇筑连续工作,产生的噪声尖锐刺耳,使人们难以忍受,严重影响周围居民的休息。

7.2.3　噪声的危害

噪声具有暂时性、局部性和多发性的特点。噪声被称为是"致人死命的慢性毒药",是因为它不仅会影响听力,而且还对人的心血管系统、神经系统、内分泌系统产生不利影响。噪声给人带来生理上和心理上的危害主要有以下几方面。

1. 影响人们的工作和生活

1)影响睡眠和休息。试验表明:在 40～45dB 的噪声刺激下,人睡眠的脑电波就出现觉醒反应;60dB 的噪声可使 70％的人惊醒。因此,噪声会影响人的睡眠质量。人因睡眠受干扰会出现呼吸急促、神经兴奋等现象而不能入睡。

2)影响交谈和思考,使工作效率降低。试验研究表明噪声干扰交谈,其结果见表 7-1。噪声妨碍人们之间的交谈、通信是常见的。此外,研究发现,当噪声超过 85dB 时,会使人感到心烦意乱,吵闹,致使人们无法专心地工作,工作效率降低。

表 7-1　噪声对交谈的影响

噪声/dB	主观反映	保证正常讲话距离/m	通信信号
45	安静	10	很好
55	稍吵	3.5	好
65	吵	1.2	较困难
75	很吵	0.3	困难
85	太吵	0.1	不可能

2. 损伤听觉、视觉器官

人们都有这样的经验,从飞机里下来或从锻压车间出来,耳朵总是嗡嗡作响,甚至听不清对方说话的声音,过一会儿才会恢复。这种现象称为听觉疲劳,是人体听觉器官对外界环境的一种保护性反应。如果人长时间遭受强烈噪声作用,听力就会减弱,进而导致听觉器官的器质性损伤,造成听力的下降。

(1)损伤听力

听力损伤是噪声对人体危害的最直接表现,人耳暴露在噪声环境前后的听觉灵敏度的变化被称为听力损失。从专业角度而言,听力损失指人耳在不同频率下的听力阈值偏移,以声压级 dB 为单位。听力损失既可能是暂时的,也可能是永久性的。例如,当你从较安静的环境进入较嘈杂的环境中,马上会感到刺耳和不舒服,离开后的短时间内仍感到耳鸣,马上(一般不超过 2min)进行听力测试发现,在某一频率下听力降低了约 20dB,此时称听力阈值提高了 20dB。

(2)噪声对视力的损害

噪声影响听觉器官为我们大家所熟知,但噪声同样也影响视觉系统。我们知道,耳朵与眼睛之间存在着内在联系,当噪声作用于听觉器官时,也会通过神经系统"波及"视觉器官,进而影响人的视力。实验发现,随着噪声强度的增加,人的视力受影响程度逐渐增加,当噪声强度为 90dB 时,人的视觉细胞敏感性下降,对弱光的反应时间延长;当噪声强度达到 95dB 时,有

2/5 的人瞳孔放大,视觉模糊,所以长期处于噪声环境中的人很容易产生眼痛、眼疲劳眼花和流泪等症状。

3. 噪声对人体生理的影响

噪声会引起人体紧张的反应,刺激肾上腺的分泌,引起心率改变和血压上升。噪声可使人的唾液、胃液分泌减少,胃酸降低,从而易患胃溃疡和十二指肠溃疡。

4. 对儿童和胎儿影响

在噪声环境下儿童的智力发育缓慢,有研究表明吵闹环境下儿童智力发育比安静环境中的低 20%。噪声还会对怀孕母体产生紧张反应,引起子宫血管收缩,将会影响供给胎儿发育所必需的养料和氧气。

7.2.4 噪声的防治

1. 噪声控制基本途径

为了防止噪声,我国著名声学家马大猷教授曾总结和研究了国内外现有各类噪声的危害和标准,提出了 3 条建议。

1)对于睡眠时间的噪声允许值建议在 35～50dB。

2)为了保护人们的听力和身体健康,噪声的允许值在 75～90dB。

3)保障交谈和通信联络,环境噪声的允许值在 45～60dB。

2. 噪声控制技术

噪声的控制应采取综合措施,首先是缩小和消灭噪声源,其次是在噪声传播途径中减弱其强度,阻断噪声传播,而后采取个人防护。控制噪音技术的内容包括以下几方面。

(1)采取噪声控制技术

控制噪声常用的技术有吸声、隔声、消声、隔振、阻尼、耳塞、耳罩等。

1)隔声。在许多情况下,可以把发声的物体或需要安静的场所封闭在一个小的空间中,使它与周围环境隔绝,这种方法叫隔声。典型的隔声措施是隔声罩、隔声室、隔声屏。隔声室要采取隔声结构,并强调密封;隔声罩由隔声材料、阻尼涂料和吸声层构成。隔声材料可用 1～3mm 的钢板,也可以用较硬的木板,钢板上需要涂上一定厚度的阻尼层,防止钢板产生共振。吸声层可用玻璃棉或泡沫塑料。隔声屏主要用在大车间或露天场合下隔离声源与人集中的地方。

2)吸声。吸声主要是利用吸声材料或吸收结构来吸收声能。吸声材料大多是用多孔的材料制成的,如玻璃棉、泡沫塑料、毛毡、吸声砖、矿渣棉、木丝板和甘蔗板等。当声波通过它们时,可压缩孔中的空气,使得孔中的空气与孔壁产生摩擦,由于摩擦损失而使声能吸收变为热能。

3)消声。消声是利用消声器来降低噪声在空气中的传播强度。通常用气流噪声控制技术控制的噪声有风机声、通风管噪声、排气噪声等。消声器主要包括阻性消声器、抗性消声器、阻抗复合性消声器。

抗性消声器是根据声学滤波原理设计出来的。利用消声器内声阻、声频、声质量的适当组合,可以显著地消除某些频段的噪声。它的优点是具有良好的低中频噪声消声功能,结构简单、耐高温、耐气体侵蚀。缺点是消声频带窄,对高频声波消声效果差。阻性消声器是在管壁内贴上吸声材料的衬里,使声波在管中传播时被逐渐吸收。它的优点是能在较宽的中高频范围内消声作用。缺点是不耐高温和气体侵蚀,消声频带窄,对低频消声效果差。

阻抗复合性消声器消声量大,消声频率范围宽,因此得到了广泛的应用。

（2）严格行政管理

依靠政府有关部门颁布法令和规定来控制噪声。例如,颁布噪声限制标准,要求工厂或高噪声车间采取减噪措施;限制高噪声车辆的行使区域;限制飞机起飞或降落的路线,使之远离居民区;在学校医院及办公机关等附近禁止车辆鸣笛;对各类机器、设备包括飞机或机动车辆等定出噪声指标。

（3）合理规划布局

合理地布局各种不同功能区的位置的基本原则是让居民区、学校、办公机关、疗养院和医院这些要求低噪声的地点,尽量免受工业噪声和商业区噪声和交通噪声的干扰。主要可以采取的措施是将上述地区与街道隔开一定距离,中间布置林带以隔声、滤声和吸声;此外,居民区、学校、办公机关、医院等也应远离商业区;长途汽车站要紧靠火车站,以避免下火车的旅客往返于市内;工厂和噪声大的企业应搬离市区。

7.3　电磁辐射污染及其防治

7.3.1　电磁污染

电磁污染是以电磁场的场力为特征,与电磁波的性质、功率、密度及频率等因素密切相关,因此,又称电磁波污染或称射频辐射污染。

由于无线电广播、移动电话、电视以及微波技术等事业的迅速发展和普及,以及高压输电射频设备的功率成倍提高,使地面上空的电磁辐射大幅度增加。电磁污染是一种无形的污染,给人类社会带来的影响已引起世界各国重视,被列为环境保护项目之一已成为人们非常关注的公害。

1. 电磁辐射污染的来源

电磁辐射按其产生方式可分为天然和人工两种。

（1）天然源

天然的电磁污染中最常见的是雷电,除了可能对电器设备、飞机、建筑物等直接造成危害外,会在广大地区从几千赫到几百兆赫以上的极宽频率范围内产生严重的电磁干扰。火山爆发、地震和太阳黑子活动引起的磁暴等都会产生电磁干扰。天然的电磁污染对短波通信的干扰特别严重。

（2）人为的电磁污染

人为的电磁污染主要有以下 3 个方面。

1）脉冲放电。它在本质上与雷电相同,只是影响区域较小。其机理是切断电流电路进而产生的火花放电,其瞬时电流变化率很大,会产生很强的电磁干扰。

2）高频交变电磁场。在大功率电机、变压器以及输电线等附近的电磁场,并不以电磁波的形式向外辐射,但在近场区会产生严重电磁干扰。

3)射频电磁辐射。无线电广播、电视、微波通信等各种射频设备的辐射,频率范围宽广,影响区域也较大,能危害近场区的工作人员。目前,射频电磁辐射已经成为电磁污染环境的主要因素。

2. 电磁辐射的传播途径

电磁辐射的传播方式包括地面波传播、天波(电离层)传播、视距传播、散射和绕射传播等。在分析预测电磁环境时,通常取其中一种或几种作为主要的传播途径。

1)天波传播。天线发出的电波,在高空被电离层反射后到达地面接收点,称天波传播。采用天波传播方式时,由于发射天线方向对着电离层,电波经反射或散射后到达地面,传播距离很远,到达地面的场强已不太强。长波、中短波都可以利用天波传播。

2)地面波传播。天线低架于地面,电波从发射天线发射后,沿地表面传播的那一部分电波称为地面波。地面波受地面参数影响很大,频率越高,地面对电波吸收产生的损耗越大,所以它适于低频率($30kHz \sim 30MHz$)的电波传播(例如长波和中波)。

3)绕射传播。电波绕过传播路径上的障碍物的现象称为绕射。绕射波遇到地面上的障碍物时发生绕射传播,波长越长,绕射能力也越强。因此,长波、中波和短波的绕射能力比较强,电视、调频广播和微波段的电波遇到障碍物的阻挡也能产生绕射,但绕射区的场强一般较弱。

4)视距传播。视距传播是指在反射天线和接收天线能相互"看得见"的距离内,电波直接从发射天线传播到接收点,也称直接波或空间波传播。其传播方式主要是直射波和反射波的叠加。电视、调频广播、移动通信、微波接力通信都属于这种传播方式。

7.3.2 电磁污染的危害

电磁污染会干扰收音机和通信系统工作,使自动控制装置发生故障,使飞机导航仪表发生错误和偏差,影响地面站对宇宙飞船、人造卫星的控制。电磁辐射能干扰电视的收看,使图像不清或变形,并发出令人难受的噪声。

电磁辐射对人体危害程度随波长而发生变化,波长愈短对人体作用愈强,微波作用最为突出。处于中、短波频段电磁场(高频电磁场)的操作人员,经受一定强度与时间的暴露,将产生身体不适感,严重者引起神经衰弱,如心血管系统的植物神经失调。但这种作用是可逆的,脱离作用区,经过一定时间的恢复,症状可以消失,不成为永久性损伤。处于微波磁场中的人员,在其作用下,人体除将部分能量反射外,部分被吸收后产生热效应。热效应引起体内温度升高,如果过热会引起损伤。这种危害主要的病理表现为引起严重神经衰弱症状,最突出的是造成植物神经机能紊乱。在高强度与长时间作用下,对视觉器官造成严重损伤,同时对生育机能也有显著不良影响。

7.3.3 电磁污染的防治

电磁辐射污染的控制方法主要包括控制源头的屏蔽技术、控制传播途径的吸收技术和保护受体的个人防护技术。

1. 屏蔽技术

为了防止电磁辐射对周围环境造成影响,必须将电磁辐射的强度降低到容许的程度,屏蔽是最常用的有效技术。屏蔽分为两类:一是将污染源屏蔽起来,称为主动场屏蔽;另一种称为被动场屏蔽,就是将指定的空间范围、设备或人为屏蔽起来,使其不受周围电磁辐射的干扰。

目前,电磁屏蔽多采用金属板或金属网等导电性材料,做成封闭式的壳体将电磁辐射源罩起来或把人罩起来。

2. 吸收技术

采用吸收电磁辐射能量的材料进行防护是降低微波辐射的一项有效的措施。能吸收电磁辐射能量的材料有很多种,如加入铁粉、石墨、木材和水等材料,以及各种塑料、橡胶、胶木、陶瓷等。

3. 区域控制

电磁辐射,特别是中、短波,其场强随距离的增大而迅速衰减的原理,对产生电磁辐射的电子设备进行远距离控制或自动化作业,对操作人员可减少辐射能的损害。

4. 个人防护

对于无屏蔽条件的操作人员直接暴露于微波辐射近区场时,必须采取穿防护服、戴防护头盔和防护眼镜等防护措施,以减轻电磁污染对人体的伤害。

除以上方法外还有吸收法控制、线路滤波、合理设计工作参数保证射频设备在匹配状态下操作等"抑制"技术。

7.3.4　微波污染与人体健康

微波与无线电波一样,同属于电磁波;但微波的波长很短,频率很高。其波长的范围是 $1mm \sim 1m$;频率的范围是 $300 \sim 300 \times 10^3 MHz$;微波量子的能量为 $4 \times 10^{-4} \sim 1.2 \times 10^{-6} eV$。

微波在广播、电视、电话和卫星—地面间的通信、工业上的烤烘、军事上的雷达监测,以及家用微波炉的制造等方面有着广泛应用。虽然微波的能量很小,远不足以使物体电离,并不会对人体产生电离辐射的危害,但是微波会带来下述不利于环境的影响:

(1)伤害眼睛

强度 $100mW/cm^2$ 的微波照射眼睛几分钟,就可以使晶状体出现水肿,严重的则成白内障,强度更高的微波,会使视力完全消失。

(2)使癌症发病率增高

典型的事件发生于 1976 年美国驻莫斯科大使馆。前苏联为监听美驻苏使馆的通信联络情况,向使馆发射微波,由于使馆工作人员长期处在微波环境中,结果造成使馆内被检查的313 人里,有 64 人淋巴细胞平均数高 44%,有 15 个妇女得了腮腺癌。

(3)影响遗传

父母一方曾经长期受到微波辐射的,其子女中畸形儿童,如先天愚型、畸形足等的发病率异常高。

(4)影响生殖功能

强度 $5 \sim 10mW/cm^2$ 的微波,对皮肤的影响不大,但可使睾丸受到伤害,造成不育或女孩出生率明显增加。

（5）损害中枢神经系统

头部长期受微波照射后，轻则引起失眠多梦、头痛头昏、疲劳无力、记忆力减退、易怒、抑郁等神经衰弱症候群，重则造成脑损伤。

7.4　放射性污染及其防治

放射性污染是指由于人类活动而排放出的放射性物质对环境造成的污染和对人体造成的危害。放射性物质是指能自发放射出穿透力很强的射线的物质。放射性污染物与一般化学污染物有着明显的不同，每种放射性元素都有一定的半衰期（放射性元素的原子核数目，因衰变而减少到它原来的一半所需的时间），在其放射性自然衰变的时间里，都会放射出具有一定能量的射线，持续地对环境和人体造成危害。在有些情况下，放射性污染物所造成的危害并不立即显示出来，而是经过一段潜伏期后才显现出来的。

7.4.1　放射性污染源

环境中的放射性污染具有天然和人工两个来源。

1. 天然放射性污染的来源

环境中天然放射性污染的主要来源有宇宙射线和地球固有元素的放射性。人和生物在其漫长的进化过程中经受并适应了来自天然存在的各种电离辐射，只要天然辐射剂量不超过这个本底，就不会对人类和生物体构成危害。

2. 人工放射性污染的来源

放射污染的人工污染源主要来自以下几个方面。

（1）核电站

核电站排入环境中的废水、废气、废料等均具有较强的放射性，会造成对环境的严重污染。因此，核电站的建设必须合理规划布局，采用多层有效的防护和严格的管理，才能避免事故，减轻污染。

（2）核爆炸的沉淀物

在大气层进行核试验时，爆炸高温体放射性核素变为气态物质，伴随着爆炸产生的大量赤热气体，蒸汽携带着弹壳碎片、地面物升上天空。在上升过程中，随着与空气的不断混合、温度的逐渐降低，气态物即凝聚成粒或附着在其他尘粒上，并随着蘑菇状烟云扩散，最后这些颗粒都要回落到地面。沉降下来的颗粒带有放射性，称为放射性沉淀物。这些放射性沉降物除落到爆炸区附近外，还可随风扩散到广泛的地区，造成对地表、海洋、人体及动植物的污染。细小的放射性颗粒甚至可到达平流层并随大气环流流动，经很长时间才能回落到对流层，造成全球性污染。即使是地下核试验，由于"冒项"或其他事故，仍可能造成以上的污染。另外，由于放射性核素都有半衰期，因此这些污染在其未完全衰变之前，污染作用不会消失。

（3）核试验

核试验特别是大气层核试验造成的全球性污染要比核工业造成的污染严重得多，因此全球已经严禁在大气层进行核试验。

（4）放射性利用

放射性核素在医学、工业、农业、科学研究和教育方面的实际和潜在的用途达几千种，在放射性核素的生产、运输、应用和处理的各个环节都有可能将放射性污染排入环境。

（5）核废物处理

对核工业产生的放射性废物处理通常有两种方法：一种是保留和隔离法，即把放射性材料迁移到远离人类和生物圈的地方；第二种方法利用环境的自净能力把待处理的物质稀释到无害的水平。在上述处理过程中，常常会因为种种原因而造成人为放射性污染。

（6）生活中的放射性污染

生活中的放射性污染来源广泛，进入人体的途径多种多样，它们相互作用，长期对人发生影响，可造成对机体的慢性损害。

1）燃煤的放射性污染许多燃煤烟气中含有微量铀、钍、镭-226、钋-210 及铅-210 等，可随空气及被烘烤的食物进入人体。

2）新宅的放射性污染。由于地基、岩石或矿渣、大理石装饰板等往往含有一定的氡，可对新房（尤其是通风不良时）造成放射性污染。

3）饮用水中的放射性污染。我国不少水源受到天然或人工的放射性污染，某些使用储藏放射性物质的厂矿及肿瘤医院排放的废水，可对水源及水生植物造成放射性污染。

4）食品中的放射性污染鱼及许多水生动植物都可富集水中的放射性物质。某些地域茶叶和冶炼厂等附近区域的蔬菜中放射性物质的含量也都普遍偏高。

5）香烟中的放射性污染。烟叶中含有镭-226、钋-210、铅-210 等放射性物质，其中以钋-210 为甚。

7.4.2　放射性污染的危害

人和动物因不遵守防护规则而接受大剂量的放射线照射，吸入大气中放射性微尘或摄入含放射性物质的水和食品，都有可能产生放射性疾病。放射性辐射可诱发致癌机理，目前有两种假说：一是辐射诱发机体细胞突变，从而使正常细胞向癌细胞转变；二是辐射可使细胞的环境发生变化，从而有利于病毒的复制和病毒诱发恶性病变。除致癌效应外，辐射的晚期效应还包括再生障碍性贫血、寿命缩短、白内障和视网膜发育异常。不同 X 射线剂量对人体的损伤与 1 次全身受到大剂量的照射后可能引起的症状相同。放射病是由于放射性损伤引起的一种全身性疾病。分为有急性和慢性两种。急性因人体在短期内受到大剂量放射线照射而引起，如核电站的泄漏、核武器爆炸等意外事故，可产生消化系统症状、骨髓造血抑制、神经系统症状、血细胞明显下降、广泛性出血和感染等，严重患者多数致死。慢性放射病因人体长期受到多次小剂量放射线照射引起，有头晕、头痛、乏力、失眠、食欲不振、关节疼痛、记忆力减退、脱发和白细胞减少等症状，甚至有致癌和影响后代的危险。

7.4.3　放射性污染的防治措施

1. 放射性物质的分类

放射性污染主要由放射性废物引起，在核工业生产中产生的放射性固体、液体和气体废物，各自的放射水平有显著的差异，为能经济有效地分别处理各类放射性废料，各国按放射性废物的放射性水平制定了分类标准。

（1）放射性废液的分类

按放射性废液放射强度分类是目前较为广泛的分类法。一般认为可分为以下几类：

1）高水平废液。称居里级废液，每 L 含放射性强度在 10^{-2}Ci 以上。

2）中水平废液。称毫居里级废液，每 L 含放射性强度在 $10^{-2} \sim 10^{-5}$Ci 之间。

3）低水平废液。称微居里级废液，每 L 含放射性强度在 10^{-5}Ci 以下。

各国原子能机构采用的这种分类，其强度标准在国际上尚未取得一致，大约有一个数量级的出入。

（2）放射性废物的分类标准

1977 年国际原子能机构推荐一种新的放射性分类标准。分类见表 7-2 所示。

表 7-2　国际原子能机构推荐的放射性分类标准

相态	类别	放射性强度 A (3×10^{10} Bq/m³)	废弃物表面辐射剂量 D (2.58×10^{-4}C/kg·h)	备注
液态	1	$A \leqslant 10^{-6}$		一般可不用处理
	2	$10^{-6} < A \leqslant 10^{-2}$		处理时不用屏蔽
	3	$10^{-3} < A \leqslant 10^{-1}$		处理时可能需要屏蔽
	4	$10^{-1} < A \leqslant 10^{4}$		处理时必须屏蔽
	5	$10^{4} < A$		必须先冷却
气态	1	$A \leqslant 10^{-10}$		一般不处理
	2	$10^{-10} < A \leqslant 10^{-6}$		一般用过滤法处理
	3	$10^{-6} < A$		用其他严格方法处理
固态	1		$D \leqslant 0.2$	β, γ 辐射体占优势
	2		$0.2 < D \leqslant 2.0$	含 α 辐射体微量
	3		$2.0 < D$	
	4		α 放射性用 Bq/m³ 表示	从危害观确定 α 辐射体占优势 β，γ 辐射体微量

2. 放射性废水的处理

铀矿石开采和水冶、铀的精炼和 ^{235}U 的浓缩、燃料原件制造、反应堆运行、乏燃料暂存和后处理、同位素生产和使用，都会产生放射性废水或废液。除乏燃料后处理第一循环萃余残液为高放射性外，一般均为中、低放射性废水。

（1）中、低放射性废水的净化处理

1）贮存衰变。有些放射性核素的半衰期较短，如核医学研究、治疗常用的 ^{32}P（14.3d）、^{131}I（8.04d）、^{198}Au（2.69d）、^{99}Mo（2.75d）、^{132}Tc（6.02h），反应堆运行产生的某些裂变产物及活化产物核素如 ^{92}Sr（2.7lh）、^{93}Y（10.1h）、^{97}Zr（16.9h）、^{132}Te（3.26d）、^{133}I（20.8h）、^{139}Ba

$(1.28h)$、$^{142}La(1.54h)$ 等。含这类核素的废水可在储槽中存放一段时间,待这类短寿命核素衰变到相当低的水平时,可排入下水道或有控制地排入地面水体。

当废水中同时含有半衰期较长的放射性核素后,这一方法可作为预处理方法使用,废水在储槽中滞留储存一定时间,待短寿命核素大部分衰变后,再对其他长寿命核素进行净化处理。

2)絮凝沉淀和过滤。放射性核素及其他污染物质,通常以悬浮固体颗粒、胶体或溶解离子状态存在于废水中。向废水中投加石灰、铁盐、明矾、磷酸盐等絮凝剂,在碱性条件下所形成的水解物是一种疏松而且具有很大表面积和吸附活性的氢氧化物絮状物(矾花)。在缓慢搅拌下,矾花不断凝聚长大,废水中的细小的固体颗粒、胶体及离子状态的污染物质均可被吸附载带,除去这些矾花,即可达到净化废水的目的。

废水经絮凝沉淀处理后,水中大部分核素已随矾花沉渣得以去除,但仍难免有细小颗粒残留在废水中,影响去污净化效果,因此,澄清水常需进一步采用压力过滤进行处理,以提高净化效果。

3)离子交换。经絮凝沉淀处理后,废水中残留的放射性物质多为离子状态,必要时可采用离子交换法作进一步处理。

离子交换包括吸附及离子交换两种过程。对于高放射性废液,采用某些天然无机交换材料如黏土和一些硅酸盐矿物等具有良好的交换性能的材料。在处理中、低放射性废水时,离子交换树脂对去除含盐类杂质较少的废水中可溶性放射性离子具有特殊的作用。离子交换法常用于反应堆回路水的净化,处理成分单纯的实验室废水。它还广泛用于分离回收各种放射性核素。离子交换树脂可反复利用。

4)蒸发。在联合采用蒸发设备和二次蒸汽净化设备的流程系统中,对非挥发性放射性核素的最佳去污比可达 106~107。蒸发处理几乎可以去除废水中全部非挥发性污染物质,在废水处理工艺中去污效果最好,而且最为可靠,对各种成分的废水处理适用性相当广泛。

蒸发之后再进行离子交换,是一种相当可靠而有效的净化方法,但蒸发处理成本很高,一般只适用于数量较少的中放废液的净化处理,而且只有在有可靠热源供应时才可选用。

图 7-7 是代表了目前一般采用的放射性废液处理系统的整个过程。具体处理方法有沉淀、蒸发、离子交换三种,可单独或联合使用。

(2)放射性废物的固化或固定

拟固化或固定的废物中包括中、高放射性浓缩废液,中、低放射性泥浆,废树脂等。某些废物固化前应经脱水,固化或固定后的产物应予以包装,以便于废物的储存、运输和处理。

1)废物的脱水减容。预涂层过滤器、机械过滤器、离心机、烘干机、脱水槽及擦膜式薄膜蒸发器等都可用于泥浆脱水减容,浓缩液则常用流化床干燥器及擦膜式薄膜蒸发器进行干化。

2)高放废液的玻璃固化。高放废液的玻璃固化已经实现工业化规模应用,玻璃固化体具有良好的抗浸出、抗辐射和抗热性能,但玻璃固化技术复杂,成本高。

3)中、低放废物的固化。中、低放射性废物常采用水泥、沥青及塑料固化工艺进行固化。水泥固化适用于中、低放废水浓缩物的固化,泥浆、废树脂等均可拌入水泥而予以固化,水泥与废物的配比约为 1:1,要求搅拌均匀,待凝固后即成为固化体;沥青固化体中核素浸出率较低,减容大,经济代价小,固化温度为 150℃~230℃,温度太高时固化体可能燃烧。硝酸盐及亚硝酸盐废液不宜采用沥青固化。

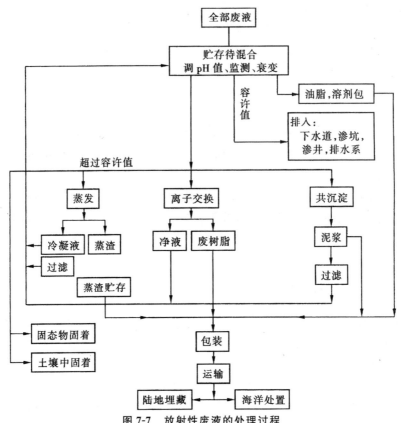

图 7-7 放射性废液的处理过程

3. 放射性固体物质的处理

放射性固体废物可采用燃烧、埋减、再熔化等办法处理。可燃固体废物多用燃烧法，若为金属固体废物多用熔化法。埋减前应用水泥、沥青、玻璃固化。由于核工业的发展，放射性固体废物越来越多，因此核废物的处理是一个严重的问题，图 7-8 为发射性固体物质处理的流程。

4. 放射性废气的处理

对于含有烟、蒸气、粉尘的放射性废气的工作场所，一般可通过操作条件和通风来解决。如过滤器、静电除尘器、旋风分离器及高效除尘器等空气净化设备进行综合处理。对于难以处理的放射性废气可通过高烟囱直接排入大气。

5. 外辐射防护

外辐射是指人体外的 X 射线、β 射线、γ 射线、中子流等对机体的照射，它主要发生在各种封闭性放射源工作场所。外辐射防护分为时间防护、距离防护和屏蔽防护，它们可以单独使用，也可以结合使用。

（1）防护 α 射线

由于 α 粒子穿透能力最弱，一张白纸就能把它挡住，因此，对于 α 射线应注意内照射。其进入体内的主要途径是呼吸和进食，其防护方法主要有防止吸入被污染的空气和食入被污染

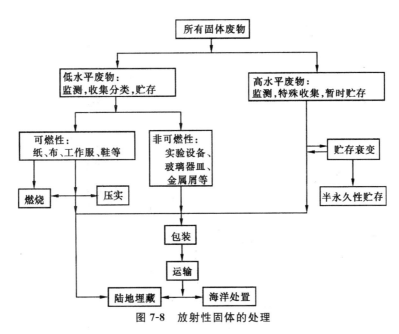

图 7-8　放射性固体的处理

的食物,防止伤口被污染。

（2）防护 β 粒子

β 粒子的穿透能力比 α 射线强,比 γ 射线弱,用一般的金属就可以阻挡。但 β 射线容易被表层组织吸收,引起组织表层的辐射损伤,因此防护方法比较复杂。具体方法有防止吸入被污染的空气和食入被污染的食物;避免直接接触被污染的物品,以防皮肤表面的污染和辐射危害防止伤口被污染;必要时应采用屏蔽措施。

（3）防护 γ 粒子

γ 射线穿透力强,可以造成外照射,其防护的方法主要有:采取屏蔽措施。在人与辐射源之间加一层足够厚的屏蔽物,可以降低外照射剂量。屏蔽的主要材料有铅、钢筋混凝土、水等,我们住的楼房对外部照射来说是很好的屏蔽体。尽可能减少受照射的时间;增大与辐射源间的距离。

7.5　光污染及其防治

7.5.1　光污染及其危害

人类活动造成的过量光辐射对人类生活和生产环境形成不良影响的现象称为光污染。目前对光污染的成因及条件研究较少,因此还不能形成系统的分类及相应的防治措施。一般认为,光污染应包括紫外光污染、红外光污染和可见光污染。

1. 紫外光污染

波长为 $2500 \times 10^{-10} \sim 3200 \times 10^{-10}$ m 的紫外光,对人具有伤害作用,主要伤害表现为角膜损伤和皮肤灼伤,并伴有高度畏光、流泪和脸疼挛等症状。

2. 红外光污染

近年来,红外光在军事、科研、工业、卫生等方面应用日益广泛,由此可产生红外线污染。红外线通过高温灼伤人的皮肤,还可透过眼睛角膜对视网膜造成伤害,长期的红外照射可以引起白内障。

3. 可见光污染

1)灯光污染。路灯控制不当或建筑工地安装的聚光灯照进住宅,会影响居民休息;城市夜间灯光不加控制,使夜空亮度增加,影响天文观测。

2)眩光污染。人们接触较多的,如电焊时产生的强烈眩光,在无防护情况下会对人的眼睛造成伤害;长期工作在强光条件下,视觉容易受损;夜间迎面驶来的汽车头灯的灯光,会使人视物极度不清,造成事故;车站、机场、控制室过多闪动的信号灯以及在电视中为渲染舞厅气氛,快速地切换画面,也属于眩光污染,使人视觉不佳。

3)视觉污染。城市中杂乱的视觉环境,如杂乱的垃圾堆物、乱摆的货摊、五颜六色的广告和招贴等。这是一种特殊形式的光污染。

4)其他可见光污染。如现代城市的商店、写字楼、大厦等,外墙全部用玻璃或反光玻璃装饰,在阳光或强烈灯光照射下,所发出的反光会扰乱驾驶员或行人的视觉,成为交通事故的隐患。

7.5.2　光污染的防护

防治光污染关键在于合理布置光源,加强城市规划管理,使它起到美化环境的作用。个人防护光污染的最有效措施是保护眼部和裸露皮肤勿受光辐射的影响。如在有些医院的传染病房安有紫外线杀菌灯,杀菌灯不可在有人时长时间开着,否则就会灼烧人的皮肤,造成危害。在工业生产中,对光污染的防护措施包括在有红外线及紫外线产生的工作场所,应适当采取安全办法。例如,采用可移动屏障将操作区围住,以防止非操作者受到有害光源的直接照射等。在有光污染的工作场所作业,要戴防护眼镜及面罩。

7.6　热污染及其防治

热污染系指日益现代化的工农业生产和人类生活中排出的各种废热所导致的环境污染。热污染可以污染大气和水体,如工厂排出的热水及工业废水中都含有大量废热。废热排入湖泊河流后,造成水温骤升,导致水中溶解氧气锐减,引发鱼类等水生动植物死亡。大气中含热量增加,还能影响到全球气候变化。热污染还对人体健康构成危害,降低人体的正常免疫功能。

7.6.1　热污染形成的原因

热污染是异常热量的释放或被迫吸收所产生的环境"不适"造成的。近百年来全球气候变化主要影响因子按重要程度排队为 CO_2 浓度增大、海温变化、森林破坏、城市化、O_3、火山爆发、气溶胶、沙漠化、太阳活动、人为加热。使用化石燃料及核电站排出的废热是全球范围内热污染的主要来源。概括起来,热污染的原因包括异常气候变化带来的多余热量和各种有害的"人为热"。

1. 异常气候变化

1)近年来,太阳活动频繁,到达地球的太阳辐射量发生改变,大气环流运行状况亦随之发生变化。太阳黑子活动强烈时,经向环流活跃,南北气流交换频繁,导致冬冷夏热。

2)由于大气环流原因,改变了大气正常的热量输送,赤道东太平洋海水异常增温,厄尔尼诺现象增强,导致地球大面积天气异常,旱涝等灾害性天气增多。

3)森林随全球平均温度的上升而出现自燃现象并引发森林大火,同时向大气释放大量热量和 CO_2,最终又直接或间接地导致全球大气总热量增加,破坏了生态平衡,并给人类带来无法估量的损失。全世界每年有几百万平方公里的原始森林被破坏,极大地削弱了森林对气候的调节作用。

4)火山爆发频繁,释放的大量地热和温室气体直接或间接地对地球气温变化产生影响,而地震、风暴潮等灾害也严重影响着人类的生产和生活。

2. 直接或间接的"人为热"释放

1)工业生产过程和燃料燃烧所产生的废热向环境的直接排放。发电、冶金、化工和其他的工业生产,通过燃料燃烧和化学反应等过程产生的热量,一部分转化为产品形式,一部分以废热形式直接排入环境。热污染主要来自能源消费。核电站,能耗的 33% 转化为电能,其余的 67% 均变为废热全部转入水中。火力发电,在燃料燃烧的能量中,40% 转化为电能,12% 随烟气排放,48% 随冷却水进入到水体中。

由以上数据可以看出,各种生产过程排放的废热大部分转入到水中,使水升温成温热水排出。这些温度较高的水排进水体,形成对水体的热污染。据统计,排进水体的热量,有 80% 来自发电厂。

2)温室气体的排放,通过大气温室效应的增加,引起大气增温。

7.6.2　热污染的危害

1. 大气中的 CO_2 对环境的影响

(1)大气增温效应

进入大气的能量会逸向宇宙空间。废热直接使大气升温,同时煤、石油、天然气等矿物燃料在利用过程中产生的大量 CO_2 所造成的"温室效应"也会使气温上升。大气层温度升高将会导致极地冰层融化,造成全球范围的严重水患。据观测,近 100 年间海平面升高了约 10cm。

(2) CO_2 等温室气体的"温室效应"

温室效应使地表升温、海水膨胀和两极冰雪消融,海平面由此而上涨,有可能淹没大量的沿海城市,台风、暴风、海啸、酷热、旱涝等灾害会频频发生。温室效应是透射阳光的密闭空间由于与外界缺乏对流等热交换而产生的保温效应。在地球周围的大气中,CO_2 具有保温的功效,对太阳光的透射率较高,而对红外线的吸收力却较强,致使通过大气照射到地面的太阳光增强,而使地表受热升温。同时地表升温后辐射出来的红外线(热能)也较多地被 CO_2 吸收,然后再以逆辐射的形式还给地表,从而减少了地表的热损失。如前所述,CO_2 的增加对目前增强温室效应的贡献约为 70％,CH_4 约为 24％,N_2O 约为 6％。

2."热岛"效应

由于城市(特别是大城市)消耗大量的燃料,在燃烧过程中产生的能量有一部分转变为有用功,一部分转变成废热,最终也成为废热向环境散发,使城市的气温升高。市区与郊区的气温差显著增大。市中心区温度最高,往市郊逐渐减低,农村的温度最低。据一些城市监测结果表明,在数十万人口的中等城市气温差在 4℃～5℃。数百万人口的大城市,市内外气温差 5℃以上。

将表示城市与郊区温度分布测点画在平面图上,看到密集的闭合等温线如同一个"孤岛",所以把用闭合的等温线表示该城市的气温分布称作"热岛",即所谓的城市"热岛效应"。"热岛效应"对环境产生污染效应,并使城市上空云雾和降水量有所增加。

3. 水体的热污染

由于向水体排放废热水及其他形式的"废热",使水体温度升高到影响水生生物的生存,破坏原有的生态平衡,使水质恶化,影响人类生产和生活的使用,这就称为水体的热污染。水温增高可使一些藻类繁殖,加速水体的"富营养化"过程,影响水体利用。水温提高后,水中溶解氧减少,影响鱼类生长和其他生物生存。热污染和气候异常又能助长病原体的繁殖和迁移,引起疾病蔓延,危害人体健康。水温升高,会使水的蒸发速度加快,使空气中的水蒸气和 CO_2 大量增加而产生温室效应,使地表和大气下层温度升高,影响大气循环,以致气候异常。

7.6.3 热污染防治

1. 利用温排水冷却技术减少温排水

电力等工业系统的温排水,可通过冷却池或领取冷却塔的冷却方法将来自工艺系统中的冷却水降温,降温后的冷水可以回到工业冷却系统中重新使用。冷却塔法最常用,在塔内,喷淋的温水与空气对流流动,通过散热和部分蒸发达到冷却的目的。应用冷却回用的方法既节约了水资源,又可向水体不排或少排热水。

2. 改进热能的利用技术,提高热能利用率

改进热能的利用技术,提高热能利用率,既节约了能量,又可以减少废热的排放。例如,20世纪 60 年代时美国的火力发电厂平均热效率为 33％,现已提高到 40％,使废热排放量降低很多。

3. 发展除矿物燃料以外的清洁能源

发展太阳能、风能、水能、核能和地热能等清洁能源,不仅可以减少热排放的影响,而且有利于防止二氧化碳、二氧化硫和颗粒物等对大气的污染。

4. 减少温室气体的排放

减少二氧化碳、甲烷等气体的排放量,防止地球变暖。

5. 废热的综合利用

对于热水的冷却水,可通过以下途径加以利用。

1)利用电站温热水进行水产养殖,如国内外均已试验成功用电站温排水养殖非洲鲫鱼。

2）冬季用温热水灌溉农田，可延长适于作物的种植时间。

3）利用温热水调节港口水域水温，防止港口冻结等。

对于工业装置排放的高温废气，可通过以下途径加以利用。

1）利用排放的高温废气预热冷原料气。

2）利用废热锅炉将冷水或冷空气加热成热水和热气，用于取暖、淋浴、空调加热等。

第8章　全球环境问题与人口问题

8.1　全球环境问题

8.1.1　全球气候变化

1. 气候变化

气候变化问题被视为是世界环境、人类健康与福利和全球经济持续发展的最大威胁之一，被列为全球十大环境问题之首。气候变化不仅是气候和全球环境领域的问题，还是涉及社会生产、消费和生活方式以及生存空间等社会和经济发展的重大问题。目前所讨论的气候变化主要是指自18世纪工业革命以来，人类大量排放二氧化碳等气体所造成的全球变暖现象。全球变暖问题是指大气成分发生变化导致温室效应加剧，使地球气候异常变暖。大气中的各种气体并非都有保存热量的作用，其中能够导致温室效应的气体被称为温室气体（Greenhouse Gases）。

联合国政府间气候变化专门委员会（IPCC）发布了《关于气候变化的第4次评估报告》，对全球气候变化情况进行了监测分析。

（1）人为因素和自然因素对气候变化的驱动

自工业革命以来，人类活动导致全球大气中 CO_2、CH_4 及氮氧化物浓度显著增加。化石燃料的使用及土地利用的变化引起全球 CO_2 浓度的增加；农业生产引起 CH_4 和氮氧化物浓度的增加。

据统计，全球 CO_2 浓度从工业革命前的 280ppm 上升到了 2005 年的 379ppm；化石燃料燃烧释放的 CO_2 从 20 世纪 90 年代的每年 6.4GtC（$6.0\sim6.8$GtC，一个 GtC 等于 10^{15} 克碳，即十亿吨碳）增加到 $2000\sim2005$ 年的每年 7.2GtC。全球 CH_4 浓度从工业革命前的 715ppb 增加到了 20 世纪 90 年代的 1732ppb，2005 年达到了 1774ppb。全球氮氧化物浓度从工业革命前的 270ppb 增加到了 2005 年的 319ppb，其增长率从 20 世纪 80 年代以来基本上是稳定的。

（2）近期气候变化的直接观测

大范围的冰雪融化和全球海平面升高说明了全球大气平均温度和海洋温度均在增加。自有全球表面温度仪器记录以来的 12 个最暖的年份中，就包括了过去 12 年（$1995\sim2006$ 年）中的 11 个年份。$1906\sim2005$ 年，过去的 100 年气温的变暖趋势约为 0.74℃。过去 50 年变暖趋势是每十年升高近 0.13℃，几乎是过去一百年来的两倍。

气温变暖导致海水扩张，引起海平面上升。$1961\sim2003$ 年间全球海平面每年平均上升 1.8mm，而 $1993\sim2003$ 年每年平均上升 3.1mm，20 世纪上升估计值为 0.17m。卫星数据显示,1978 年以来北冰洋海冰范围平均每十年减少 2.7%,夏季减少得更多,为 7.4%。

2. 造成气候变化的原因

温室效应是指地球大气层上的一种物理特性,即太阳短波辐射透过大气层射入地球表面,而地面增暖后放出的长、短辐射被大气中的 CO_2 等物质所吸收,从而产生大气变暖的效应,如图 8-1 所示。

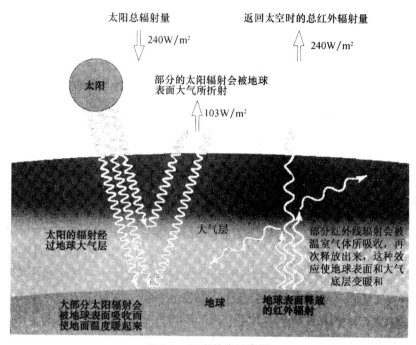

图 8-1　温室效应示意图

大气中的 CO_2 就像一层厚厚的玻璃,使地球变成了一个大暖房。按照地球和太阳的距离计算,全球温度应比现在低 33℃,也就是平均温度将是 -18℃,而不会是像现在这样适宜的 15℃,这种温度上的差别是由温室气体造成的。受到温室气体的影响,大气层吸收红外线辐射的量多于它释放到太空外的量,这使地球表面温度上升。本书所谈及的温室效应是指由于人类活动释放出大量的温室气体,而让更多的红外线辐射被折返到地面上,进而加强了温室效应的作用。

大气层中主要的温室气体有 CO_2、CH_4、N_2O、$CFCs$、O_3。不同的气体造成温室效应的危害不同。

(1)二氧化碳

据科学测定表明,空气中 CO_2 浓度在逐年增加。在工业革命以前,全球大气 CO_2 为 $280cm^3/m^3$,2005 年为 $379cm^3/m^3$。据此速率增长,预测到 2030 年,大气中 CO_2 的质量分数将比工业革命之前增加 1 倍。

CO_2 浓度增加主要来自矿物燃料的燃烧和森林的毁坏两方面的原因。

矿物燃烧是大气中新增 CO_2 的主要来源,由其排放的 CO_2 约为 2/3,1/3 是由于土地利用变化(城市化加剧、植被减少等)造成的。总大气二氧化碳中的 45% 滞留在大气中,30% 被海洋藻类固定,25％被陆生植物吸收再循环。自工业革命以来,由于化石燃料燃烧,大气中的 CO_2 浓度上升了约 $70cm^3/m^3$。到 21 世纪中叶,世界能源消耗的总格局不会出现根本性的变化,人类将继续以化石燃料作为主要能源,如图 8-2 所示。

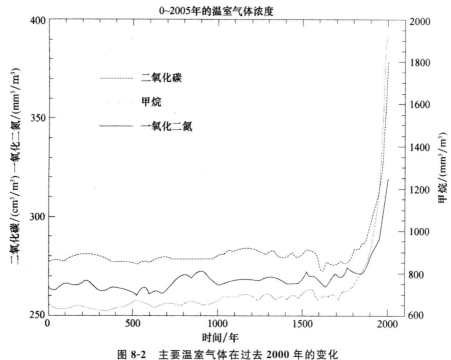

图 8-2　主要温室气体在过去 2000 年的变化

(IPCC,2007)

(2)甲烷

甲烷(CH_4)的温室效应比 CO_2 大 20 倍,因此它的浓度增长也是不容忽视的。CH_4 的来源主要是是沼泽、稻田和反刍动物,这 3 项占总排放量的 60％左右。煤和天然气的采掘以及有机废弃物的燃烧等人类活动也产生 CH_4。18 世纪以来,CH_4 从 $0.8cm^3/m^3$ 增长到 $1.72cm^3/m^3$,每年的变化速率为 0.9％。在温室气体中 CH_4 的寿命期最短。

(3)氟氯烃

氟氯烃又称氟利昂,是人类的工业产品。大气中原来基本不含氟氯烃,近几十年来,人工合成的卤素碳化物不断大量排入大气,使其在大气中的浓度迅速上升。其中起温室效应的主要是 CFC-11 和 CFC-12,它们不仅浓度高,保留时间也很长,因而其对环境的影响也是长期的。

(4)一氧化二氮

海洋是一氧化二氮(N_2O)的一个重要来源,无机氮肥的大量使用和化石燃料及生物体的燃烧也能释放出一定量的 N_2O。工业革命前 N_2O 的浓度为 $288cm^3/m^3$,目前已增加到 $310cm^3/m^3$。

总之,温室气体的浓度在迅速增加,与此同时,全球气候逐渐变暖。许多科学家认为,温室气体的增多可能是近百年来全球变暖的原因之一。用最先进的气候全循环模型进行的试验证明,大气中二氧化碳的浓度每增加一倍,地球表面平均气温将升高 1.5℃～4.5℃。

3. 控制全球变暖的对策

由于温室气体的不断增加主要是大量燃烧矿物燃料和大面积毁坏森林造成的,因此,控制全球变暖就必须从这两方面着手,进行综合防治。

(1)提高现有能源的利用率,提倡使用清洁能源

当今世界各国一次能源消费结构均以矿物燃料为主,图 8-3 所示为 1950～1989 年间燃烧矿物燃料释放 CO_2 最多的是几个发达国家和组织,因此,发达国家是温室气体的主要排放国。这些国家应采取有力措施限制温室气体的排放,同时向发展中国家转让有利于环境保护的技术。

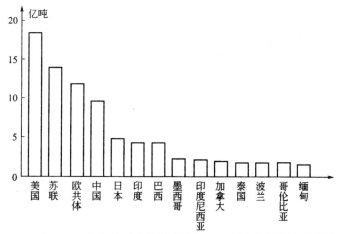

图 8-3　1950～1989 年间从矿物燃料中排放 CO_2 最多的国家和组织示意图

提高能源利用率可采取以下措施:

1)采用高效能转化设备,如高效能汽车。

2)采用低耗能工艺,如使用节能冰箱、节能空调等。

3)改进运输,降低油耗。

4)利用废热、余热集中供暖,可节能 30%。

5)加强废旧物资回收利用。

采用清洁能源如风能、太阳能、地热能、核能、水能等,可以大大降低 CO_2 的排放,这是今后解决能源问题的基本途径。

(2)减少森林采伐,增加造林面积

减少对森林的采伐,增加造林面积是减少排放 CO_2 的重要措施。

8.1.2　臭氧层破坏

1. 大气臭氧层的作用

大气臭氧层主要有三个作用。

1)保护作用。臭氧层能够吸收太阳光中波长 $300\mu m$ 以下的紫外线,保护地球上的人类和动植物免遭短波紫外线的伤害。

2)加热作用。臭氧吸收太阳光中的紫外光并将其转换为热能加热大气,由于这种作用,大气温度结构在高50km左右有一个峰,地球上空15~50km存在着升温层。

3)温室气体的作用。在对流层上部和平流层底部,即在气温很低的这一高度,臭氧的作用同样非常重要。如果这一高度的臭氧减少,则会产生使地面气温下降的动力。

太阳光辐射产生的紫外线对人体和生物有害,当它穿过平流层时,绝大部分被臭氧层吸收。因此,臭氧层就成为地球一道天然屏障,使地球上的生命免遭强烈的紫外线伤害。然而,现在地球上的臭氧层正在遭到破坏。

2. 臭氧层破坏

大气平流层中臭氧耗竭臭氧相对集中的臭氧层距地面大约25km,它能把太阳光中的大部分有害的紫外线吸收掉,是地球上所有生命的"保护伞"。20世纪70年代英国科学家首先发现,在地球南极上空的大气层中,臭氧的含量逐渐减少,每年9~10月减少更为明显,科学家称之为臭氧洞。1989年科学家考察研究发现,北极上空的臭氧层也已遭到严重破坏。1991~1992年,来自世界各地的100多位科学家在瑞典埃斯兰基使用了39个载重500kg的气球、800个臭氧探测器和100架飞机监测北极平流层的臭氧变化。试验结果显示,欧洲臭氧层减少了15%~20%,局部出现了臭氧空洞。据新华社报道,美国宇航局利用地球观测卫星上的"全臭氧测图分光计"测定,2000年9月3日在南极上空臭氧层空洞面积已达$28.3×10^6 km^2$,相当于美国领土面积的3倍,而1998年9月19日测得臭氧空洞面积为$27.2×10^6 km^2$。因此,用"天破了"来形容臭氧层的破坏并不过分,这意味着有更多的紫外线射到地面。造成臭氧层破坏的罪魁祸首是氟里昂,此外甲烷、四氯化碳、三氯甲烷等也会破坏臭氧层。

随着现代科学技术和工农业的发展,远在12km以外的高空也被污染。近十余年的研究表明,污染物对O_3层的影响至少涉及150个化学反应,其中影响最大的有两类。

(1)氮氧化物的作用

在平流层飞行的超音速飞机、核爆炸都可产生大量的NO_x。NO_x在平流层中与O_3和O(O_2受光分解而来)发生如下链式反应

$$NO+O_3→NO_2+O_2$$
$$NO_2+O→NO+O_2$$

总反应为

$$O_3+O→2O_2$$

在此循环反应中,NO和NO_2都起着催化剂的作用,反应的净结果是消耗了氧原子和臭氧分子,这是臭氧层可能遭受破坏的重要机理之一。

(2)氟利昂类的作用

氟利昂(Freons)是氟氯代烃的总称。它们被用作制冷剂和喷雾剂,具有很高的化学稳定性,有可能一直上升到平流层,在紫外光作用下分解。例如

$$CF_2Cl_2→Cl+CF_2Cl$$

Cl原子在高空中是分解O_3的一种强催化剂。在它的作用下O_3分子和O原子被转化为普通的O_2分子

$$Cl+O_3 \rightarrow ClO+O_2$$
$$ClO+O \rightarrow Cl+O_2$$

总反应为

$$O_3+O \rightarrow 2O_2$$

据监测,1978~1987 年全球臭氧层中 O_3 的含量平均下降了 3.4%~3.6%,在南极上空出现了巨大的臭氧空洞。至 1999 年 9 月,空洞面积已达 $2.155 \times 10^7 km^2$,比 10 年前扩大了 $\frac{2}{3}$。与此同时,我国上空的臭氧含量下降了 6%。臭氧层的衰竭使紫外光对地球的辐射强度增大,由此引起人类白内障和皮肤癌增多,免疫系统功能下降;严重影响水生生物和农作物的正常生长;伤害生物圈的食物链。强烈的紫外光辐射还引起各种材料的巨大损失。

3. 臭氧层破坏的危害

臭氧层破坏所导致的有害紫外线增加,可产生以下危害。

(1)对人类健康的影响

紫外线能促进在皮肤上合成维生素 D,对骨组织的生成、保护均起有益作用。但紫外线 ($\lambda = 200 \sim 400nm$)中的紫外线 B($\lambda = 280 \sim 320nm$)过量照射可以引起皮肤癌和免疫系统及白内障等眼的疾病。据估计平流层 O_3 减少 1%(即紫外线 B 增加 2%),皮肤癌的发病率将增加 4%~6%。按现在全世界每年大约有 10 万人死于皮肤癌计,死于皮肤癌的人每年大约要增加 5 千人。在长期受太阳照射地区的浅色皮肤人群中,50% 以上的皮肤病是阳光诱发的,即肤色浅的人比其他种族的人更容易患各种由阳光诱发的皮肤癌。此外,紫外线还会使皮肤过早老化。

(2)对水生系统的影响

紫外线 B 的增加,对水生系统也有潜在的危险。水生植物大多贴近水面生长,这些处于海洋生态食物链最底部的小型浮游植物的光合作用最容易被削弱(约 60%),从而危及整个生态系统。增强的紫外线 B 还可通过消灭水中微生物而导致淡水生态系统发生变化,并因此而减弱了水体的自然净化作用。增强的紫外线 B 还可杀死幼鱼、小虾和蟹。研究表明,在 O_3 量减少 9% 的情况下,约有 8% 的幼鱼死亡。

(3)对植物的影响

近 10 多年来,科学家对 200 多个品种的植物进行了增加紫外线照射的实验,发现其中 2/3 的植物显示出敏感性。试验中有 90% 的植物是农作物品种,其中豌豆、大豆等豆类,南瓜等瓜类,西红柿以及白菜科等农作物对紫外线特别敏感。一般说来,秧苗比有营养机能的组织(如叶片)更敏感。紫外辐射会使植物叶片变小,因而减少捕获阳光进行光合作用的有效面积,生成率下降。对大豆的初步研究表明,紫外辐射会使其更易受杂草和病虫害的损害,产量降低。同时紫外线 B 可改变某些植物的再生能力及收获产物的质量,这种变化的长期生物学意义是相当深远的。

(4)对其他方面的影响

过多的紫外线会加速塑料老化,增加城市光化学烟雾。另外,氟里昂、CH_4、N_2O 等引起臭氧层破坏的痕量气体的增加,也会引起温室效应。

臭氧层的破坏已引起世界各国的极大关注,1987 年 9 月 16 日,46 个国家在加拿大的蒙特利尔签署了臭氧层保护协议书。按协议规定,发展中国家到 2010 年要最终淘汰臭氧层消耗物质。我国是蒙特利尔协议书的签字国,将于 2005 年停止使用氟利昂类物质。加速研制绿色环保型制冷剂是一项重要课题。

4. 拯救臭氧层的措施

针对臭氧层的破坏对人类和生物生存造成严重影响,已经引起了国际社会的极大关注,国际社会在联合国环境规划署的号召和组织下进行了多次有关保护臭氧层的国际公约谈判。

1985 年,在联合国环境规划署推动下,形成了《保护臭氧层维也纳公约》,公约呼吁各国采取切实的行动,加强合作,保护臭氧层。

1987 年,通过了《关于消耗臭氧层物质的蒙特利尔议定书》,该议定书确定了主要消耗臭氧层物质的淘汰时间表,使全球保护臭氧层迈出实质性的步伐。1990 年通过了议定书的《伦敦修正案》;1992 年通过了《哥本哈根修正案》;1997 年通过了《蒙特利尔修改案》,对议定书内容进行了实质性的补充。

由于 CFCs 类物质对臭氧层的破坏最大,因此,要在国际上达成协议,控制和尽快停止使用 CFCs 类物质。具体可以通过以下 4 种途径实施。

(1)提高利用率,减少损失

都能提高 CFCs 的利用率。美国通过重新设计使汽车空调 CFCs 的泄漏减少,使用往复式压缩机的冰箱,CFCs 的用量仅为使用旋转式压缩机的 $1/3\sim1/2$;在各环节中加强管理,也是控制排放、减少损失的一项重要措施。

(2)回收、再生和分解破坏

开发 CFCs 回收和再生技术,是控制 CFCs 排放量的最主要措施。用于制造柔性泡沫的 CFCs 在生产过程中易挥发而损失掉,通过炭过滤器可以回收 50%;制造固体泡沫的 CFCs,采用类似技术也可减少一半的排放量;CFCs 在汽车空调器系统内也可以再循环。美国环保局认为美国 CFCs 消费量的 2/3 均可回收。

在 CFCs 混有多种杂质或回收后的二次处理等不适于采用回收、再生技术的情况下,可采用分解破坏的方式。

(3)选择破坏性小的 CFCs 产品

CFC-11 和 CFC-12,对臭氧层的威胁最大,在一定范围内可以采用对臭氧层破坏较小或没威胁的 CFCs 产品替代 CFC-11 和 CFC-12。如原来用于空调冰箱的 CFC-12,现在可采用在大气中降解较快的 CFC-22 替代。

(4)开发 CFCs 产品的替代品

开发 CFCs 产品的替代品,是解决臭氧层破坏的最根本措施。目前,美国一家公司还研制了一种替代溶剂,称为生物活剂。这种产品可以生物降解,并且无毒性和腐蚀性,目前美国电子工业计划使用的 CFC-113 总量中有 30%~50% 可能由这种产品代替。

通过以上国际协议的约束和措施的实施,目前向大气中排放的消耗臭氧层物质已逐年减少,从 1994 年起,对流层消耗臭氧物质浓度开始下降。但由于对臭氧层破坏力大的 CFCs 大都相当稳定,可以存在 50~100 年,所以臭氧层的恢复是一个漫长的过程。

8.1.3　生物多样性损失

生物多样性(Biodiversity,Biological Diversity)是描述自然界多样性程度的内容十分广泛的概念。现在人们对其定义有多种,一般可以概括为"地球上所有的生物(动物、植物、真菌、原核生物等),它们所包含的基因以及由这些生物与环境相互作用所构成的生态系统的多样化程度"。生物多样性包括多个层次或水平,如生态系统、景观、物种、群落、种群、基因、细胞、组织、器官等。每一层次都具有丰富的变化,即都存在着多样性,其中研究较多、意义较重要的主要有 4 个层次,即物种多样性(Species Diversity)、景观多样性(Landscape Diversity)、遗传多样性(Genetic Diversity)、生态系统多样性(Ecological System Diversity),广义的概念是指地球上所有生物所携带的遗传信息的总和,狭义的概念是指种内个体之间或一个群体内不同个体的遗传变异的总和。物种多样性是指一定地区内物种的多样化。就全球而言,已被定名的生物种类约为 140 万种(世界资源研究所等,1992)或 170 万种(Wilson,1985;Tangley,1986;Shen,1987),但至今对地球上的生物物种数尚未弄清。景观多样性是指由不同类型的景观要素或生态系统构成的景观在空间结构、功能机制和时间动态等方面的多样化或变异性(马克平等,1994)。

生物多样性是人类社会赖以生存和发展的基础,它为我们提供了食物、纤维、木材、多种工业原料等物质资源,也为人类生存提供了适宜的环境。它们维系自然界中的物质循环和生态平衡。因此,研究生物多样性具有极其重要的意义。当前生物多样性已成为全球人类极为关注的重大问题,因为全球环境的恶化,人类掠夺式的采伐和破坏,生物多样性正在以前所未有的速度减少和灭绝。有人估测从 20 世纪初到 1986 年,中南美洲湿润热带森林的砍伐造成 15% 的植物种灭绝,以及亚马孙河流域 12% 的鸟类灭绝。如果毁林继续下去,到 2020 年,非洲热带森林物种的损失可达 6%～14%;亚洲可达 7%～17%;拉丁美洲可达 4%～9%。以目前的速度砍伐森林,大约有 5% 的植物和 2% 的鸟类将灭绝(Reid,1989)。有人保守估计,现在每天都有 1 个物种灭绝,如不采取有力措施,到 2050 年将有 25% 的物种陷入绝境,6 万种植物将要濒临灭绝,物种灭绝的总数将达到 66 万～186 万种,甚至很多物种尚未命名即已灭绝。一个物种一旦消失,就不会重新产生。环境专家认为,东加里曼丹省的森林火灾对生物造成了重大损失,一些珍稀植物种灭绝,长期栖息在这里的熊、猩猩、野猪、鹿、猴、刺猬、穿山甲和老虎等稀有动物被烧死或逃至异地,昆虫的种类已大为减少等,其损失令人震惊! 据估计,由于人类活动引起物种的人为灭绝比其自然灭绝的速度至少大 1000 倍(Wilson,1988)。

鉴于全球生物多样性日益受到严重威胁的状况,联合国环境规划署(UNEP)于 1988 年 11 月召开了生物多样性特设专家工作组会议,以探讨一项生物多样性国际公约的必要性。1992 年 6 月 5 日,在巴西首都里约热内卢召开了联合国环境与发展大会,153 个国家在会议期间于《生物多样性公约》上签了字。

中国是世界上生物多样性丰富的国家之一,如中国的高等植物种类数仅次于马来西亚和巴西,居世界第 3 位,约有 30000 种。此外,中国的生物多样性还具有特有性高、珍稀和孑遗植物较多、生物区系起源古老以及经济物种很丰富等特点。如中国苔藓植物的特有属为 13 属,蕨类植物有 6 属,裸子植物有 10 属,被子植物有 246 属(钱迎倩,1998)。中国拥有著名的孑遗植物水杉、银杉、银杏等。同样,中国的生物物种也有不少种类处于濒危状态,据不完全统计,苔藓植物中有 28 种,蕨类植物中有 80 种,裸子植物中有 75 种,被子植物中有 826 种。据调查,我国的生态系统有 40% 处于退化甚至严重退化的状态,生物生产力水平很低,已经危及社会和经济的发展。在《濒危野生动植物种国际贸易公约》列出的 640 个世界性濒危物种中,中国占 156 种,约为其总数的 1/4。中国作为世界三大栽培植物起源中心之一,有相当数量的、携带宝贵种质资源的野生近缘种分布,其中大部分受到严重威胁,形势十分严重,如果不立即采取有效措施遏制这种恶化的态势,中国实现生物多样性保护的可持续发展是不可能实现的(马克平,1998)。为此,加强对生物多样性的研究和保护是全国人民的紧迫任务,更是生物科学工作者的历史使命。

8.1.4 酸雨

1. 酸雨的发现及其发展

1872 年,科学家 R. 史密斯在分析伦敦市的雨水成分时,发现市区雨水呈酸性,在其著作《空气和降雨:化学气候学的开端》中首次提出"酸雨"(Acid Rain)一词。

酸雨是指 pH 小于 5.6 的雨称为酸雨,又称酸沉降;pH 小于 5.6 的雪称为酸雪;在高空或高山上弥漫的雾,pH 小于 5.6 时称为酸雾。英文中烟雾(Smog)是烟(Smoke)和雾(Fog)的合成词。

酸雨率指一年出现酸雨的降水过程次数除以全年降水过程的总次数,是判别某地区是否为酸雨区的一个指标。pH 为 5.3~5.6,酸雨率是 10%~40%,为轻酸雨区;pH 为 5.0~5.3,酸雨率是 30%~60%,为中度酸雨区;pH 为 4.7~5.0,酸雨率是 50%~80%,为较重酸雨区;pH 小于 4.7,酸雨率是 70%~100%,为重酸雨区。

我国在 1979 年开始对对酸雨进行监测,开始在北京、上海、南京、重庆、贵阳等地开展对降水化学成分的测定,并在 1981 年开展了全国性的酸雨普查。检测结果表明,我国酸雨出现面积之广,酸度大。其中,南方地区的酸雨更为严重。据 1981 年调查资料,pH<4.0 的城市有贵州的都匀市(3.1)、重庆(3.6)、南昌和贵阳(3.7)、苏州和广州(3.8)。其中,贵州省所参加测报所有地区都出现酸雨,全省降雨的 pH=5.0。

2. 酸雨的来源及形成

(1)酸雨的来源

大气中可能导致酸性的物质主要有含硫化合物,包括 SO_2、SO_3、H_2S、$(CH_3)_2S$(二甲基硫 DMS)、$(CH_3)_2S_2$ $(CHa)_2S_2$(二甲基二硫 DMDS)、羰基硫 COS、CS_2、CH_3SH、硫酸盐和 H_2SO_4;含氮化合物,包括 NO、NO_2、N_2O、硝酸盐、HNO_3 以及氯化物和 HCl 等。这些物质有可能在降水过程中进入降水,使其呈酸性,造成雨水带酸的原因主要有两个方面:自然源(Natural Resource)和人为源(Anthogenic Resource)。

我们所指的酸雨是工业化过程中因人类的活动产生的,称之为人为源(Anthogenic Resource),由于大量使用燃料,燃烧过程中产生出来的 SO_2、氮氧化物(NO_x)及 HCl 等污染空气的物质被排放至大气当中,经光化学反应生成 H_2SO_4、HNO_3 等酸性物质,使得雨水之 pH 降低,形成酸雨,如图 8-4 所示。

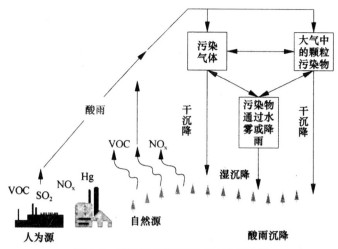

图 8-4　酸雨的来源及形成过程示意图

(2)酸雨的形成机制

酸雨主要是二氧化硫(SO_2)和氮氧化物(NO_x)在大气或水滴中转化为 H_2SO_4、HNO_3 所致,这两种酸占酸雨中总酸的 90% 以上,其机制归纳如下。

1)二氧化硫的氧化。

SO_2 会在空气中被氧化成 SO_4^{2-}。首先,SO_2 与氧产生反应,生成 SO_3,其过程非常复杂,有时还会涉及碳氢化合物及锰、铜、铁等金属离子。若有水蒸气存在时,SO_3 会溶在水蒸气中,形成 H_2SO_4,在空气中凝结成水点。或者,在空中被雨水溶解,成为雨水中的 SO_4^{2-}。

直接光化学反应:

$$SO_2 \xrightarrow[\text{水}]{\text{紫外线 } O_2} H_2SO_4$$

间接光化学反应:

$$SO_2 \xrightarrow[\text{过氧化物}]{\text{烟雾、}O_2 \text{ 水}} H_2SO_4$$

在液滴中空气氧化:

$$SO_2 \xrightarrow{\text{液体水}} H_2SO_3$$

$$H_2SO_3 + NH_3 \xrightarrow{O_2} NH_4^+ + SO_4^{2-}$$

在液滴中多相催化氧化:

$$SO_2 \xrightarrow[\text{重金属离子}]{O_2 \text{ 液体水}} H_2SO_4 \text{（重金属离子:Fe、Mn、V 等）}$$

在干燥表面上催化氧化:

$$SO_2 \xrightarrow[\text{碳颗粒}]{O_2 \text{ 水蒸气}} H_2SO_4$$

臭氧氧化:

$$SO_2 + O_3 \longrightarrow SO_3 + O_2$$

SO_2 的氧化反应是大气中最主要的化学反应,由 SO_2 氧化成 SO_3,由 SO_3 进一步形成

H_2SO_4 硫酸和 MSO_4 气溶胶。

$$SO_2 \xrightarrow{H_2O} H_2SO_4（水合过程）$$

$$H_2SO_4 \xrightarrow{H_2O} (H_2SO_4)_m g(H_2O)_n（气溶胶核形成过程）$$

$$H_2SO_4 \xrightarrow{NH_3、H_2O} (NH_4)_2SO_4 g H_2O（气溶胶核形成过程）$$

2）氮氧化物（NO_x）催化氧化。

燃烧煤时产生的高温热力会使 O_2 与 N_2 化合，形成酸性气体氮氧化物（NO_x）。空气中的氧、氮化物及金属催化物发生化学反应，形成 NO_2、无机性的硝酸盐或过氧硝酸乙酸脂（PAN）等物质。最后，这些物质被微粒表面吸收，转变为无机性硝酸盐或硝酸，硝酸再与氨产生反应，生成硝酸铵（NH_4NO_3），于是硝酸根和铵离子便会制造出来。

$$NO \xrightarrow{O_3} NO_2 \xrightarrow{H_2O} HNO_3 \begin{cases} \xrightarrow{H_2O} HNO_3 \\ \xrightarrow{NH_3} NH_4NO_3 \end{cases}$$

3. 酸雨的危害

酸雨的危害主要表现在以下几个方面：

①腐蚀建筑材料、金属结构、油漆等，特别是许多以大理石和石灰石为材料的历史建筑物和艺术品，耐酸性差，容易受酸雨腐蚀和变色。

②引起水生生态系统结构的变化，导致水生生物群落结构趋于单一化。

③酸雨可以使土壤酸化，抑制土壤中有机物的分解和氮的固定，植物生长所需的 K、Ca、P 等营养元素从土壤中淋洗出来，使土壤贫瘠化，也使有害金属离子活性增强。

④人们普遍将大面积的森林死亡归因于酸雨的危害。酸雨可以损害植物的新生叶芽，从而影响其生长发育，导致森林生态系统的退化。

⑤导致浅层地下水水质发生改变，pH 降低，硬度增高，水质恶化。

⑥对人体皮肤、肺部、咽喉呼吸道系统的刺激性危害，空气中的酸性水气及细小水滴随人呼吸进入呼吸道产生危害。

综上所述，酸雨对陆地生态系统危害过程可以总结如下（图 8-5 所示）。

4. 防治酸雨的综合措施

由于酸雨危害大、涉及面广，特别是酸雨危害的国际化，使各国政府都非常重视，仅靠一个国家解决不了酸雨问题，只有各国共同采取行动，减少 SO_2 和 NO_x 的排放量，才能控制酸雨污染及危害，为此联合国多次召开国际会议。欧共体建议其成员国在 1989 年之前改用无铅汽油，到 1995 年完全使用汽车催化转化器，旨在将汽车尾气排放的 SO_2 和 NO_x 减少 60%。加拿大在 1985 年宣布，到 1994 年国内 SO_2 排放量将削减一半，从 460 万吨降到 230 万吨。美国 1990 年对"清洁空气法"进行了修订，确定了在 1990 年全美 SO_2 排放量在 2000 万吨的基础上，今后每 5 年削减 500 万吨，到 2000 年总排放量减少一半，控制在 1000 万吨，以后不再超过这个数量的行动纲领。

我国也非常重视酸雨问题，1990 年 12 月国务院环保委员会第四次会议上通过了《关于控制酸雨发展的若干意见》。1996 年国务院发布《关于二氧化硫排污收费扩大试点工作有关问题的批复》。

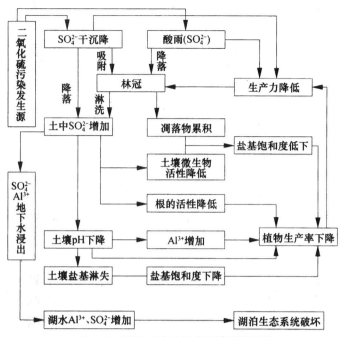

图 8-5　酸雨对陆地生态系统影响过程

目前,酸雨措施主要有以下几种。

(1)使用低硫燃料

对原煤进行清洗减少 SO_2 污染,有效方法是改用含 S 低的燃料。化石燃料中 S 含量一般为其质量的 0.2%～5.5%,美国规定,当煤的含 S 量达到 1.5% 以上时,就应加入一道洗煤工序。据有关资料介绍,洗选之后的原煤,SO_2 排放量可减少 30%～50%,灰分去除约20%。另外,改烧低硫油,低硫型煤,或以煤气、天然气(CH_4)代替原煤,也是减少 S 排放的有效途径。

(2)改进燃烧技术,采用烟道气脱硫装置

采用烟道气脱硫效果很好,即在烟道气排出烟囱前,喷以石灰或石灰石,达到脱硫的目的。燃烧技术的改善也能减少 SO_2 和 NO_x 的。使用低 NO_x 的燃烧器来改进锅炉,可以减少 NO_x的排放。流化床燃烧技术近来已得到应用,新型的流化床锅炉有极高的燃烧效率,几乎达到99%,而且能祛除 80%～95% 的 SO_2 和 NO_x,还能去除相当数量的重金属。这种技术是通过向燃烧床喷射石灰石或者石灰,其中的 $CaCO_3$ 与 SO_2 反应生成 $CaSO_3$,通过空气氧化成$CaSO_4$,可作为路基填充物或制造建筑板材和水泥。

(3)改进汽车发动机技术,安装净化汽车尾气装置

汽车尾气中含有的 NO_x,可以通过改良发动机和使用催化剂控制其排放量。

各国根据自己的国情,制定了一些适合自身发展的酸雨控制措施。美国能源部在 1986 年开始实施清洁煤计划,许多电站转向燃用西部的低硫煤,并且有 100 多家工厂安装了烟道气脱硫设备;日本和西欧国家比较普遍地采用了烟道气脱硫技术;我国通过限制高硫煤的开采使用,提高动力煤炭洗选率,安装简易烟气脱硫设备等措施减少 SO_2 的排放。

8.1.5 森林锐减

森林是人类赖以生存的生态系统中的一个重要组成部分。森林作为极其重要的资源,它不仅持续不断地为社会提供木材等多种原材料,而且还保存了世界上绝大多数物种基因资源和碳储量,是生物多样性保护的核心和全球变化的重要调节器。森林在保持水土、防治沙漠化、防治污染及恢复退化与受污染土地方面有着不可低估的作用。

森林锐减是指人类的过度采伐森林或自然灾害所造成的森林大量减少的现象。自 20 世纪 50 年代起,全球森林面积急剧减少,世界上 80% 的原始森林遭到破坏,如图 8-6 所示。地球上曾有 76 亿 hm² 的森林,到 1976 年森林面积已经减少到 2876 亿 hm²。目前,全球热带雨林仍以每年 1170 万公顷的速率急剧消失,尤其是世界上最大的亚马逊雨林,正被众多发达国家的木材公司肆无忌惮地成片砍伐。人类在毁掉大片森林的同时,也摧毁了物种生存所依赖的重要基础,严重地破坏了自然环境。

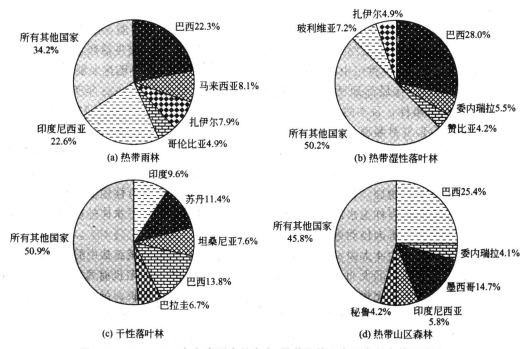

图 8-6　1981～1990 年各类型森林丧失:居首位的 5 个国家所占的百分比

(资料来源:FAO,1990 年森林资源评价:热带国家,FAO 林业报告第 112 号;仿曹志平,2001)

森林锐减会给生活环境带来很多方面的危害。

①生物多样性减少,物种基因受损。

②导致气候变化异常,自然灾害频繁发生。

③土壤侵蚀加剧,土地荒漠化进程加快等。

在秘鲁,由于森林不断被破坏,1925～1980 年间爆发 4300 次较大泥石流、193 次滑坡,直接死亡人数 4.6 万人;巴西东北部的一些地区就因为毁掉了大片的森林而变成了巴西最干旱、最贫穷的地方;1997 年夏,东南亚多个岛屿上的热带雨林相继发生森林大火,究其原因,除气候干燥外,大量采伐人员在雨林中大规模伐木是引起大火的主要原因。

目前,经济增长是各国首选的政策目标,经济增长给社会带来一定的繁荣,但也造成了生态环境恶化的问题,如何处理经济增长与环境保护,尤其森林可持续经营与经济可持续发展,成为社会关注的热点。因此,许多国家的政府都在探索制定更加切合实际的林业政策,从而与可持续发展思想更加一致。政策重点从重视木材及少数林产品转向更为广阔的社会、经济、生态目标,表现在规划森林培育和生物多样性、改变"树木和森林的归属及其用途"的观念方面。

在制定现有森林保护和合理开发利用的政策同时,大力发展人工林业是世界各国面对天然林和次生林日益减少所采取的共同的、长期的林业发展战略,成为解决 21 世纪木材需求的根本措施,以此来解决环境和木材供需之间的矛盾。

8.2　人口问题

8.2.1　人口及相关概念

人口是一切社会生活的基础和出发点,是构成生产力的要素和体现生产关系的生命实体。人口问题对于人类社会的发展来说,是个极为重要的问题。

1. 人口过程

人口过程是人口在时空上的发展和演变过程,它大致包括自然变动、机械变动和社会变动。人口自然变动是指人口的出生和死亡,变动的结果是人口数量的增加和减少。社会变动指人口社会结构的改变(如职业结构、民族结构、文化结构和行业结构等)。人口机械变动是指人口在空间上的变化,即人口的迁入与迁出,变化的结果是人口数量在空间上发生人口分布和人口密度的改变。人口过程反映了人口与社会、人口与环境的相互关系。

反映人口过程的自然变动指标是人口出生率、死亡率和自然增长率。人口自然增长率与出生率和死亡率的关系是:

自然增长率＝(某地某年活产婴儿人数－死亡人数)/该地某年平均人数×1000‰

或自然增长率＝出生率－死亡率

反映人口过程、人口增长规律的指标还有指数增长、倍增期等。指数增长是指在一段时期内,人口数量以固定百分率增长。指数增长可用下式表达:

$$A = A_0 e^{rt} \tag{8-1}$$

式中,A 为某一增长值;A_0 为某初始值;r 为增长率;t 为时间。

倍增期是表示在固定增长率下,人口增长 1 倍所需的时间。其计算公式为:

$$T_d = 0.7/r \tag{8-2}$$

式中,T_d 为倍增期;r 为年增长率。

根据式(8-2),若人口增长率为 $r=1\%$,则 70 年后,人口增长 1 倍;若 $r=2\%$,则 35 年后,人口增长 1 倍;$r=7\%$,10 年后人口增长 1 倍;$r=10\%$,7 年后人口增长 1 倍。

2. 人口结构

人口结构(Population Composition),又称人口构成。指依据人口所具有的自然、社会、经济和生理特征将人口划分成各组成部分。通常分为自然构成、地域构成和社会经济构成三类。人口构成是静态的时点指标,随着时间的推移,人口构成会不断发生变化。

(1)人口的自然构成

人口的自然构成是根据人口的自然特征划分的,主要包括人口的年龄构成和性别构成。

(2)人口的社会经济构成

人口的社会经济构成是根据人口的社会、经济特征划分的,包括人口的阶级构成、民族构成、宗教构成、职业构成、文化教育构成等。

(3)人口的地域构成

人口的地域构成是根据人口的居住地区划分的,包括人口的城乡构成和行政区域构成等。

3. 人口再生产

人口再生产是人口不断更新,世代不断更替,人类自身得以延续和发展的过程。人口再生产是人口数量和质量延续、发展过程的统一,其中生物过程是人口再生产的自然基础,社会过程是人口再生产得以实现的形式,人口再生产过程本质上是社会过程。

人口再生产有狭义和广义之分。狭义仅指人口自然变动的人口再生产过程,即仅指人口的出生和死亡自然变动过程;广义指包括人口的自然变动、迁移变动和社会变动 3 种人口变动在内的人口再生产过程。

人口再生的特点表现为以下各方面:

1)人口再生产的成果是人。

2)实现人口再生产的单位是家庭。

3)人口再生产过程有其惯性作用。

4)人口再生产周期较长。

4. 人口老龄化

人口老龄化是指老年人所占人口比重日益上升的现象。人口老龄化有狭义和广义之分。狭义的人口老龄化指老年人口比重超过一定的界限且社会已达到老年型人口,即 60 岁或 65 岁以上的老年人在总人口中的比重超过 10%;广义的人口老化指人口中老年人的比重趋于上升。人口老化的直接动因是人口出生率和死亡率的下降,它是社会经济发展到一定阶段的必然结果。随着人口老化,人口的年龄结构以及相应的社会抚养负担结构、劳动资源结构、消费结构等均会随之发生变化,对社会经济生活各方面都会发生广泛影响。

8.2.2　世界人口增长

1. 世界人口史

世界人口数量的发展,不同阶段有很大差异,人口发展大致经历了三个阶段(图 8-7)。

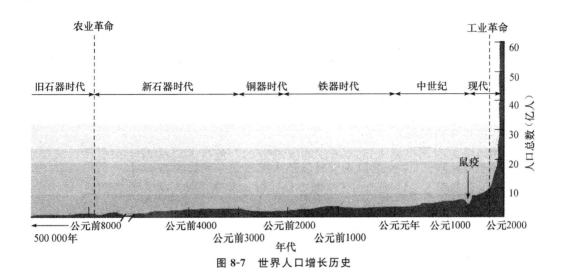

图 8-7　世界人口增长历史

(1)高出生率、高死亡率、低增长率阶段

自从人类诞生 300 万年以来,世界人口的发展绝大部分处于这个阶段。在漫长的原始社会,世界人口总数很少,有人估算,当时地球上每 200km² 最多只有一个人,平均每 1000 年增长 20‰,只有现在增长速度的 1‰。这个阶段中,生产力水平低下,医疗卫生条件差,因此人口发展具有高出生率、高死亡率、低增长率的特点。

(2)高出生率、低死亡率、高增长率阶段

从 1650~1950 年,是人口中增长率阶段。第一次工业革命以后,人类社会的生产力水平迅速提高,人们的生活和医疗卫生水平显著改善,人口寿命提高,死亡率降低,世界人口数量的增长速度加快。在这 300 年中,世界人口由 5.45 亿增长到 25 亿,平均年增长率为 0.5%。

(3)低出生率、低死亡率、低增长率阶段

目前由于种种原因,欧美国家中人口发展出现了低出生率、低死亡率、低增长率的现象,其中一些国家出现了人口零增长的现象,还有一些国家出现了人口负增长的现象。20 世纪 70 年代以后,自然增长率开始下降,陆续降为 19‰、18‰、17‰,世界人口增长速度开始减缓,但全世界每年仍能增加近 1 亿人。

2. 世界人口增长的特点

(1)世界人口增长曲线呈现指数增长形式

从过去 50 万年人类人口增长现状来看,长期以来人口增长率非常低,整个人口增长是一个非常缓慢的过程,平均人口增长率仅为 0.00011%。但从最近这几百年来看,世界人口增长率急剧上升,人口基数呈指数增长的态势。其重要标志为人口的倍增期越来越短,世界人口从 5 亿人增到 10 亿人用了 200 余年;从 10 亿人增至 20 亿人用了 100 多年,从 20 亿人到 40 亿人不到 70 年。20 世纪人口在每 10 年间的增长数也在上升。目前世界人口有 50% 在 25 岁以下,这种年龄结构属于典型的增长型,这表示世界人口在今后相当长时期内仍会保持增长势头。而随之而来的将会是交通拥挤、住房紧张、就业困难、饥饿贫困等诸多问题。

(2)人口分布极不均衡

当前世界人口分布极不均衡,越是贫困的地区人口数量越大,人口增长也越快。联合国人口基金会《2007年世界人口状况报告》统计显示,2006年世界总人口为64.647亿,人口增长率是1.2%。其中发达国家人口为12.113亿,人口增长率是0.3%;发展中国家人口为52.535亿,人口增长率是1.4%。2004年全球净增的7600万人口中,95%都在发展中国家。因此,所谓世界人口问题,可以说就是发展中国家的人口问题。这种情况进一步加大了发达国家与发展中国家的贫富差距,而且进一步加剧了世界人口同资源、环境之间的矛盾。

(3)年龄结构出现两极分化

世界上人口总体年龄上趋于老龄化,年龄中值由1950年的22.9岁上升至1985年的23.3岁至2025年可达30岁。但发展中国家与发达国家年龄中值不同,发展中国家年龄偏低,属年轻型人口,其原因为人口出生率的差异。如1986年印度的少年儿童系数(0~14岁人口在总人口中的比重)约为51%;而发达国家的美国约为19%,法国为20.8%。

人口老化,也称人口老年化,或人口高龄化。按世界通例,凡65岁以上老人占本国总人口7%以上者,称"老年型人口"。法国于1865年成为世界上第一个老龄化国家。1890年,瑞士也加入这一行列,成为第二个老龄化国家。20世纪60年代后,出生率急剧下降,老年人口在总人口中的比例上升很快。1990年,世界上有50多个老龄化国家。日本老龄化速度最快,1985年超过10%,1986年英国为15.3%,瑞典为16%。

(4)城市人口膨胀

城市是经济和技术集中的地方,无论发达国家还是发展中国家,城市人口增长速度都远远高于其他地区的速度。1800年全世界只有伦敦一座城市达到100万人口规模,1850年有3座100万人口的城市,1900年100万人口城市增加到16座,1950年达到115座,1980年达到234座。目前,世界上超过500万人口的城市有近30座,超过1000万人的有近10座,全世界平均每8人中有一个住在大城市。我国在鸦片战争时,没有一座城市人口超过百万,1949年只有上海、天津、北京、沈阳、广州五座城市超过百万人,1989年百万人口城市达到30座。

城市人口膨胀在发展中国家尤甚。处于经济发展高峰的城市,经济效益高,就业机会多,从而吸引大批农民转向城市,造成发展中国家的城市人口在50年内,由不足发达国家城市人口的一半,一跃成为发达国家城市人口的一倍。如墨西哥城,在20世纪初只有30万人,到1960年增加到480万人,1970年增加到800万人,1985年达到1800万人,约占全国人口的1/4。

3. 世界人口预测

目前,世界人口数量在不断增长,人口倍增时间也在不断缩短,即世界人口每增加1倍的年限越来越短,史前时期需要好几百万年,古代需要几千年,当代只需要几十年。1804年世界人口达到10亿人,123年以后即1927年达到20亿人,33年后即1960年达到30亿人,14年后即1974年达到40亿人,而13年后即1987年就上升到50亿人,1999年10月12日"60亿人口日"的到来,显示世界人口增长10亿人的时间已缩短到了12年(图8-8)。

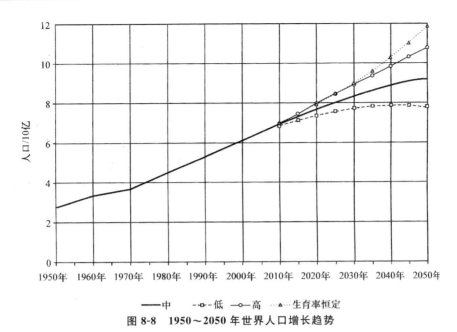

图 8-8　1950～2050 年世界人口增长趋势

资料来源:联合国人口司.2007.世界人口展望:2006 修订.纽约:联合国

根据联合国人口基金《2010 年世界人口状况》报告,2010 年世界总人口为 69.09 亿人,其中,欠发达地区为 56.72 亿人,发达地区为 12.37 亿人。欧洲为 7.33 亿人,亚洲为 41.67 亿人,拉丁美洲和加勒比地区为 5.89 亿人,大洋洲为 0.36 亿人,非洲为 10.33 亿人,北美地区为 3.52 亿人。2008 年人口数量居世界前十位的国家是中国、印度、美国、印度尼西亚、巴西、巴基斯坦、孟加拉国、尼日利亚、俄罗斯、日本。

世界人口正在以前所未有的速度增长。根据联合国最新预测,到 2050 年,全球总人口将从现在的 69 亿增加到 92 亿,这就意味着对食品、水、燃料的需求也将增加。联合国呼吁各国增加对计划生育的投资,以推进减缓人口增长、消除贫困、减轻对环境的压力。

综上,人口增长应该与社会、经济的发展相适应,与资源、环境相协调。人口增长过快会给资源、环境乃至人类社会自身带来沉重的压力,而人口增长过慢又会引发老龄化、劳动力短缺、国防兵源不足等问题。保持适宜的人口数量、合理的人口结构和较高的人口素质有利于促进人类社会的可持续发展。

8.2.3　中国人口发展状况

1. 中国人口发展特点

(1)人口基数大,总量增长快

中国是世界上人口最多的国家。历史上我国人口经历了三次大增长:第一次是由先秦的 1000 万～2000 万陡升到西汉的 6000 万,后一直到明末清初,总人口均在 6000 万左右;第二次是清代(1840 年),总人口由 6000 万骤增到 4 亿;第三次是在新中国成立后,人口从 5 亿增长到现在的 13 亿多。

(2)增长速度变化大

从中国人口发展的几个具有代表性的历史时期来看,中国人口增长速度较快,尤其是新中国成立后,人口增长更是突飞猛进。从公元前2245—公元前207年,人口增长率基本处于停滞状态;公元2—1685年,年平均增长率为0.03%;1685—849年,年平均增长率为0.86%;1849—1949年,年平均增长率为0.27%;1949—1982年,年平均增长率为1.97%。之后,随着中国计划生育工作的深入开展,人口增长率有所下降,1990年人口增长率为1.439%;2000年在0.758%以内;2008年已降至0.505%,进入低生育水平国家行列。

2006年以来,受年龄结构影响,已婚育龄妇女人数增加,加之夫妻双方为独生子女可以生育两个孩子的家庭比例的提高,出生人口略有增加。

(3)人口年龄结构呈老龄化趋势

从年龄结构上来说,我国的老龄化水平将逐渐加深。根据第五次全国人口普查的结果,我国内地65岁及以下人口为8811万人,占总人口的6.96%,我国基本已成为老年型人口的国家。由于人口出生率的降低和出生预期寿命的延长,我国人口老龄化的速度会越来越快。国内外近期的人口预测都发现,在2020年之后,我国的老龄化速度将呈加速度态势。至2050年,在每100个人中,约有30个60岁及以上的老人,这将比那时世界平均老龄化水平高出10%。

(4)性别比例失调

我国人口男女性别比不仅显著高于发达国家,而且也稍高于某些发展中国家。出生婴儿男女性别比一般在103~107,但中国出生婴儿男女性别比一直处于较高的水平,5次全国人口普查数据分别为104.9(1953年)、103.8(1964年)、108.5(1982年)、111.3(1990年)、116.7(2000年),随后,全国出生人口性别比继续攀升,但攀升势头趋缓。国家统计局公布数据显示,2009年全国出生性别比为119.45,比2008年下降1.11个百分点,是"十一五"以来首次出现下降。

人口性别比失调是导致社会不稳定的重要因素之一,应该得到广泛的重视。

(5)人口分布不均衡

我国是世界上人口较稠密的国家之一,全国人口密度为138人/km²,约为世界平均水平的3倍。由于地理和自然环境的巨大差异,我国人口分布极不平衡,全国约有90%的人口集中在大兴安岭到腾冲一线以东地区,其中80%密集在只占土地面积17%的华北平原、长江中下游平原、珠江三角洲和成都平原等地。而占全国土地面积一半的西部广大地区,人口只占全国的10%左右,西部地区的人口又主要集中在少数绿洲、河谷和平川地带,大片地区至今还是人迹罕至。

(6)人均寿命延长,人口素质有所提高

人口素质主要指人的身体素质、文化智力素质和思想道德品质。由于社会经济迅速发展,人民物质文化生活水平不断提高,我国人口的身体素质和文化素质都有明显提高,婴儿死亡率降低。与此同时,人口的平均寿命则大大地延长。1949年我国人口的平均寿命大致在35岁左右。2006年抽样调查资料表明,我国人口平均预期寿命已达到72岁,这标志着我国社会发展取得了巨大成就。

尽管我国的人口素质有了明显的提高,但是我们必须清醒地看到,我国人口的整体文化素质仍处于较低的水平,受教育的程度与先进国家相比仍有较大差距。特别是文盲、半文盲人口中,还有一部分是青少年,全国仍有 2%～3% 的学龄儿童没有参加文化学习。因此,继续提高人口素质是我国长期而紧迫的任务。

2. 我国人口发展趋势

经有关专家预测中国人口的发展趋势有以下几点:

(1)自然增长率趋于稳定

自然增长率已由 1974 年 2.22% 下降到 2008 年的 0.505%,生育率经过到达近 20 年的最低水平,这是世界人口史上罕见的,但由于 20 世纪六七十年代生育高潮形成的人口年龄结构的影响,生育率继续下降的余地已经不大了,在 1995 年前后形成一个生育高峰。

(2)死亡率继续下降

中国目前人口死亡率在世界上是属于较低的,随着经济的迅猛发展,生活水平和医疗水平的进一步提高,死亡率继续下降是有可能的。

(3)乡村人口比重大,生育率较高

乡村人口比重依然较大,且在相当长的时间里降低乡村的人口生育率仍然较为困难。

综上所述,以目前 13 亿人口为基础,人口增长率能继续得到控制,到 21 世纪中期将达到 16 亿人。人口学家普遍认为,这是中国人口的极限,即中国土地可负荷和供养的最大人口数。此后中国人口数会略有回落,并在某一时期到达最佳人口数而稳定下来。

8.2.4　人口与资源

1. 人口对物种的影响

物种是一种资源,也称生物资源,它包括动物、植物和微生物,再加上受生物影响的环境。物种资源可为人类提供基本的食物,如世界上 90% 的食物来源于 20 个物种;同时可为人类提供各种生活原材料等。

物种资源是一种可更新资源,保护得法,应用得当,则它是可以再生的,也就可以被人类继续利用。如不加以保护或过度利用,则会遭到破坏,甚至消失,变得不可再生。

人口增长对物种资源的影响表现为人口增长对自然资源的需求增加。一方面人类为生存而破坏了物种生存的栖息地,使物种的种类及数量急剧下降,如森林与草地面积的锐减;另一方面人类的过度捕杀和采集,也会造成物种的消失;再有人类使用的农药与化肥,会污染环境,影响全球气候的变化,也会使物种消失。据统计,目前世界上生存着约 300 万～1000 万种生物,在人口大量增加的压力下,生物种约有 50 万～200 万种消失。当一种物种消失后,从生态学角度看,会引发生态系统食物链的变化,使生态系统变得越来越脆弱。

2. 人口增长对土地资源的压力

土地是人类获取生物资源的基地,是人类赖以生存的主要环境因素。在全球 14900 万 km^2 的大陆土地上,只有 1/4 的土地适合放牧,1/4 的适合耕种,而且这些土地分布极不均衡。在人类生存所需的食物来源中,海洋占 2%,草原和牧区占 10%,耕地上生长的农作物占 88%,庞大的人口对粮食等农产品需求产生的压力,迫使人们高强度地使用土地,使得耕地地表土侵蚀严重,肥力急剧下降。此外,由于人口的增加,耕地不断地转为他用,城市的不断扩展,公路、铁路的延伸,开矿山、建工厂等,都无时不在蚕食着宝贵的耕地,导致大量耕地被毁,人均土地逐年下降。

我国近年来耕地每年减少逾 6.7×10^5 万 m^2,而人口数量每年增加约 1000 万,人均耕地逐年减少,土地承受的压力越来越大。新中国成立初期,人均耕地 $0.18 hm^2$,每公顷耕地养活5.5 人;2000 年人均耕地减少到 $0.08 hm$,每公顷要养活 12 人。我国耕地供养人数远远大于世界平均值,人口对土地资源的压力越来越大。

为使食物供应跟上人口增长,需要采取各种措施,如施用大量化肥与农药以提高单位面积产量,或开垦荒地以扩大耕地面积等。但是,这些措施都可能以环境的破坏为代价。过量施用化肥与农药会造成土壤板结、水体富营养化、环境污染、抗药性害虫种类和数量增加等,最终可能使农、林、牧、副、渔各业的总产量反而下降;不适当地开垦荒地,必然也会破坏有利的生态平衡,如使土地沙漠化、盐碱化等。这样就更加剧了人口与土地资源的矛盾,这种紧张态势反过来又构成对人类生存和发展的威胁。因此,控制人口和保护耕地,对人类的生存发展具有十分重要的意义。

3. 人口的增长对水资源的压力

淡水是陆地上一切生命的源泉。地球上的淡水资源并不丰富,水资源总量约为 $1.38 \times 10^9 m^3$,主要来自大气降水。其中 97.5% 是海水,淡水只占 2.5%。而淡水中绝大部分为极地冰雪冰川和地下水,适宜人类享用的仅为 0.01%。全球真正有效利用的淡水资源每年约有 $9000 km^3$。

20 世纪 50 年代以后,全球人口急剧增长,工业发展迅速。一方面,日益严重的水污染蚕食大量可供消费的水资源;另一方面,人类对水资源的需以惊人的速度增长。由于人口分布极不均匀,降水的分配量无论从空间上还是时间上也都极不均匀,世界上许多国家正面临水资源危机。全球现有 100 多个国家缺水,其中有 40 多个国家严重缺水,十几个国家发生水荒。到2025 年,水危机将蔓延到 48 个国家,35 亿人为水所困。水资源需求地增加,使一些国家已经达到了其水资源利用的极限。气候变化的影响很可能使这种情形恶化。无论是在国家之间、城市与乡村之间,或是在不同活动领域之间,水资源的竞争正在加剧。这有可能使水成为一个日益政治化的问题。水资源危机带来的生态系统恶化和生物多样性破坏,也将严重威胁人类生存。

中国的淡水资源比较丰富,全国水资源总量居世界第六位。但按人均占有量来看,水资源并不多,只相当于世界人均水资源占有量的 1/4。目前,中国可利用水量年均只有 1.1×10^{12}。由于人口和水资源分布不均匀,造成不少地区缺水。而人类活动造成的水污染以及人类在用水过程中的浪费也是造成水资源短缺的重要原因。在正常情况下,全国年缺水总量为 $300 \times 10^8 \sim 400 \times 10^8 m^3$,每年有 $0.067 \times 10^8 \sim 0.2 \times 10^8 hm^2$ 农田受旱,669 个城市中有 400 余个供水不足,在 32 个百万人口以上的特大城市中,有 30 个长期受缺水困扰。随着城市化的快速发展,城市人口剧增,耗水量也随之剧增,水资源短缺问题将更为严重,水资源供需矛盾将更加突出。

4. 人口增长对森林资源和草原资源的压力

森林是陆地生态系统的主体,又是国民经济的基础产业之一。森林在向社会提供木材和大量林副产品的同时,还在调节气候、涵养水源、保持水土、净化大气、防风固沙、保护生物多样性、促进农牧业以及社会经济发展等方面发挥着不可替代的作用。随着人口数量的增长和经济的快速发展,森林所承受的负担也不断增加。据相关研究,地球上的森林面积曾达到76 亿 hm^2,但是随着人口的不断增长,人们不断毁林造田、毁林盖房,使森林面积迅速下降,世界森林已减少了近 2/3。随着人口的激增,森林面积还将不断减少。

我国在历史上是一个森林资源丰富的国家,但随着人口的增加,耕地需求的增加,大量森林被砍伐破坏,已使中国变成了一个少林国。2007 年,我国森林覆盖率达到 18.22%,远远低于世界平均值。由于长期以来我国森林重砍伐轻抚育,加剧了人口与森林资源的矛盾,使我国的森林资源遭到严重破坏。

对森林植被的大量砍伐和破坏造成严重的水土流失,给农牧业生产带来了很大损失。据联合国粮食组织预言,如不采取措施,到 2100 年,土壤的退化和流失将使亚洲、非洲和拉丁美洲的水浇地面积减少 65%。

草地资源是一种可更新、能增殖的自然资源,草原是把太阳能转换为生物能的巨大绿色能源库,也是丰富宝贵的生物基因库。它适应性强,覆盖面积大,更新速度快,具有调节气候、保持水土、涵养水源、防风固沙的功能,具有重要的生态学意义。

当人口增加时,一方面为了增加耕地面积,人类就毁草为耕,过度放牧。这样不仅减少了草地面积,也破坏了草地的功能;出现土地沙化,水土流失,破坏了草地的生态系统,使草原生态系统中丰富的野生动植物、名贵药材资源遭到破坏。另一方面为满足人类增长对畜产品的需求,过度放牧,使草场退化。以面积较大、在北方牧区最具代表性的内蒙古自治区为例,1983年卫星遥感调查统计(20 世纪 70 年代末资料),退化草地面积 $2134 \times 10^4 hm^2$,占可利用草场面积的 35.57%;1995 年统计结果表明,退化草地为 $3870 \times 10^4 hm^2$,占可利用草地面积的60.08%。平均每年扩大 $118 \times 10^4 hm^2$,即每年以可利用草地面积 1.9% 的速率在扩大退化。据 2000 年中国环境状况公报公布的数字,目前中国 90% 的草地不同程度地退化,其中,中度退化以上草地面积已占半数,并且每年还以 $200 \times 10^4 hm^2$ 的速度增加,草地生态环境形势十分严峻。

5. 人口对气候的影响

人口急速增长以及人类生活水平的提高,使得生活和工业生产排入大气的污染物质及废热增加,引起酸雨和光化学烟雾等区域大气环境问题的严重化,以及温室效应、臭氧层破坏等全球性问题的出现。此外,人口增长对降水的时间及空间分布规律也产生了一定的影响。英国、美国科学家对 100 多年米的气候进行调查的研究表明:19 世纪 90 年代,世界平均气温为14.5℃;20 世纪 80 年代,平均气温升高到 15.2℃;估计到 2030~2050 年,全球平均气温将比近十几年高 1.5℃~4.5℃,将比过去一个世纪高 5℃~10℃;如果在 1970 年开始的全球性气候突然变暖持续下去,在 21 世纪,干旱、热浪及其他异常气候将有增无减。

6. 人口对能源的影响

据估算,在现代生产力发展情况下,人口每增加 1 倍,能源消耗将增加 7 倍。随着人口增长和经济发展,对能源的需求迅速增加,人口的激增不仅缩短矿物燃料的耗竭时间,造成能源供应的紧张,而且还会加速对森林资源的破坏。其中发展中国家用燃料,90% 来自于森林。由于生产和生活中所消耗的燃煤、石油、天然气等释放出大量二氧化碳加之热带雨林被大面积砍伐,使大气中二氧化碳浓度从原先的 $315cm^2/m^3$ 上升至 $352cm^2/m^3$,引起的温室效应使全球气候变暖,而且会导致生物异常,毁坏大面积森林和湿地,引起海平面上升,甚至导致极地冰帽的不可逆融化。

随着人口的不断增长,全世界对能源需求不断的增大,1950 年,世界总能源消耗相当于 2.6Gt 标准煤,到 1979 年,已达 9.0Gt 以上。随着发展中国家的工业化,能源消耗也将大大增加,估计本世纪初达到 20.0Gt 以上。目前许多地区树木已被砍光,植物秸秆烧光,甚至将牲畜粪便也做了燃料。如果不开辟新的有效的能源,不控制人口的增长,未来人口增长与能源短缺的矛盾将不断扩大。

7. 人口对生活水平的影响

由于人类享有的自然资源总量是有限的,自然资源的消耗量与人口成正比,人类的生活水平受到人均资源占有量的影响。当人口数量增加时,人均占有自然资源的比例就会降低,生活水平下降。同时人口激增对自然资源的过度消耗还将影响到自然资源的质量,如土地的超载使用,会使肥力下降,从而进一步加剧了资源消耗的速度,而形成一种资源消耗的恶性循环。比如,发展中国家生活水平及生态环境明显低于发达国家其基本原因之一就是因为巨大的人口压力,即人口超过了他们本国的资源承载能力。

关于人口增长对环境的影响,1970 年梅托斯(Mead-ows)提出一个"人口增长-自然资源耗竭-环境污染"的世界模型如图 8-9 所示。

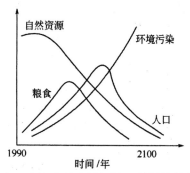

图 8-9　人口增长-自然资源耗竭-环境污染的世界模型

该模型认为,人口激增必然导致下列三种危机同时发生,即自然资源下降,以至发生严重枯竭;土地利用过度而使粮食产量下降;环境污染严重。人口数量也将随着资源与粮食的下降而下降。

人口增长的最终结果,加重了地球的负载,改变了自然生态系统的结构和功能,严重时使生态系统失去自身调节能力,人类将受到自然界的报复。因此,考虑人口的增长和人口密度分布问题时,必须尊重自然生态规律,使其不断保持最优平衡。

8.2.5　人口控制

1. 人口环境容量

通常意义上的人口容量并不是生物学上的最高人口数,而是指一定生活水平下能供养的高人口数,它随所规定的生活水平的标准变化,需要相应的物质支撑和环境支撑。如果把生活水平定在很低的标准上,甚至仅能维持生存水平,人口容量就接近生物学指的最高人口数;如果生活水平定在较高目标上,人口容量在一定意义上说就是经济适度人口,也称为地球的人口承载力。国内外生态学家曾对地球生态系统的人口容量进行了估算,最乐观的估计是地球可养活 1000 亿人,但多数认为只能养活 100 亿人左右。

2. 环境人口容量的制约因素

(1)地域的开放程度

一个封闭系统和开放系统的人口容量是有很大区别的。一个封闭系统中,由于某一种资源的匮乏会使其人口容量大为降低,而在一个开放系统中,资源的互补可以大大提高一个地区的人口容量。

(2)生产力水平的高低

资源的利用程度和产出水平会受生产力水平的影响,不同的生产力水平下,有很大差别,人口容量会随着生产力水平的提高而提高。因此,确定未来人口容量时还应考虑技术进步的影响。

(3)时间规定性

人口容量应建立在可持续发展的概念上,不能只考虑短期效应。一个地区短期内的人口容量高于其长期发展的人口容量,会造成对资源的过度开发和利用,导致未来人口容量的降低。

(4)分配方式与社会制度

不同的分配方式和社会制度将导致人口容量的差别。例如,贫富差距较大的国家的人口出生率远远低于一个平均分配资源和财富的理想化国家。

(5)生活水平的高低

随着社会的进步,人们生活方式和思想观念的转变,人口容量会随着生活水平的提高而降低。

(6)承载人口容量的基础

人口容量既可以从如土地资源、淡水资源、矿产资源等,单一的因素分别考察,既可以只考虑自然系统,也可以加进社会经济系统,也可以从自然环境系统综合考虑,因而有矿产资源承载力、土地人口承载力、环境人口容量等一系列人口容量的研究。

人口容量的制约因素很多,自然资源和环境状况是人口容量的主要限制因素。多年来,我国对自然生态的保护环和境污染的防治,取得了较为显著的成效,但目前我国的环境状况仍不容乐观。从环境保护的角度来看,目前我国的人口数量已远远超过了环境的承载能力。在未来相当长的时间里,我国的人口数量将进一步增长,而资源和环境的状况基本成定势,人口环境容量超负荷的状况将长期存在下去。这种状况无疑将对我国的社会、经济和环境产生深远的影响。

3. 我国人口控制

人口问题始终是影响经济社会发展的关键因素,是制约我国全面协调可持续发展的重大问题。现阶段我国经济发展受到人口数量和质量的制约,以数量制约为主。我国人口过快增长表现为人口基数大、净增长量大、持续增长和惯性大四大显著特征,人口对生活资料的绝对消耗量大。我国人口的现实势态制约了我国持续发展的诸因素中,决定了现阶段实现我国的持续发展必须以控制人口数量、平抑人口的过快增长趋势。因而,控制人口过快增长,保持适度的人口规模,将为我国人口素质的逐步提高创造必要的条件,控制人口还能从整体上缓解对资源、环境的压力。因此,控制人口应成为现阶段可持续发展一系列举措中的关键举措。具体地应考虑以下几个方面。

(1)实行计划生育

把控制人口数量的工作纳入国家和各级政府的经济建设与社会发展的中长期计划和年度计划,并置于与经济发展同等重要的地位。加强计划生育工作,稳定低生育水平。

(2)提高人口素质

进一步改善医疗卫生条件,扩大集体福利,保障妇幼健康。增加教育投入,改善教师和知识分子待遇,普及初等教育,努力提高高等教育的水平,为提倡优生做必要的准备。提倡优生从根本上讲就是提高人口中优良遗传素质的比重,减少和消除劣质个体的发生。这是解决我国人口问题、促进社会持续发展的根本途径。

(3)改善人口结构

当前家庭4∶2∶1或4∶2∶2结构,少数民族聚居区的环境状况,因人口的增长而遭受更大压力。所以未来人口生育政策要逐渐统一,使人口性别比失衡和养老微观人口结构消解。维持社会正常运转,家庭劳动力人口起到了支持老年人的居家供养和必要的新生人口的生殖的重要作用。因此,应着重从人口年龄结构的和谐程度去思考人口政策,要防止未来经济和社会发展中的劳动力短缺。既要控制人口总量,防止人口增速反弹,又要通过人口结构调整,缓解老龄化水平。新生婴儿的性别结构,影响着未来婚龄年龄段人口的婚育问题。生育政策的适度调整既可缓解新生人口数量的急剧下降,也可缓解出生性别比的畸升。

(4)宣传和教育

向全体公民宣传中国可持续发展的现状和全球环境与发展形势,讲述我国可持续策略的前景、基本对策和存在的问题,明确可持续发展的目标,树立人类与自然共生、环境与发展协调共进的整体观念,增强忧患意识,增强全社会对可持续发展的信心和责任感。

第9章　环境法与环境经济学

9.1　环境法

9.1.1　环境法的概念及特点

1. 环境法概念

环境法是为了协调人类与自然环境之间的关系,保护和改善环境资源并进而保护人体健康和保障经济社会的可持续发展,在 20 世纪 60 年代以来,逐步产生和发展起来的新兴法律。环境法是为了调整人们在开发、利用、保护和改善环境资源的活动中所产生的各种社会关系的行为规范,由国家制定或认可并由国家强制力保证实施的。其名称往往因"国"而异,例如,欧洲各国称为"污染控制法",美国称为"环境法",日本称为"公害法",中国一般称为"环境保护法"等。环境法的定义主要包括以下几方面的含义:

(1)环境法产生的根源

人与自然环境之间的矛盾是环境法产生的根源,通过直接调整人与人之间的环境社会关系,促使人类活动符合生态学规律及其他自然客观规律,从而间接调整人与自然界之间的关系。因此,环境保护法的调整对象是人们在开发、利用、保护和改善环境资源,防治环境污染和生态破坏的生产、生活或其他活动中所产生的环境社会关系。

(2)环境法的目的

环境法的目的是通过防治环境污染和生态破坏,协调人类与自然环境之间的关系,保证人类按照自然客观规律特别是生态学规律开发、利用、保护和改善人类赖以生存和发展的环境资源,维护生态平衡,保护人体健康和保障经济社会的可持续发展。

(3)环境法

环境法是国家制定或认可并由国家强制力保证实施的法律规范,是建立和维护环境法律秩序的主要依据。法律属性的基本特征是具有国家概括性、规范性和强制力。环境法以明确、普遍的形式规定了个人、企事业单位、国家机关等法律主体在环境保护方面的权利、义务和法律责任,建立和保护人们之间环境法律关系的有条不紊状态,人们只有遵守和切实执行环境法,良好的环境法律秩序才能得到维护。

2. 环境法的特点

环境法是上层建筑的组成部分,并且是为经济基础服务的。环境法不但要遵循社会经济法律,而且要遵循自然规律;不但要适应经济基础的需要,而且受自然界的制约。概括地说环境法具有以下特点:

(1)综合性

环境保护不仅范围广,而且调整的社会关系涉及生产、流通、生活等多个领域,受到政治、经济、文化、自然环境和科学技术的影响。因此环境法具有高度的综合性。

（2）技术性

环境法的技术性一方面表现在保护环境要采取许多工程技术措施，因此环境法要把大量技术规范和技术方案包括进去；另一方面表现在要遵循某些自然规律，如生态平衡的规律。

（3）社会性

人类赖以生存的地球环境是一个整体。局部环境的严重破坏和污染，不只给当地人民带来危害，而且会给别的地方或别的国家带来危害；局部环境的改善，当地人民与别地人民都受益。因此，各国的环境法都有一些共同的规律。

9.1.2　环境法的基本原则

环境法的基本原则是指以保护环境、实施可持续发展为目标，以环境保护和法的基本理念为基础，以现代科学技术和知识为背景所形成的贯穿于环境立法和执法的基础性和根本性准则。环境法所确立的基本原则，是环境法本质的反映，是实行环境法制管理的指导方针，是环境立法、执法和守法都必须遵循的基本原则，是贯穿于环境法的灵魂。

环境法基本原则的表现形式可以是直接明文规定于环境立法之中，也可以是间接表现在一个或几个具体法律条文规定中。环境法的基本原则是在一定时期根据环境问题的特点以及对环境问题及其解决方法的认识的基础上形成的，各国环境法的基本原则因国情和法制的不同在取舍和侧重上有所不同，但核心都是环境保护的理念。根据我国宪法规定的精神，结合我国环境法制建设的实践，我国环境法的基本原则包括以下内容。

1. 环境保护与经济建设、社会发展相协调的原则

《中华人民共和国环境保护法》第四条明确规定："国家制定的环境保护规划必须纳入国民经济和社会发展计划，国家采取有利于环境保护的经济、技术政策和措施，使环境保护同经济建设和社会发展相协调。"

2. 预防为主，防治结合的原则

以防为主、防治结合原则是解决我国环境问题的一个重要途径。因为环境一旦受到污染之后，要消除由这种污染所带来的影响，往往需要较长的时间，甚至是难以消除的。自然资源的破坏，导致生态平衡的失调，要恢复正常的生态环境是很困难的，有些甚至是不可能的。而且当环境遭到污染和生态破坏后再去治理，往往需要花费较高的代价。因此，我们在解决环境污染和生态破坏问题，要把重点放在预防上，对已经产生的环境污染和生态破坏问题，要采取有效的措施进行积极治理。当然，仅采取单一的治理措施是不够的，而往往需要采取各种有效手段，进行综合治理。

实行以防为主，防治结合，综合治理原则，可以获得投资少、收获大的效果，同时能够实现经济效益和环境效益的统一。我国的环境污染和破坏主要是不合理开发和利用自然资源和工业污染所导致，如果在生产和建设中执行这一原则，提高资源和能源的利用率，就能为发展经济和保护人类健康提供必需的生活环境和生态环境。此外，实行这一原则，能够使我国的环境管理工作由消极应付转变为积极防治，使保护环境这一基本国策得以贯彻落实。

3. 开发者养护,污染者治理的原则

开发者养护、污染者治理的原则是使有关造成环境污染和破坏的单位或个人承担责任的一项基本原则。根据这一原则,所有对环境和资源进行开发和利用的单位和个人应承担环境和资源的恢复、整治和养护的责任,所有排放废物、造成环境污染和破坏的单位或个人应承担污染源治理、环境整治的责任。

4. 协同合作原则

协同合作原则是指以可持续发展为目标,在国家内部各部门之间、在国际社会国家(地区)之间重新审视原有利益的冲突,实行广泛的技术、资金和情报交流与援助,联合处理环境问题。

协同合作原则要求国际社会和国家内部各部门的协同合作。随着环境问题的全球化,全球环境保护的一体化日益引起世界范围的重视,1992 年在联合国环境与发展大会上产生了"共同但有区别的责任"、"发达国家承担主要责任"、"向发展中国家和地区提供新的额外的资金"等全球环境保护的原则。目前全球环境保护合作主要基于政府间国际环境保护组织、国际货币基金组织、世界银行、亚洲开发银行以及非政府国际组织等发起和组织的,主要的环境保护国际合作有控制臭氧层耗竭、全球气候变化、海洋资源保护、生物多样性保护、森林保护等环境行动。在我国国家内部各部门的合作具体规定于《中华人民共和国环境保护法》第 15 条:"跨行政区的环境污染和环境破坏的防治工作,由有关地方人民政府协商解决,或者由上级人民政府协商解决,作出决定。"这一原则要求环境保护行政主管部门与其他有关资源、能源以及经济等行政主管部门和公共事业管理机关之间协同合作,此外还需各行政区划、各级人民政府之间的协同合作。目前我国设立了国家环境保护总局和省、市环境保护局,对环境保护实施统一、分级的监督管理,其他部委设立了相应机构对部门内的环境污染或资源开发利用实施监督管理。

5. 奖励与惩罚相结合的原则

奖励与惩罚相结合的原则,在我国环境保护法的若干条文中都有所体现,它是指在环境保护工作中,运用经济和法律手段对为环境保护作出显著贡献和成绩的单位和个人给予精神和物质方面的奖励;对违反环境法规、污染和破坏环境、危害人民身体健康的单位和个人分不同情况依法追究行政责任、民事责任或者刑事责任。

6. 公众参与原则

公众参与原则是指在环境保护领域里,公民有权通过一定的程序或途径参与一切与环境利益相关的决策活动,使得该项决策符合广大公民的切身利益。

9.1.3　环境法律体系

我国环境法体系是以宪法关于环境保护规定为基础,以环境保护基本法为主干,由保护自然环境、防止污染的一系列单行法规、环境标准规范,以及相关部门法中有关环境保护法律规范所构成。我国环境法体系示意图见图 9-1 所示。

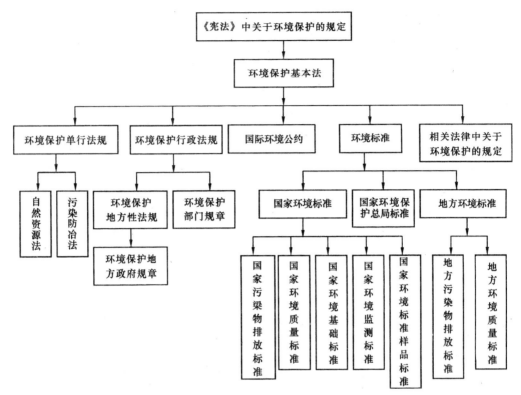

图 9-1　我国环境法体系示意图

1. 宪法中关于环境保护的规定

我国《宪法》对环境保护作了根本性的规定。其中最重要的一条就是《宪法》第 26 条的规定："国家保护和改善生活环境和生态环境,防治污染和其他公害。"《宪法》第 9 条第 1 款规定："矿藏、水流、森林、山岭、草原、荒地、滩涂等自然资源,都属于国家所有,即全民所有;由法律规定属于集体所有的森林和山岭、草原、荒地、滩涂除外。"第 9 条第 2 款规定："国家保障自然资源的合理利用,保护珍贵的动物和植物。禁止任何组织和个人用任何手段侵占或者破坏自然资源。"第 10 条第 1、2 款规定："城市的土地属于国家所有。农村和城市郊区的土地,除法律规定属于国家所有的以外,属于集体所有……"《宪法》关于环境保护的原则规定,是环境立法和环境执法的依据。

2. 环境保护基本法

环境保护基本法是环境法体系的主干,除宪法外占有核心地位。环境保护基本法的一种实体法与程序法结合的综合性法律。对环境保护的目的、任务、方针政策、基本原则、基本制度、组织结构、法律责任等作了主要规定。

3. 环境保护单行法规

环境保护单行法是针对某种环境要素(大气、水、海洋等)、污染物(固体废物、农药、噪声等)、自然资源(森林、草原、土地等)而进行的立法。相对于基本法-母法来说,也可称之为子法。它们以宪法和环境保护法为依据,又是宪法和环境保护法的具体化,是进行环境管理、处理环境纠纷的直接依据。环境保护单行法规在环境法体系中的数量最多,占有重要的地位。这些单项法一般都有本身包含的特定内容,如概念、范围、要求、措施等。

由于环境单行法规数量较多,内容广泛,可以按其调整环境关系的差异作如下分类。

(1)污染防治法

由于环境污染是环境问题中最突出、最尖锐的部分,所以污染防治是我国环境法体系的主要部分和实质内容所在,基本上属小环境法体系,如水、气、声、固体废物等污染防治法。其中主要有《中华人民共和国海洋环境保护法》(以下简称《海洋环境保护法》)、《中华人民共和国水污染防治法》(以下简称《水污染防治法》)、《中华人民共和国大气污染防治法》(以下简称《大气污染防治法》)、《中华人民共和国环境噪声污染防治法》(以下简称《环境噪声污染防治法》)和《中华人民共和国固体废物污染环境防治法》(以下简称《固体废物污染环境防治法》)。

(2)环境行政法规

国家对环境的管理通常表现为行政管理活动,并且通过制定法规的形式对环境管理机构的设置、职责、行政管理程序、制度以及行政处罚程序等作出规定,如我国的《自然保护区管理条例》、《建设项目环境保护管理条例》、《风景名胜区管理条例》等。这些法规都属于环境管理法规,它们多数具有行政法规的性质。

(3)自然资源保护法

这类法规制定的目的是为了保护自然环境和自然资源免受破坏,以保护人类的生命维持系统,保存物种遗传的多样性,保证生物资源的永续利用。如我国的《土地管理法》、《矿产资源法》、《水法》、《森林法》、《草原法》、《野生动物保护法》等。

4. 环境保护行政法规

环境行政法规是指国务院根据宪法、行政法和环境法律的授权,制定的有关合理开发、利用和保护、改善环境和资源方面的行政法规。

由于环境保护的广泛性,专门环境立法尽管在数量上十分庞大,但仍然不能对涉及环境的社会关系全部加以调整。所以我国环境法体系中也包括了其他部门法如民法、刑法、经济法、行政法中有关环境保护的一些法律规范,它们也是环境法体系的重要组成部分。

5. 环境保护标准

环境保护标准是指国家为了保护人群健康、保护社会财富和维护生态平衡,就环境质量以及环境污染物的排放、环境监测方法以及其他需要的事项,按照国家规定的程序,制定和批准的各种技术指标与规范的总称。它是环境保护行政的各项法律制度得以顺利实施的重要科学依据,是环境资源法中的技术性规范,是环境法体系中不可缺少的有机组成部分。一般环境标准体系有国家环境标准、地方环境标准和国务院环境保护主管部门制定的行业标准,即国家环保总局标准。行业标准在相应的国家标准实施后,自行废止。

6. 地方环境法规

由于环境问题受各地的自然条件和社会条件等因素的影响很大,因地制宜地制定地方性环境保护法规规章,有利于对环境进行更好、更全面、更合理的管理。因此,这些地方性环境法规也是我国环境法体系的重要组成部分,它对于有效贯彻实施国家环境法规,丰富完善我国环境法体系的内容,具有重要的理论和实践的意义。

7. 涉外环境保护的条约协定

国际环境法不是国内法,不是我国环境法体系的组成部分。但是我国缔结参加的双边与多边的环境保护条约协定,是我国环境法体系的组成部分。如中日保护候鸟及其栖息环境协定、保护臭氧层公约、联合国气候变化框架公约、生物多样性公约、联合国防止荒漠化公约、濒危野生动植物物种国际贸易公约、防止倾倒废物和其他物质污染海洋公约、控制危险废物越境转移及其处置巴塞尔公约等。

9.1.4　环境执法

1. 环境执法的概念

环境执法,也叫环境保护执法,是指对环境法规的适用,即贯彻实施。但它是一个综合性的执法活动系统,包括环境司法,环境行政执法、环境仲裁执法。其中环境行政执法是我国环境执法的主要形式,仲裁执法在我国尚未开展,司法执法也不多。为了加强环境法制,有必要全面开展三种形式的执法活动。

2. 环境执法的要求和特点

(1)环境执法的要求

我国社会主义环境法规适用的基本要求是正确、合法、及时,这也是衡量环境法规适用工作质量和效率的标准。正确、合理、及时是执法要求的统一整体。在处理纠纷、解决案件时要求查明事实,分清是非,按照法定程序及时处理案件,依法确立环境法律关系,制裁环境违法行为。

(2)我国环境执法的特点

1)环境执法的多元性。环境执法的多元性是指环境执法主体的多元性。我国环境执法主体不仅有仲裁执法主体、行政执法主体、司法执法主体,而且就环境行政执法主体看也不单是环境行政主管部门一家,还包括其他依照法律规定行使环境监督管理权的部门。

2)环境执法的科学技术性。环境执法的专业知识,包括环境自然科学技术和环境社会科学知识;环境执法的手段,涉及环境评估、环境监测等技术措施等;环境执法的依据,涉及科学技术性很强的环境法律规范和环境标准。由于环境执法的科学性,这就要求环境执法人员不仅需全面掌握环境法律知识,而且还要掌握一定的环境科学技术知识,这样才能做到执法必严,违法必究,做到依法办事,科学办事,也才能使环境纠纷得到正确、合理地解决。

3)环境执法的广泛性和复杂性。环境问题影响到一切单位和个人的利益,关系到一切单位和个人的生存发展。环境保护涉及各门学科,交叉渗透到社会生产、流通、生活等各个方面,社会关系错综复杂。几乎每一个人既是环境污染的受害者,同时又是环境污染的制造者。因此,环境保护法调整的社会关系十分广泛和复杂,从而带来了环境执法的广泛性和复杂性。

根据我国环境法规以及《行政诉讼法》、《刑事诉讼法》、《民事诉讼法》、《行政复议条例的规定》,结合我国环境执法的实践,我国环境执法的程序有行政程序,仲裁程序和司法程序三种。

1)环境执法行政程序。它是指我国环境执法行政活动的法定手续和工作规范。根据我国环境法规的规定,对因环境保护而引起的纠纷案件,包括环境行政案件和环境民事案件,由环境行政主管部门或者其他依照法律规定行使环境监督管理权的部门,会同有关业务单位调查处理,作出处理决定或调处协议。

2)环境执法仲裁程序。环境执法仲裁程序是指环境执法仲裁活动的法定手续和工作规范,一般包括申诉、受理、调查、调解、仲裁、执行、归档、回访等程序。环境仲裁程序在我国尚未正式开展,但在我国环境执法的实践中,已有试行仲裁执法,效果很好。

3)环境执法司法程序。我国环境执法的司法程序是指环境执法司法活动的法定手续和工作规范。根据我国环境法规,民事诉讼法,行政诉讼法,以及刑事诉讼法的规定,对于环境纠纷案件和环境犯罪案件,由当事人、主管部门或人民检察院向人民法院起诉,人民法院依法审理,作出调解或判决。

3. 环境行政责任

(1)环境行政责任的概念

环境行政责任是指违反了环境法律规范,给环境造成污染和破坏的单位或个人所应承担的环境行政方面的法律责任。这里的"单位"包括法人和非法人组织。"个人"是指具有法定责任能力的自然人,包括我国公民、我国境内的外国人和无国籍人。

(2)环境行政制裁方式

1)环境行政检查。环境行政检查是我国环境基本法规定的环境行政执法的一种环境监督管理的形式。环境行政检查是环境保护行政主管部门环境行政执法活动的一种,主要是对排污单位的排污情况与污染防治方面的专业检查。这就区别于企事业单位的劳动、财务等的行政检查。

2)环境行政处理。环境行政处理是环境行政主管机关对相对人的申请或环境行政主管部门确立项目所作的确认、证明、许可、免除的处理决定。环境行政处理的程序大致可归纳为:①相对人申请;②管理主体接受申请;③传询相对人;④告知相对人有关情况;⑤调查取证;⑥相对人陈述;⑦作出决定;⑧说明理由;⑨送达;⑩交代诉权。

3)环境行政处罚。环境行政处罚是我国环境基本法规定的一种最普遍、最常见的一种环境行政执法活动,也是最容易引起行政争议的具体环境行政行为。通过特定的环境行政机关对违法者的依法处罚,达到教育、警戒他人,制止已有违法行为继续,预防新的违法行为发生的目的。因此合法而高效地适用行政处罚是加强环境行政执法的关键环节。

环境行政处罚作为一种环境行政执法行为,具有行为目的的惩戒性,行为违法的确定性,处罚主体及客体的行政性等特征。行政处罚采取的处罚形式较多,主要有警告,罚款,责令停止生产或使用,责令停业、关闭,责令重新安装使用等几种。其中罚款是环境行政处罚中运用最多最广也是最有效的一种处罚形式。它是一种经济罚、财产罚,主要适用于违反环境法律规范,损害环境的行为。不管是否有具体的受害人,也不管是否已造成对环境的实际危害,只要有环境违法行为,可能造成对环境的损害就可以处以罚款。

环境行政处罚程序主要根据行政程序法一般可分为立案、调查取证、拟定处罚方案、处罚和实施等四个阶段。

(3)环境行政诉讼

环境行政诉讼是指环境管理相对人对环境行政管理机关具体行政行为不服,依法向人民法院提起的诉讼。环境行政诉讼的种类包括司法审查之诉、要求履行职责之诉和要求赔偿之诉。

根据我国《行政诉讼法》的规定,结合我国环境行政执法的实际,行政相对人可以对认为行政机关侵犯法律规定的经营自主权的;认为符合条件申请行政机关颁发许可证和执照,行政机关拒绝颁发或者不予答复的;对罚款、责令停产停业、吊销许可证和执照、没收财物等行政处罚不服的;申请行政机关履行保护人身权、财产权的法定职责,行政机关拒绝履行或者不予答复的;认为行政机关违法要求履行义务的各项事项提起行政诉讼。

根据该法规定,环境行政诉讼程序主要包括第一审程序和第二审程序。

(4)环境行政强制执行

环境行政强制执行是指管理相对人(公民、法人或者其他组织等)逾期不履行环境行政机关所作出的行政处罚决定或者其他具体行政行为时,环境行政机关申请由人民法院采取必要的强制性措施,迫使管理相对人履行义务的环境执法行为。

4．环境民事责任

所谓环境民事责任,是指公民、法人因污染或破坏环境而侵害公共财产或他人人身权、财产权或合法环境权益所应当承担的民事方面的法律责任。

《中华人民共和国环境保护法》规定: "造成环境污染危害的,有责任排除危害,并对直接受到损害的单位或者个人赔偿损失。"《中华人民共和国水污染防治法》、《中华人民共和国固体废物污染环境防治法》、《中华人民共和国环境噪声污染防治法》、《中华人民共和国大气污染防治法》 等都作了类似规定,这些都是环境民事责任的法律依据。在人们行为中只要有污染和破坏环境的行为,并造成了损害后果,损失的行为与损害后果之间存在着因果关系就要承担环境民事责任。

环境民事责任的种类主要有消除危险、恢复原状、返还原物、排除侵害、赔偿损失和收缴、没收非法所得及进行非法活动的器具、罚款等。

根据环保法律、法规规定,因污染危害环境而引起的赔偿责任和赔偿金额的纠纷解决程序主要有根据当事人请求,由环境监督管理部门或其他有关部门进行调解解决和当事人向人民法院提起民事诉讼两种。

5．环境刑事诉讼

环境刑事诉讼,是指环境法主体因严重污染或破坏环境,造成人身伤亡或财产重大损失的,由检察机关为追究环境犯罪者的刑事责任向人民法院提起诉讼,由人民法院进行审理或判决的活动。

环境刑事诉讼是一种公诉,它是检察机关以国家的名义提起,任何组织和个人无权提起。其目的是在于追究犯罪人的环境刑事责任,使违反环境法和刑事法律的犯罪受到刑法处罚。

9.2　环境经济学

9.2.1　环境经济学的产生、发展和现状

1．环境经济学的产生和发展过程

(1)环境经济学的萌芽

19 世纪中叶,随着工业革命后的英国经济的快速发展,对环境的破坏也日益严重。恩格

斯在《英国工人阶级现状》中详尽地阐述了工业城市曼彻斯特被污染的严重状况。与此同时，著名的泰晤士河也在遭受工业废水、废渣的侵蚀，变成了臭水沟。这是人类第一次如此直观地意识到工业发展对环境带来的破坏性作用。就此，恩格斯指出了环境问题产生的根源，并指出，只有正确认识和运用自然规律，合理调节人与自然之间的物质变换，有计划地进行生产和分配，才能解决环境问题。

随着环境问题的不断恶化，越来越多的经济学家也开始研究这一问题。

20 世纪初，意大利社会学家兼经济学家帕累托（V. Pareto）从经济伦理的意义上探讨资源配置的效率问题并提出了著名的"帕累托最优"理论。

马歇尔（A. Marshall）提出，阿瑟·庇古（Arthur Pigou，1932）发展的外部性理论被应用到了环境经济学研究。

格雷（Gary，1914）和侯特陵（Hotelling，1931）都对煤等可耗竭资源的折耗程度做过分析。

大卫·皮尔斯（D. Pearce，英）描述了传统经济学中的环境经济思想发展过程。他认为这一过程中存在四个主要进展：

1）经济活动的范围存在生态边界。李嘉图（Ricarcb，1817）、马尔萨斯（Malthus，1820）分别在其著作中有过阐述。

2）1932 年庇古首次将环境经济污染作为外部性进行分析。

3）格雷提出可耗竭资源的最优折耗理论，侯特陵将其公式化。

4）对可再生资源的最优利用理论。

（2）环境经济学的确立

第二次世界大战后，各国忙于重建，与高速增长的经济相伴随的日益恶化的环境问题开始真正被人们重视起来，并将环境经济学作为一门科学来对待。1952 年，未来资源研究所（RFF）在华盛顿成立，约翰·克鲁梯拉（John V. Krutila）和艾伦·克尼斯（Allen V. Kneese）被称为环境经济学的奠基人物。

资源经济学的主要代表著作有素洛（美）的《资源经济学或经济学的资源》和勒孔伯的《自然资源经济学》。此外，前苏联学者在此方面亦有颇多研究。例如，哈卡图罗夫的《自然资源经济学》和波罗夫斯基的《社会主义自然资源经济学是一门科学》。

（3）生态经济学

生态经济学是在生态规律和经济规律相结合的基础上来研究人类经济活动与自然生态环境的关系，希望解决如何在不违反生态规律的前提下发展经济的问题。具体地说，它是研究使物质资料生产得以进行的经济系统和自然界的生态系统之间对立统一关系的学科，它将生态学的分析方法和经济学的理念相结合，形成了一门新兴的交叉学科。生态经济学虽然起步较晚，但却成为了环境经济学的一个重要分支。

（4）污染经济学的出现和发展

众多经济学家在应用传统经济学的理论分析环境经济问题时发现了传统理论的内在缺陷：传统的成本计算方法没有考虑生产的外部影响，污染的外部不经济带来了巨大的社会成本；诸如 GDP（国内生产总值）等衡量经济增长的标准不能真实地反映经济福利，经济增长率高并没有如实反映社会福利水平的改善。为解决这两点缺陷，许多经济学家对经济发展与环境质量的关系进行了研究。

瓦西里·列昂节夫(W. W. Leontief,美)从投入产出的角度分析了当今世界经济结构,将污染处理工业单列为一个生产部门,并提出了一些政策指导建议。

詹姆斯·托宾(Janes Tobin,美)和伏·诺德豪斯(W. Nordhams,美)为解决国民生产总值不能精确反映经济福利的问题,提出了经济福利量(measure of economicwelfare,MEW)概念。按污染损失状况将美国 1925—1965 年的 GNP 调整为 MEW,结果发现 MEW 的增长较 GNP 的增长越来越慢,这说明经济发展正越来越严重地依赖对环境的破坏。

保罗·萨缪尔森(Paul. A. Samuelson)将经济福利改为经济净福利(net economic welfare),证明 NEW 比 GNP 的增长缓慢得多。他指出,环境污染是一种外部的负经济效果,也就是外部不经济性。

环境经济学发展到这一时期,研究者已经将诸如投入产出法、外部性等理论应用于这一领域,并建立了环境经济学的基本理论体系。

2. 环境经济学在中国的发展

在我国,环境经济学的研究是从 1978 年开始的,1980 年,中国环境管理、经济与法学学会的相继成立,推进了环境经济学的研究工作。20 多年来,环境经济学在中国的发展非常迅速,其一般理论和前沿成果及时得到引入和传播,并结合中国实际进行了环境经济学的研究。按照各时期研究方式的不同,环境经济学在中国的发展可以分为如下三个阶段。

(1)资源核算与成本效益分析阶段

20 世纪 80 年代初是我国环境经济学起步发展而且走向繁荣的一个时期。在这个阶段,环境经济学研究主要集中在论述环境保护与经济发展的关系,阐明环境作为物质资源在社会再生产中的重要作用,其理论基础主要是传统的社会主义政治经济学,主要运用规范分析法。中国学者把技术经济学的有关方法应用于具体环境问题的研究,如对环境工程核算和微观环境经济决策进行成本-效益分析,从边际效益递减的角度计算最优污染水平,以及对环境污染损失进行价值估算等。对我国水、煤、森林等自然资源的核算,更加充实了这一理论,相关学者在资源核算、环境价值和资源产业化等方面进行了大量研究工作。

(2)环境保护市场化理论阶段

随着我国市场化改革过程中主流经济学理论的转向,环境经济学出现了在全面介绍微观经济学理论的基础上,从理论假设、最优化、均衡等基本假定出发,构造环境资源的供求曲线和均衡价格;并将福利经济学和微观经济学融合在一起,为环境经济学提供了理论来源的西方主流经济学为基础建立理论框架的过程。20 世纪 90 年代中国正式提出建立社会主义市场经济体制的目标后,环境经济学领域内展开了较多关于市场经济与环境保护的理论探讨,其中有的则从环境管理理论的特点出发,有的从市场经济的一般理论进行论述,论述环境管理改革的原则和方向。

(3)产权理论应用阶段

20 世纪 90 年代以来,我国环境经济学研究中的制度经济分析有所发展,特别是应用西方产权理论思考我国环境保护制度方面受到重视。应用制度经济学理论和方法研究各种现实问题是我国环境经济学发展的一个重要阶段。从 20 世纪 80 年代末期开始,我国有学者以产权的属性和功能、公共物品和外部性等产权理论基础为指导,论述环境资源的产权特征,评价现有环境管理的经济手段的利弊。

我国的所有制形式主要是公有制,使得产权问题的探讨和应用成为比较敏感的问题,相对于其他领域,环境问题有可能成为产权理论应用的一个突破口。利用产权理论建立现代环境保护制度的一个重要内容就是重视环境容量在明晰产权中所起的重要作用,推广排污许可证并实施排污权交易制度。从产权理论的观点来看,排污许可证的成功之处在于,以环境容量为基础将产权概念模糊的环境公共物品的使用权在使用者间进行分配,使环境资源的产权关系变得相对清晰,限制了使用者在排污许可证所规定的范围对环境容量进行使用,并将其以法律的形式明确下来。明确的环境容量使用权使排污权转让成为可能,促进了污染外部不经济的内部化,环境资源使用中的"产权拥挤"问题因此得到了解决;使用者在追求自身利益最大化的同时,也将有利于整个社会的利益实现最大化,使环境资源得到有效配置。

当前,我国学者将产权理论分析框架应用于环境与资源配置方面的研究中,还取得了其他方面的一些进展,如对水资源产权的研究和对林地产权制度安排,对于土地流转制度的研究等方面的理论研究,推动了环境管理实践的不断发展。

9.2.2　环境经济学的定义及其学科体系

1. 环境经济学的定义

由于与主体相对的是环境,因而本书将环境经济学定义为研究主体决策与其所处环境质量相互影响的学科。这里的环境质量是指环境要素对经济发展的适宜程度;这里的主体包括个人、厂商、政府和国际组织等各个层次。由于不同层次的主体面临着不同的环境,其决策必然就会因其所处环境的质量不同而有着不同的行为取向:一个厂商面临的决策或许是如何对其排放的废物进行处理,以避免惩处并使其利益最大化;某一个人所面临的可能是在烟尘较多的情况下是否购买一个口罩;一个国际组织则需要考虑如何协调各国对环境的影响,而不至于出现显著的外部不经济;一个政府需要考虑是否颁布一项限制和控制污染的法令,并权衡因此对经济发展带来的限制性影响。

由于主体决策与其所处的环境质量是相互作用的。主体决策会影响环境,相反,环境也会影响主体决策。正因为环境质量在多大程度上、以什么样的方式影响着主体决策;环境质量与主体决策之间有着如上所说的相互影响,环境经济学就应当研究这种相互影响的机制是什么;对于不同层次的经济主体,其经济模型是什么,行为方程式怎样描述;主体决策又会给环境质量带来怎样的影响;两者间的影响有多大程度是内生的,有多大程度来源于外生的因素等等,这些都是环境经济学应当解决的问题。

2. 环境经济学的学科体系

按经济主体的层次,环境经济学可以分为宏观环境经济学、中观环境经济学和微观环境经济学,如图 9-2 所示。

$$环境经济学\begin{cases}宏观环境经济学(国际组织)\\中观环境经济学(政府和区域组织)\\微观环境经济学(厂商和个人)\end{cases}$$

图 9-2　由主体差异形成的环境学科体系

宏观环境经济学是研究国际组织这个层次的经济主体的决策与环境质量之间的相互作用

的学科分支。由于自然和人为的因素,环境问题的影响往往不只出现在一个国家或一个区域内。除全球性的问题外,大气的流动、洋流的运动甚至人为的转运都会把环境污染带往全球各地,从而以多国的污染成全一国的经济发展,产生严重的外部不经济。为了协调这些问题,国际上相继成立了许多组织,他们都致力于解决这些问题。

中观环境经济学研究的是政府和区域组织这个层次的经济问题的决策与环境质量间的相互影响和作用。政府的工作有很多目标,环境保护是一方面,经济发展也是一方面。政府需要考虑治理环境的方式和成本:可以通过征收排污税和发放补贴均衡外部影响,但是无法抑制对自然环境的破坏,同时效率低下和寻租也会引起较高的征收成本;可以通过颁布法令限制排污企业的生产,但有可能在短期内抑制经济发展从而形成一定的社会成本;当然也可以由政府出面修建污水处理厂和垃圾处理厂等公共物品,但却会带来较高的营运成本。所以,如何进行决策以达到低成本和高效率是政府将面临的问题。

微观环境经济学研究的是厂商和消费者作为主体的决策和周围环境质量间的相互影响和作用。厂商面临的自然环境因素可能影响到其工厂的建造和生产的工艺,而法律环境则要求其考虑是否修建污水和其他排放物的处理设施。个体面临的自然环境可能影响到穿着、饮食等生活方式的决策,而法律环境会约束其不要随地乱扔废弃物和吐痰,个体在对其行为产生的不同后果进行比较后会做出决策。通过研究微观经济个体与环境的相互作用,可以找出最有效率的解决方案,使个体决策的社会成本和自然成本都降至最低,达到接近帕累托最优的状态。微观环境经济学的目的就在于研究厂商和个体的环境的相互影响,为各方面的决策服务。

环境经济学按经济主体所处的环境不同,可划分为自然环境经济学和社会环境经济学,如图9-3所示。

环境经济学 { 自然环境经济学 { 污染经济学 / 生态经济学 / 自然资源经济学 } 社会环境经济学 }

图9-3 由环境差异形成的环境经济学科体系

自然环境经济学是研究经济主体与其所处自然环境的环境质量间的相互作用的学科分支。自然环境经济学是目前环境经济学的主要研究领域。从对自然环境的影响和研究角度不同,自然环境经济学可分为污染经济学、自然资源经济学和生态经济学。污染经济学是从环境污染的角度分析污染与主体决策之间的相互影响;生态经济学则是从生态学的角度,考虑生态系统作为外部环境与主体决策之间的相互关系;自然资源经济学是研究如何使用有限的自然资源的学科分支。

社会环境经济学是研究在不同的社会环境下主体决策与环境质量关系的学科分支。社会环境有很多种,包括道德环境、文化环境、法律环境、宏观经济环境等。社会环境的环境质量比较抽象,可以理解成为社会环境对经济发展的适宜程度。应当说,每种环境都会与决策相互影响。然而,有许多内容正是当今经济学正在研究的内容。因为经济学本身就是研究人们如何进行选择的学科,这种选择也是在一定的社会经济环境下完成的,因而从某种意义上说,经济学是社会环境经济学的一个分支。

9.2.3　环境经济学研究的前沿问题

1. 产权问题

产权问题是制度经济学的核心问题之一。理论上说,如果各种形式的产权都是明晰的,那么环境问题的外部影响会降至最低。然而,许多环境资源作为公共物品难于界定其权属,因此,各国的环境经济学家都致力于产权问题的研究,期待找出适合的产权分配方法。

2. 对环境质量和资源的估价问题

估价是进行交易的前提,也是进行成本-效益分析的基础。然而环境质量和资源由于其特殊属性,很难按经济学对一般商品的估价方法进行估价。因此,如何制定一种合理且可操作性强的估价方法也是环境经济学研究中普遍关注的问题。目前,国外学者研究出的计价方法包括惟乐定价法、旅行费用法和或有估价法。

3. 可持续性问题

随着环境经济学将焦点转移到可持续性问题上,对可持续性的研究自然也成为环境经济学的前沿问题。"可持续性"一词在经济学上的解释是指当代人对福利的追求不能以后代人的福利降低为前提,即所谓的"代际公平"。如何做到这一点就是对资源配置的一种要求,而且一种资源配置既要满足可持续性又要满足有效率是很难实现的。目前研究可持续性问题的环境经济学者都在积极寻找接近上述状态的资源配置方法。

9.2.4　环境经济学的研究方法

1. 实证分析法

实证分析法利用数理统计、概率论和线性代数的一些原理,将现有的数据进行整理,说明所研究事项的现行状况。倒 U 形的 EKC(Environmental Kuznet Curve)曲线自 1994 年由 Selden 和 Song 提出后,成为环境经济实证研究中极具争议的主题。EKC 表明,环境恶化与人均 GDP 在经济发展的初期呈正向变动关系,当人均 GDP 达到一定水平后,二者表现为反向变化关系。但有很多学者认为存在着除人均 GDP 之外导致环境 EKC 曲线向下倾斜的因素。

由于城市工业和生活造成的点源污染相对集中,污染源明确,便于较早采取措施,控制污染。国外的环境经济实证研究近年来更多地关注农业的面源污染问题。而农业面源污染的情况复杂得多,研究进展有限,当前急需这方面的实证分析。

2. 结合模型的规范分析法

对于一些宏观的、笼统、抽象的问题,难以取得实际数据,可以运用规范分析的方法进行研究,必要时构建相应的数学模型。研究一些假设状态或理想状况下的问题也通常采用这种方法。随着数学工具的不断发展,规范分析成为一种重要的研究方法。它不需要进行大量的试验或调查,只需要在一定的假设约束下进行严密的推理就可以得出有指导意义的结论,这对于研究很多难以进行实际调研的环境经济问题都是很有帮助的。比较典型的例子就是对帕累托最优状况下的研究和当排污权足够清晰的情况下对企业行为的研究。

3. 成本-效益分析法

成本-效益分析法是通过比较一项经济方案或项目的成本和效益的大小以进行决策的分

析方法。从某种意义上说,所有的环境经济问题都可以使用成本-效益的分析思路进行研究。

成本-效益分析法比较的是一个项目的相关成本和相关收益,或称项目的增量成本和增量收益。增量成本包括机会成本但不包括沉没成本。一般说来,当增量成本不大于增量收益时,方案可行,反之,则不可行。对一个问题进行成本-效益分析时,需将全部的增量成本和增量收益被包括在内,才能得出的最准确的分析结果。任何遗漏都可能使分析结果产生重大的偏差。然而,并非所有的成本和效益都是可以量化计算的。即便是可以量化的项目中,其单位也是很难统一的。成本-效益分析法在兴建污水处理厂等项目的可行性研究中得广泛应用,是因为污水处理成本和污水处理费用的收入同样可以进行成本-效益分析。这便是把复杂问题分解的方法,虽然所得的结果可能有失偏颇。

环境保护最优化模型被广泛用在综合考虑各种影响因素的环境经济问题研究中。该模型是建立在污染物的排放量和污染物在环境中的浓度等变量,详细掌握环境投资和其他环境的损失之间的关系后,借成本-效益分析的方法来完成的。首先假定具备以下 4 个必要条件:①开放的环境中有害污染物只有一种;②该污染物引起的危害只与其在环境中的浓度有关;③环境中不同浓度的污染物对接收体的危害影响或损害是一致的;④这些损害的程度可用价值来表示。

将环境中环境投资 I 与污染物的浓度 Q 及其他环境损失 D 的关系用曲线表示(图 9-4)。Q_0 表示环境质量最佳,因此时环境中的污染物浓度为零。Q_1 表示在一定时间及有关条件下,环境污染物达最高水平,此时其他环境损失(D_1)也最大。如果进行治理;则损失减小;曲线 D 向左下降,但曲线 I 却逐渐上升,表明对环境质量的要求越高或对环境中污染物要求的浓度越小,边际治理费用或环境投资就越大。

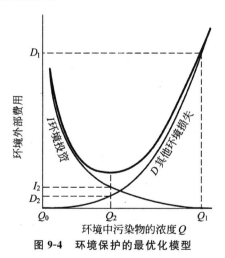

图 9-4　环境保护的最优化模型

图中粗曲线是曲线 I 和 D 沿垂直方向相加的结果,它表示环境投资和其他环节损失的总和。Q_2 为该曲线的最低点,从环境经济观点来讲,Q_2 所代表的环境质量就是环保工作中环境与经济总效果最优的环境目标。当环境质量相当于 Q_2 时,环境投资和其他的环境损失之和最小。具体地说,社会付出了 I_2 元的环保费用,使环境质量提高到相当于环境污染物浓度由 Q_1 降到 Q_2,同时使环境损失由 D_1 减少到 D_2。或者说,社会经济和人民福利因环保而造成的经济损益为:

损＝环境投资或环保费用的支出 I_2

益＝环境损失的减少（即环保效益 D_1-D_2）

应当指出,在上述模型中,由于除了环境投资以外,其他环境损失的曲线 D 一般最难获得,而且这样所求得的最经济的经济环境目标 Q_2 也不一定符合人民对健康、生活和心理上的要求,也不一定符合国家当前财政上支付能力和技术、设备和施工条件,因而有时采取费用一有效性法,借环境投资曲线反复求解,得到既符合现有客观条件,又满足环境经济要求的最佳答案。

9.2.5　对环境经济学研究的展望

随着环境与经济发展的相互影响越来越明显,环境经济学必然越来越受到重视,发展越来越快。由于目前环境经济学研究领域存在多种学派并存的情况,其发展也必然呈现出多种取向、百花齐放的特点。

1. 探索适应市场经济体制的环境管理社会平衡机制

由于存在"政府失灵",国家管理环境的职能只可能在一个合理的范围内行使。在市场经济条件下,政府调节环境冲突的作用可以适当地由市场机制代替,同时也应积极鼓励公众参与环境管理。而环境经济分析要为这种替代提供理论支持和实施方案,这实际上是研究建立一种环境管理的社会制衡机制。

2. 以可持续发展原则为指导进行研究

环境经济学可以指出非持续的经济体系存在的缺陷并指出改变的途径,首要的是制定出对经济体系的可持续性做出判断的指标体系并应用于现实分析。在可持续发展条件下,环境经济学必须对其评价的理论进行调整,以体现公平和持久性的内涵。在可持续发展原则要求下,经济体系必须向对环境无害或有利的方向转变和发展。概括地说,可持续发展思想追求经济发展与环境保护的"双赢"策略,研究中可应用数学、生态学、系统论和控制论等学科的理论和方法。

3. 全球化背景下经济结构调整对环境影响的实证分析

在加入 WTO 之后,我国已逐步融入国际经济大循环之中,经济结构调整和升级的环境影响分析,特别是农业市场化、国际化的环境影响的实证分析,农业生产导致的面源污染和对生物多样性的影响已被公认为需要密切关注的全球性环境问题。这些问题需要从加强环境管理来解决,环境经济学的一个现实任务就是对环境管理成本做出定量分析并设计出成本最小的解决方案。

4. 区域间经济与环境协调发展的研究

如何统揽全局,协调区域内的环境经济利益关系,实行有针对性的区域环境政策,迫在眉睫。环境问题极强的外部性决定了环境问题的分散性、普遍性和全局性,环境问题的解决应该立足于全局观念,即从地区观念上升到国家观念甚至从全球的视角来研究和解决环境问题。应当以"污染者付费,受益者补偿,治理者得利"为原则,对利益主体的行为进行规范我国发达地区与欠发达地区的可持续发展,东西部地区环境与经济关系的协调,经济活动的利益分配格局和导致的环境成本的分担问题。

第 10 章 环境规划、监测与影响评价

10.1 环境规划

10.1.1 环境规划概述

1. 环境规划的基本概念

规划是人们以思考为依据,安排其行为的过程。环境规划包括人们根据现在的认识对未来目标和发展状态的构想,描绘未来和实现未来目标;或达到未来发展状态的行动顺序和步骤的决策行两方面的内容。

对于环境规划,通常有以下几种理解。

按照《环境科学大词典》(1991 年),环境规划是人类为使环境与经济社会协调发展而对自身活动和环境状态时间和空间上的合理安排。

有人认为,环境规划是对不同地域和不同空间尺度的环境保护的未来行动进行规范化的系统筹划,是为实现预期环境目标的一种综合性手段。

也有人认为,环境规划是指在一定的时期、一定的范围内整治和保护环境,为达到预定的环境目标所做的总的布置和规定。

2. 环境规划的特点

环境规划是一项政策性、科学性很强的技术工作,有它自身的特点和规律性,具有综合性强、预测难、涉及面广和长期性等特点。

3. 环境规划的类型

在国民经济和社会发展规划体系中,环境规划是一个多层次、多要素、多时段的专项规划,内容十分丰富。根据环境规划的特征,从不同的角度,环境规划可以有不同的分类。

(1)按规划的主体划分

按照规划的主体划分,环境规划包括区域环境规划和部门环境规划。区域环境规划综合性、地域性很强,它既是制定上一级环境规划的基础,又是制定下一级区域环境规划和部门环境规划的依据和前提。域环境规划按地域范围划分,可以分为厂区(如开发区)、乡镇环境规划、城市环境规划、流域环境规划、省城环境规划、大区(如经济区)环境规划、全国环境规划环境规划等;不同的国民经济行业,有不同的部门环境规划,主要包括农业部门环境规划、工业部门环境规划(冶金、化工、石油、电力、造纸等)、交通运输部门环境规划等。

(2)按规划的层次划分

按规划的层次划分,环境规划包括专项环境规划、宏观环境规划以及环境规划决策实施方案。以区域环境规划为例,有区域宏观环境规划、区域专项环境规划和区域环境规划实施方

案,它们的内容既有区别也有联系。

1)区域宏观环境规划。包括环境保护战略规划、污染物总量宏观控制规划、区域生态建设与生态保护规划等,是一种战略层次上的环境规划。

2)区域专项环境规划。例如,水环境污染综合防治规划,大气污染综合防治规划,近岸海域环境保护规划,乡镇(农村)环境综合整治规划,城市环境综合整治规划等。

3)区域环境规划实施方案。实施方案是决策和规划的落实和具体的时空安排,是战略决策最低层次的规划。

(3)按规划的要素划分

按环境规划的要素划分,环境规划可分为污染防治规划、生态保护规划两大类型。环境保护应坚持污染防治与生态保护并重,生态建设与生态保护并举。

(4)按经济-环境的制约关系划分

环境与经济存在着相互依赖、相互制约的双向联系。按环境-经济的制约关系划分,环境规划可以分为环境与经济协调发展型规划、经济制约型规划、环境制约型规划。

10.1.2　环境规划的基本方法

1. 环境规划的原则

环境规划必须坚持以可持续发展战略为指导,围绕促进可持续发展这个根本目标。制定环境规划必须遵循以下基本原则。

(1)促进环境与经济社会协调发展的原则

环境包括生命物质和非生命物质,是一个多因素的复杂系统,涉及社会、经济等许多方面的问题。环境系统与经济系统和社会系统相互作用、相互制约,构成一个不可分割的整体。保障环境与经济社会协调、持续发展是环境规划最重要的原则。

环境规划必须将社会、经济与自然系统作为一个整体来考虑,研究经济和社会的发展对环境的影响、环境质量和生态平衡对经济和社会发展的反馈要求与制约,进行综合平衡,遵循经济规律和生态规律,做到经济建设、环境建设、城乡建设同步规划,实施与发展,使环境与经济和社会发展相协调,实现三者利益的相互统一。

(2)环境承载力有限的原则

地球的面积和空间是有限的,它的资源是有限的,显然,环境对污染和生态破坏的承载能力也是有限的。人类的活动必须保持在地球承载力的极限之内。如果超过这个限度,就会使自然环境失去平衡稳定的能力,引起环境质量上的衰退,并造成严重后果。因此,人类对环境资源的开发利用,必须维持自然资源的再生功能和环境质量的恢复能力,不允许超过生物圈的承载容量或容许极限。在制定环境规划时,应该根据环境承载力有限的原则。对环境质量进行慎重地分析研究,对经济社会活动的强度、发展规模等作出适当的调节和安排。

(3)因地制宜、分类指导的原则

环境和环境问题具有明显的区域性。环境规划必须按区域环境的特征,科学制定环境功能区划,在进行环境评价的基础上,掌握自然系统的复杂关系,分清不同的机埋,准确地预测其综合影响,因地制宜地采取相应的策略措施和设计方案。坚持环境保护实行分类指导,突出不同地区和不同时段的环境保护重点和领域。要把城市环境保护与城市建设紧密结合,实行城市与农村环境整治的有机结合,防止污染从城市向农村转移。按照因地制宜的原则,从实际出发,才能制定出切合实际的环境保护目标,才能提出切实可行的措施和行动。

(4)遵循经济规律和生态规律的原则

环境规划要正确处理环境与经济的关系,实现环境与经济协调发展,必须遵循经济规律和生态规律。在经济系统中产业结构、能源结构、经济规模、资源状况与配置、增长速度、技术水平、投资水平、生产布局、供求关系等都有着各自及相互作用的规律。在环境系统中污染物产生、排放、迁移转换,环境自净能力、污染物防治、生态平衡等也都有自身的规律。要协调好环境与经济、社会的发展,必须既要遵循经济规律,又要遵循生态规律,否则会造成环境恶化、制约经济正常发展、危害人类健康的恶果。

(5)强化环境管理的原则

在环境规划中,必须坚持以全面规划、合理布局、防为主、防治结合、突出重点,兼顾一般的环境管理的主要方针。做到新建项目不欠账,老污染源加快治理。坚持工业污染与基本建设和技术改造紧密结合,实行全过程控制,建立清洁文明的工业生产体系。积极推行经济手段的运用,坚持"污染者负担"和"谁开发谁保护,谁破坏谁恢复,谁利用谁补偿,谁收益谁付费"的原则。只有把强化环境管理的原则贯穿到环境规划的编制和实施之中,才能有效避免"先污染、后治理"的旧式发展道路。

2. 环境规划方法

采用系统分析方法的目的在于通过比较各种替代方案的费用、效益、功能和可靠性等各项经济和环境指标分析,得出达到系统目的最佳方案科学决策。

(1)系统分析方法

系统分析方法的环境要素包括:

1)费用和效益。建成一个系统,需要大量的投资费用,系统运行后,又要一定的运行费用,同时可以获得一定的效益。我们可以把费用和效益都折合成人民币的形式,以此作为对替代方案进行评价的标准之一。

2)系统目标。该目标是进行环境规划的目的,也是系统分析、模型化和环境规划的出发点。系统目标往往不只一个。

3)模型。模型是描述实体系统的映象。根据需要建立的模型,可以用来预测各种替代方案的性能、费用和效益,对各种替代方案进行分析、比较,最后有效地求得系统设计的最佳参数。

4)替代方案。对于具有连续型控制变量的系统,意味着替代方案有无穷多,建立的数学模型中就包含无穷多个替代方案。求解过程即是方案的分析和比较过程。

5)最佳方案。最佳方案是通过替代方案的分析、比较得出满足环境目标的方案,最佳方案是整个系统设计的输出。

(2)环境规划决策方法

由于环境系统的复杂性,决策者主观认识的局限性,环境决策难免出现失误,为了及时做出科学的环境规划,下面介绍几种常用的环境规划决策方法。

1)动态规划。动态规划是运筹学的一个分支,是解决多阶段决策最优化的一种方法。动态规划与线性规划最显著的区别在于,线性规划模型都可以用同一有效的方法——单纯形法求解,而每个动态规划模型没有统一的求解方法,必须根据每一个模型的特点加以处理。

2)线性规划。线性规划是可以用来解决科学研究、经济规划、环境规划、活动安排、经营管理等许多方面提出的大量问题。线性规划模型是一种最优化的模型。它可以用于求解非常大的问题,甚至模型中可以包含上千个变量和约束。这个特性为解决一些复杂的环境管理决策提供了重要的方法和手段。标准线性规划数学模型包括有目标函数、约束条件和非负条件。线性规划问题可能有各种不同表现形式。一旦一个线性规划模型被明确表达,就能迅速而容易地通过计算机求解。

3)投入产出分析法。投入产出分析法,是研究现代活动的一种方法。投入产出用于一个经济系统时,它能阐明该地区内各工业部门所有生产环节间的互相关系。环境中的物质进入生产过程,生产过程中产生的废弃物排入环境。通过建立它们之间的投入产出模型与污染物传播模型,就可以分析废弃物在环境中的扩散,研究它们对环境质量的影响,达到可以协调经济和环境目标的目的,得出可行性的结论。这项技术是经济学家列昂捷夫在 20 世纪 30 年代的一项研究成果,他曾利用这种方法编制了美国经济投入产出表,引起了其他许多国家的效仿,也纷纷编制经济投入产出表,我国也于 70 年代开始编制第一个国民经济投入产出表。

4)多目标规划。在环境管理规划中大量的问题可以被描述为一个多目标决策问题。因为在进行环境污染控制规划时,不只是要满足某种环境标准,而往往是要提出一连串的目标,这些目标既有先后缓急之分,彼此间又可能是相互矛盾的。在一系列的非劣解中寻求一个最满意的解。

5)整数规划。在一些环境问题中,非整数的决策变量值对我们的意义不大。在线性规划中,若要求变量只能取整数的限制,这类规划问题就称作整数线性规划,简称整数规划。

10.1.3　环境规划的一般程序

环境规划是根据国民经济和社会发展总体规划,预测环境变化的总体趋势,结合环境规划目标,提出各种措施并规划或调整人类社会经济发展的速度、规模和结构,以期维护生态平衡,预防环境污染和生态破坏,因此其工作程序一般可分为:调查评价、污染趋势分析、功能区划、制定目标、拟定方案和优化方案、可行性分析、编写规划文本 7 个步骤(见图 10-1)。

10.1.4　环境规划的主要内容

环境规划的基本内容为环境调查与评价,环境预测、环境功能区划,环境规划方案的设计、选择、规划实施的支持与保证。下面分别对这些内容加以介绍。

1. 环境调查与评价

包括规划区域内自然资源现状、环境质量现状及相关的社会和经济现状调查,明确存在的主要环境问题,并作出科学的分析和评价。

通过环境调查与评价,认识环境现状,发现主要环境问题,确定造成环境污染的主要污染源。对区域环境的功能、特点、结构及变化规律进行分析研究,并建立环境信息数据库,为合理利用环境资源、制定切实可行的环境规划奠定基础。

(1)环境特征调查及生态登记

环境特征调查主要对自然环境特征和社会环境特征进行调查。自然环境特征与社会环境

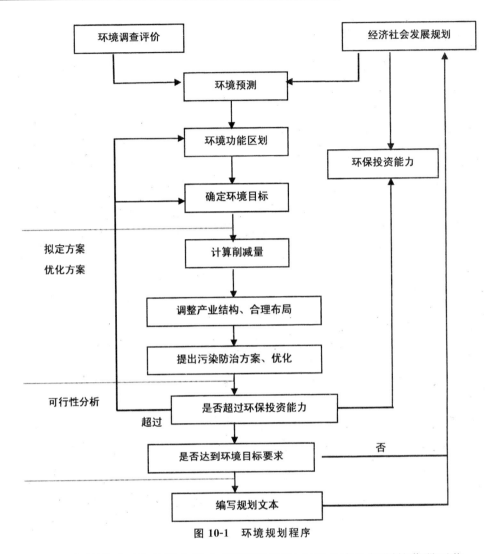

图 10-1　环境规划程序

特征的调查,目的是说明环境的调节能力(即环境容量)以及易产生问题的薄弱环节。

1)自然环境特征调查。不同于自然地理调查,这里需要突出的是自然生态环境特征,包括规划区的土地状况、水系、水文、气象、植被、矿物资源、能源等。

经济社会环境特征调查主要对规划区人口状况、资源优势和利用状况,产业结构与布局、经济规模及科技情况等进行调查。

2)生态登记。主要通过对调查来的大量原始资料分析,根据规划区的性质和功能确定生态因子(如土地条件、气象因子、人口密度等),然后在地形图上划分网格,逐个对生态因子进行网格调查,并登记在调查表上,最后经汇总后绘制生态图。

(2)污染源调查

污染源主要包括农业污染源、生活污染源、工业污染源、交通运输污染源、噪声污染源、放射性和电磁辐射污染源等。在分类调查时,要与另外的分类结合起来汇总分析。污染源调查所获得的数据与资料,主要包括各污染源的主要污染物年排污量及污染负荷量(等标化的),污染源密度及分布,向水域排污的排污口分布(要求绘图),各污染源的排污分担率及污染分组率,按行业计算的工业污染源排污系数,本区域内的主要污染物及重点污染源。

（3）环境质量调查

环境质量的调查主要包括以下内容：

1)生态破坏现状调查。当前重要调查水土流失状况,土地荒漠化现状,土地退化的状况,森林、草原破坏现状,沙尘暴出现的频率及影响范围,生物多样化的锐减以及海洋生态破坏现状等。

2)对人体健康和生态系统的影响评价。主要包括环境污染与生态破坏导致的经济效应、人体效应以及生态效应。

3)环境污染现状调查。主要包括地下水污染现状及分布,江河湖泊污染现状及污染分布(绘图)海域污染现状及分布,大气环境污染现状及分布,土壤污染现状及分布。另外,还应对城镇污染现状做专项调查。

4)费用效益分析。调查由污染造成的环境质量下降所带来的直接、间接的经济损失,分析治理污染的费用和所得经济效益的关系。

（4）环境质量评价

环境质量评价是按一定评价标准和评价方法对一定范围内的环境质量进行定量的判定,解释和预测。通过环境质量评价查明规划区环境质量的历史和现状,确定影响环境质量的主要污染物和主要污染源,掌握规划区环境质量变化规律,预测其未来的发展趋势,为规划方案的制定提供科学依据。

1)污染源评价。污染源评价是在污染源调查基础上进行的。根据污染物的发生源对环境影响大小确定重要污染源、主要污染物,为污染源的治理规划提供依据。

2)环境质量现状评价。环境质量现状评价是根据环境调查和监测资料,应用环境质量指数系数进行综合处理,对一个地区(或城市)环境要素现状作定量描述。环境质量现状评价一般按主要环境要素、地理单元、功能区或行政管辖范围来进行,将污染源与环境效应结合起来,对其进行综合评价,以一个有代表性的数值,简明确切地表达一定时空范围内的环境质量状况。

2. 环境预测

环境预测是根据所掌握的区域环境信息资料,结合国民经济和社会的发展状况。对区域未来的环境变化的发展趋势作出科学的、系统的分析,预测未来可能出现的环境问题。包括预测这些环境问题出现的时间、分布范围和可能产生的危害,并针对性地提出防治可能出现的环境问题的技术措施及对策。环境预测通常需要建立各种环境预测模型。环境预测的主要内容如下：

（1）社会经济发展预测

社会经济发展预测根据规划区人口总数、密度、分布等的发展变化趋势,区域内人们的生活水平、消费倾向、区域内生产布局、生产力水平、经济规模、经济基础等方面的变化,对区域内人口分布、人口密度、能源消耗、国民生产总值、工业总产值、经济布局和结构等进行预测。

（2）资源供需预测

自然资源是区域经济持续发展的基础。随着人口的增长和国民经济的迅速发展,我国许多重要自然资源开发强度都较大,特别是水、土地和生物资源等。在资源开发利用中,应该既要做好资源的合理开发和高效利用,同时又要分析资源开发和利用过程中的生态环境问题,关注其产生原因并预测其发展趋势。所以,在制定环境规划时必须对资源的供需平衡进行预测分析,主要有水资源的供需平衡分析、土地资源的供需平衡分析、生物资源(森林、草原、野生动植物等)供需平衡分析、矿产资源供需平衡分析等。

(3)环境污染预测

主要包括废水、废气、废渣排放总量的预测;各种污染物的产生量及时空分布的预测;区域环境容量、资源开采量、储备量、开发利用程度等方面的预测,在此基础上,分别预测各类污染物在大气、水体、土壤等环境要素中的总量、浓度分布的变化,预测可能出现的新污染物种类和数量,规划期内由于环境质量变化可能造成的各种社会和经济损失等。

(4)环境质量预测

在预测主要污染物增长的基础上,根据污染源预测结果,结合区域环境模型,分别预测环境质量在时间、空间变化。

(5)环境治理和投资预测

包括各类污染物的治理技术、装置、措施、方案及污染治理投资效果的预测,规划期内环境保护总投资、投资比例、投资重点、投资期限和效益等的预测。

环境预测主要是为确定环境目标、削减量计算、污染防治措施等方面提供决策依据,因此在环境规划中是一项很重要的内容。

3. 环境功能区划

环境功能区划是从环境特征或环境承载力与人类活动和谐的角度来规划城市的功能区,以合理布局来协调环境与经济、人口的关系。功能区的划分主要目的是为了合理布局,确定具体环境目标,也为了便于目标的管理和执行。一般可以分为两个层次,即综合环境区划和按要素环境区划。

(1)按环境要素分项环境区划

分项环境区划主要指水环境功能区划、大气环境功能区划和声环境功能区划。分项环境区划以综合环境区划为基础,结合每个环境要素自身的特点加以划分,目的是确定每个区划内具体的环境目标,相应目标下的污染物控制总量及其相应的规划方案。

(2)综合环境区划

综合环境区划主要以规划区中人群活动方式以及对环境的要求为划分准则。一般可分为重点环境保护区、一般环境保护区、污染控制区和重点污染治理区等,其中重点保护区是指规划区内综合环境质量要求高的地区,如风景游览区、疗养区、文物古迹等;一般保护区主要以居住、商业活动为主的综合环境质量较高的地区;污染控制区是指目前环境质量相对较好,需严格控制新污染的工业区;重点污染治理区主要指现状污染比较严重,在规划中要加强治理的工业区。

4. 确定环境规划目标

环境目标是在一定的条件下是特定规划期限内,决策者对环境质量所想要达到的状况或标准。

　　环境规划目标,按规划内容来分可分为总量控制目标和质量目标两类。其中总量控制目标是为达到质量目标而规定的便于实施和管理的目标,质量目标是基本目标。此外,为保证质量目标的实现而制定的规划目标还包括管理工作目标、措施目标等。它们是规划目标的保证和条件。

　　5. 提出环境规划方案

　　编制规划方案根据所确定的环境目标和环境目标指标体系,针对环境调查、筛选主要环境问题,提出环境对策措施,包括具体的污染防治和自然保护的措施及对策。

　　6. 环境规划方案的申报与审批

　　环境规划的申报与审批是环境管理中的一项重要工作制度,是把规划方案变成实施方案的基本途径。环境规划方案必须按照一定的程序上报有关决策机关,等待审核批准。

　　7. 实施规划的保证措施

　　环境规划的实用价值在很大程度上取决于它的实施程度,因此规划实施的保证措施是非常必要的,只是有效的保证措施,才能切实把规划纳入国民经济与社会发展计划。目前这类保证措施主要是一些环境保护的技术政策和环境法规。

10.2　环境监测

10.2.1　环境监测概述

1. 环境监测

　　环境监测(Ecological Monitoring)是利用各种技术测定和分析生命系统各层次对自然或人为作用引起的环境变化的反应,来检测环境质量状况及其变化。形象地说,环境监测就是利用生命系统及其相互关系的变化反映当作"仪器"来监测环境质量及其变化。

　　2. 环境监测的意义和作用

　　(1)环境监测的意义

　　环境监测是为特定目的,按设计条件,通过收集观测可比信息,分析环境要素变化产生的影响。

　　环境监测始于 20 世纪 60 年代的环境分析化学,目前以化学和物理手段为主。生物监测能反映污染的综合与积累效应,是发展的趋势。

　　生物监测是指利用指示生物对污染物产生反应的特性来监测环境现状和变化的方法。

　　环境监测的一般步骤是:调查→布点→采样→存运→预处→检测→分析→质监→综评。

　　环境监测是环境信息的捕获、传递、解析、综合过程,只有透析信息、揭示内涵才能服务管理和保护。

　　(2)环境监测在环境保护中的作用

　　对于企业来说,为了防止和减少污染物对环境的危害,掌握环境质量的转化动态,强化内部环境管理,必须依靠环境监测,这是企业环境管理和污染防治工作的重要手段和基础。其作用主要体现在以下几个方面：

1）判断企业周围环境是否符合各类、各级环境质量标准，为企业环境管理提供科学依据。如掌握企业各种污染源中污染物浓度、排放量，判断其是否达到国家或地方排放标准，是否应缴纳排污费，是否达到上级下达的环境考核指标等，同时为考核、评审环保设施的效率提供可靠数据。

2）为新建、改建、扩建工程项目执行环保设施"三同时"和污染治理工艺提供设计参数，参加治理设施的验收，评价治理设施的效率。

3）为预测企业环境质量，判断企业所在地区污染物迁移、转化、扩散的规律，以及在时空上的分布情况提供数据。

4）收集环境本底及其转化趋势的数据，积累长期监测资料，为合理利用自然资源及"三废"综合利用提出建议。

5）对处理事故性污染和污染纠纷提供科学、有效的数据。

总之，环境监测在企业环境保护工作中发挥着调研、监察、评价、测试等多项作用，是环境保护工作中的一个不可缺少的组成部分。

3. 环境监测的目的和任务

（1）环境监测的目的

1）评价环境质量，监测环境质量变化趋势。通过环境监测，提供环境质量现状数据，判断是否符合国家制定的环境质量标准。同时，通过掌握环境污染物的时空分布特点，追踪污染途径，寻找污染源，预测污染的发展动向。最后，通过环境监测可以评价污染治理的实际效果。

2）为制定环境法规、标准、环境规划、环境污染综合防治对策提供科学依据。通过环境监测，可积累大量的不同地区的污染数据，依据科学技术和经济水平，制定出切实可行的环境保护法规和标准。同时，根据监测数据，预测污染的发展趋势，为环境质量评价提供准确数据，为作出正确的决策、制定环境规划提供可靠的资料。

3）为保护人类健康和合理使用自然资源，以及为确切掌握环境容量提供科学依据，收集环境本底值及其变化趋势数据，积累长期监测资料。

4）通过对环境状态和变化的监测与观察，分析和评价环境质量，根据监测结果制定治理对策和管理办法，评价防治措施的实施效果，确保环境管理法规的有效实施。

（2）环境监测的任务

为制定环境法规、标准、环境规划、环境污染综合防治对策提供科学依据。

4. 环境监测的特点

环境监测之所以在现代环境监测中占有重要地位，因为它具有许多化学和物理监测不可替代的优点。

（1）能综合反应环境质量的状况

环境问题相当复杂，任何一个环境问题往往是多种因素共同作用的结果，通常涉及多种污染物，而且每种污染物并非都是简单的加减关系，它们与外界环境之间形成复杂的相互作用，一般用物理化学仪器监测很难反映这种复杂的关系。长时间暴露在人类活动干扰和各种污染下的生物及其生态系统，不仅受到水、大气及土壤等自然环境因子和环境污染的影响，而且还受到人类活动的干扰,为此可综合反映各种污染和干扰的影响。因此,通过监测生态系统的结构功能指标,能够全面掌握和了解环境污染及干扰的综合影响。

（2）监测灵敏度高

有些生物对某种污染物的反应很敏感,它们与较低浓度的污染物质接触一定时期后便会出现不同的受害症状。例如,SO_2 的质量分数达到 0.3×10^{-6},敏感的植物几小时就出现症状,而 SO_2 质量分数达到 $1 \times 10^{-6} \sim 5 \times 10^{-6}$ 时,人才能闻到气味,达到 $10 \times 10^{-6} \sim 20 \times 10^{-6}$ 时,人才受刺激而流泪、咳嗽。又如,在质量分数为 0.010×10^{-6} 的 HF 下,有一种唐菖蒲 20h 就出现反应症状,有的敏感植物能监测到十亿分之一浓度的氟化物污染,而目前大多数仪器也达不到这样的灵敏度水平。

（3）具有功能性

理化监测仪器一般只针对单一要素进行测定。先进分析仪器能够精确测定污染物浓度,却难以测定污染物的毒性影响。生态监测能通过指示生物的不同反应症状,分别监测多种干扰效应。例如,对污染土壤的生态监测,通过分析该土壤生态系统的生物组成、植物生长状况及残留量等,可了解土壤污染物在植物体内的生物积累、生物放大以及对植物等的影响,监测结果不仅可以评价土壤生态环境质量,而且可以评价土壤生产力、土壤安全等;植物受 SO_2 和氟化物的危害后,叶片常表现出不同的受害症状,根据受害症状就可以初步判断大气中的污染物的种类。

（4）能连续对环境进行监测

用理化检测的方法可快速而精确得测得某空间许多环境因素的瞬间变化,但却无法确定这种环境质量对长期生活这一空间内的生命系统的真实情况。而生态监测是利用生命系统的变化来"指示"环境质量,生命系统各层次都有其特定的生命周期,这就使得监测结果能反映出某地区受污染或生态破坏后累积结果的历史状况。例如,大气污染的监测植物,可以日复一日,年复一年真实地记录着污染物危害的全过程及污染物的积累量。

（5）环境监测的复杂性

环境监测的复杂性主要表现在以下 4 个方面。

①环境监测结果和生物监测性能容易受到外界各种因子的干扰。如利用斑豆监测 O_3,其致伤率与光照强度密切相关,SO_2 对植物的危害受气象条件影响很大等。

②环境监测容易受到自然界中许多偶然事件,如干旱、洪水和火灾等所产生的干扰作用,在时间和空间上表现出极不稳定性。因此,生态监测要区分人类的干扰作用、自然变异和自然干扰作用通常十分困难。

③环境监测受到生物生长发育、生理代谢状况等外干扰的作用。

④环境监测网站设计、设置的工作复杂,如何体现科学性和可观察性非常困难。

尽管生态监测还存在着一定的局限性,但是它在环境监测中的作用和地位是非常重要的。

5. 环境监测的分类

（1）从生态系统角度划分

国内对生态监测类型的划分有许多种,一般按照生态系统的类型划分,可分为农村生态监测、城市生态监测、草原生态监测、森林生态监测、水体生态监测、湿地生态监测及荒漠生态监测等。这类划分突出了生态监测对象的价值尺度,旨在通过生态监测获得关于各生态系统生态价值的现状资料、受干扰(特别指人类活动的干扰)程度、承受影响的能力、发展趋势等。

(2)从检测的空间尺度划分

在空间尺度上,生态监测又可分为宏观监测和微观监测两大类。

(1)宏观环境监测

宏观生态监测是指利用生态图技术、遥感技术、区域生态调查技术及生态统计技术等,对区域范围内各类生态系统的组合方式、镶嵌特征、动态变化和空间分布格局等及其在人类活动影响下的变化情况进行监测的方法。宏观生态监测的基础是原有的自然本底图和专业数据,把得到的几何信息用图件的形式输出,建立地理信息系统。监测的内容是区域范围内具有特殊意义和特殊功能的生态系统的分布及面积的动态变化情况。如湿地生态系统、沙漠化生态系统、热带雨林生态系统等。监测对象的地域等级,至少应在区域生态范围之内,最大的可扩展到全球一级。

(2)微观环境监测

微观生态监测是指以生物学、物理学、化学的方法对生态系统各个组分提取属性信息,对一个或几个生态系统内各生态因子进行的物理和化学的监测。以某一特定生态系统或生态系统聚合体的结构和功能特征及其在人类活动影响下的变化为监测对象。微观生态监测需要建立大量的生态监测站,每个监测站的地域等级最大可包括由几个生态系统组成的景观生态区,最小也应代表单一的生态类型。

根据监测的具体内容,又可将微观生态监测分为干扰性生态监测、污染性生态监测、治理性生态监测以及环境质量现状评价生态监测。

①干扰性生态监测。干扰性生态监测是指对人类特定生产活动所造成的生态干扰进行的监测。例如,大型水利工程对生态环境的影响;湿地开发引起的生态型的改变及生活污染物的排放对水生生态系统的影响;草场过度放牧引起的草场退化、生产力降低情况;砍伐森林所造成的森林生态系统的结构和功能、水文过程和物质迁移规律的改变等。

②污染性生态监测。在生态系统受到污染后,通过监测生态系统中主要生物体内的污染物浓度以及敏感生物对污染的响应,可了解污染物在生态系统中的残留蓄积、迁移转化、浓缩富集规律及响应机制。

③治理性生态监测。治理性生态监测是指经人类治理破坏了的生态系统后,对其生态平衡恢复过程的监测。例如,对沙漠化土地治理过程的监测;对侵蚀劣地的治理与植物重建过程的监测等。

④环境质量现状评价生态监测。通过对生态因子的监测,获得相关数据资料,为环境质量现状评价提供依据。

宏观生态监测必须以微观生态监测为基础,而微观生态监测又必须以宏观生态监测为主导,二者相互独立,又相辅相成。一个完整的生态监测应包括宏观和微观监测两种尺度所形成的生态监测网。

6. 环境监测的原则

(1)符合国情

我国经济比较落后,各地发展不平衡。因此,应结合实际开展监测,进行费-效应分析,确定路线和装备。

（2）全面规划、合理布局

环境问题的复杂性决定了监测的多样性。监测结果是整个过程的综合体现，其准确度取决于薄弱环节。

（3）优先性

某污染物得以优先监测的条件是：

1）对环境影响大，含量接近或超标，呈上升趋势。

2）已有可靠方法和环境标准。

3）样品具有代表性。

7. 环境监测内容

环境监测内容通常以其监测的介质（或环境要素）为对象分为水污染监测、大气污染监测、固体废物监测、生物监测、生态监测、物理污染监测等。

10.2.2　环境监测的理论依据与指标体系

1. 环境监测的理论依据

生物与其生存环境是统一的整体。环境创造了生物，生物又不断地改变着环境，二者相辅相成。这是生物进化论的基本思想，同时也是生态监测理论依据的核心。

（1）生态监测的基础——生命与环境的统一性和协同进化

按进化论的理论，原始生命产生的过程：无机小分子→生物小分子→生物大分子→原始生命多分子体系。环境创造了生命，环境与生命及生态系统是相互依存的。

生命产生后，它又在其发展进化过程中不断地改变着环境，形成了生物与环境间的相互补偿和协同发展的关系。生物从无到有，生物群落从低级阶段向高级阶段的发展是生物改变环境的过程，也是两者协同发展的过程。生物与环境间的这种统一性，正是开展生态监测的基础和前提。

（2）生态监测的可能性——生物适应的相对性

生物对环境的适应是普遍的生命现象，是长期进化的结果。在一定环境条件下，某一空间内的生物群落的结构及其内在的各种关系是相对稳定的。当存在人为干扰时，生物环境发生变化，会有相应的生物物种减少或消失，这是生物对环境变化适应与否的反映。但是，生物的适应具有相对性。环境变化如果超过生物的适应范围，生物就表现出不同程度的损伤特征。因此，以群落结构特征参数，如种的多样性、种的丰度、均匀度以及优势度和群落相似性等作为生态监测指标是可行的。

（3）污染生态监测的依据——生物富集能力

生物富集是指食物链上的多种生物或处于同一营养级上不同生长阶段的生物，从周围环境中浓缩某种元素或难分解物质的现象，亦称为生物学浓缩。环境的污染、人类的干扰、某些人工合成化学物质等进入环境后，必然要被生物吸收和富集，而且还会通过食物链在生态系统中传递和被放大。当这些物质超过生物所能承受的浓度后，将对生物乃至整个群落造成影响或损伤，并通过各种形式表现出来。污染的生态监测就是以此为依据来分析和判断各种污染物在环境中的行为和危害的。

(4)生态监测结果的可比性——生命具有共同特征

生态监测结果常受多种原因的影响而呈现出较大的变化范围,这就为同一类型的不同生态系统间生态监测结果的对比增加了困难。但是生命具有共同的特征,如各种生物(除病毒和噬菌体外)都是由细胞所构成的,能进行新陈代谢,具有感应性和生殖能力等。这些决定了生物对同一环境因素变化的忍受能力有一定的范围,即不同地区的同种生物抵抗某种环境压力或对某一生态要素的需求基本相同。例如,在我国南北方都分布有白鲢鱼,其性成熟年龄和产卵时间南、北方差别较大,但达到性成熟所需的总积温却基本相同,如表10-1所示。

表 10-1　不同地区白鲢鱼性成熟的总积温比较

项目	广西	江苏	吉林	黑龙江
生长期(月数)	12	8	5.6	5.5
生长期平均水温(℃)	27.2	24.1	20.5	20.2
生长总积温(℃)	9792.0	5780.0	3485.0	3.333
性成熟年龄	2	3~4	5~6	5~6
性成熟总积温(℃)	19584.0	17340~23120	17425~20910	1666~19998
性成熟总积温均值(℃)	19584.0	20230	19167	18331

2. 生态监测的指标体系

生态监测指标体系主要指一系列能敏感、清晰地反映生态系统基本特征及生态环境变化趋势并相互印证的项目。生态监测指标体系是生态监测的主要内容和基本工作。

(1)生态监测指标体系遵循原则

一般来讲,选择与确定生态监测指标体系,首先要找有代表性的、对特定环境污染或感染具有敏感性的;其次应选择具有综合性和可行性的;最后要注意选择具有可比性和层次性的指标体系。

(2)监测指标体系的类型

生态系统的类型纷繁复杂,各类生态系统又有各自的结构、功能,因此生态监测指标体系应针对不同生态系统类型而有所不同。其中陆生生态系统如农田生态系统、草地生态系统、森林生态系统、荒漠生态系统以及城市生态系统等,重点监测内容应包括气象、水文、土壤、植物生长发育、植被组成以及动物分布等;水域生态系统包括海洋生态系统、淡水水生生态系统重点监测内容主要有水动力、水文、水质以及水生生物组成及生长发育等。

同时对生态系统进行监测,一般应设置常规监测指标,如表10-2所示。还包括应急监测(包括自然和人为因素造成的突发性生态问题)。

表 10-2　生态监测常规指标

要素	常规指标
气象	气温、湿度、风速、主导风向、年降水量及其时空分布、蒸发量、有效积温、土壤温度梯度、大气干湿沉降物的量及其化学组成、日照和辐射强度等
水文	地下水水位及化学组成、地表水化学组成、地表径流量、侵蚀模数、水深、水温、水色、透明度、气味、pH、油类、硫化物、氨氮、重金属、亚硝酸盐、氰化物、酚、农药、除莠剂、COD、BOD、异味等土壤
植物	植物群落及高等植物、低等植物种类、数量、种群密度、指示植物、指示群落、覆盖度、生物量、生长量、光能利用率、珍稀植物及其分布特征以及植物体、果实或种子中农药、重金属、亚硝酸盐等有毒物质的含量、作物灰分、粗蛋白、粗脂肪、粗纤维等动物
微生物	微生物种群数量、分布及其密度和季节动态变化、生物量、热值、土壤酶类与活性、呼吸强度、固氮菌及其固氮量、治病细菌和大肠杆菌的总数等底质要素指标
土壤	土壤类别、营养元素含量、土种、pH、土壤交换当量、有机质含量、孔隙度、土壤团粒结构、透水率、容重、持水量、土壤 CO_2、CH_4 释放量及其季节动态、土壤微生物、总盐分含量及其主要离子组成含量、土壤农药、重金属及其他有毒物质的积累量等植物
动物	种群密度、动物种类、数量、生活习性、消化情况、食物链、珍稀野生动物的数量及动态、动物体内农药、重金属、亚硝酸盐等有毒物质富集量等微生物
底质要素指标	有机质、总磷、总氮、硫化物、重金属、pH、农药、氰化物、总汞、甲基汞、COD、BOD 等底栖生物
底栖生物	动物种群构成及数量、优势种及动态、重金属及有毒物质富集量等人类活动
人类活动	人口密度、生产力水平、资源开发强度、基本农田保存率、退化土地治理率、有机物质有效利用率、水资源利用率、工农业生产污染排放强度等

10.2.3　环境监测的基本方法

1. 环境污染生态监测

（1）指示生物法

指示生物法是利用指示生物来监测环境状况的方法。而指示生物是指对环境中某些物质包括污染物的作用或环境条件的改变能较敏感和快速地产生明显反应的生物（植物、动物、微生物）。目前微生物和动物主要用于水体污染的监测。植物主要用于大气污染的监测，因为植物能长期生长于某一固定地点，能对大气短期污染做出急性反应，对长期污染做出累积反应。

通过肉眼或其他宏观方式观察受害生物的形态变化来指示环境污染称为症状指示法。大气中的污染物大部分通过叶片的气孔进入植物体内，植物一般是叶片先受害，受不同气体的危害，叶片所表现出的受害症状出现差别（表 10-3，图 10-2），由此可推断危害气体的种类和浓度。

表 10-3　不同污染物质对植物的伤害及域值

污染物	症状	受影响的叶	受影响的叶组织	伤害域值		
				cm³/m³	μg/m³	h
臭氧（O_3）	叶片上出现各种密集斑点、漂白斑、生长受抑制、过早落叶。先是老叶，后幼叶	栅栏组织		0.03	70	4
二氧化硫（SO_2）	叶脉间和叶缘部漂白化、褪绿、生长受抑制、早期落叶、产量减少	中叶	叶肉组织	0.3	800	24
二氧化氮（NO_2）	叶缘部和叶脉间呈不规则的白色或褐色的斑块	中叶	叶肉细胞	2.5	4700	4
过氧乙酰基硝酸酯（PAN）	叶背面光泽化、银白化、褐色化	幼叶	海绵组织	0.01	250	6
氟化氢（HF）	叶尖与叶缘烧焦、褪绿、落叶减产	成熟叶	表皮和叶肉	0.1（mm³/m³）	0.2	5 周
氯（Cl_2）	叶脉间，叶尖漂白化、落叶	成熟叶	表皮和叶肉	0.1	300	2
乙烯（C_2H_4）	花萼干枯、畸形叶、器官脱落、开花不良	（花）	全部	0.05	60	6

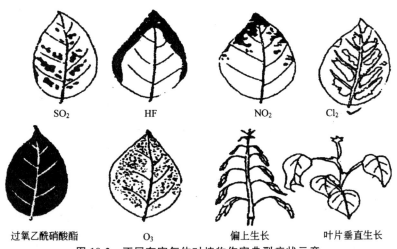

图 10-2　不同有害气体对植物伤害典型症状示意

在有害气体污染区有些植物不表现出受害症状而能正常生长，而另一些植物却受害特别严重，说明各类植物对污染物的抵抗能力不同。植物对大气污染物的抗性通常可分抗性强、抗性中等、抗性弱三级。

（2）生物样品的污染监测

生物样品的生态监测是指通过采集生物样品分析生物体中污染物含量的监测方法。这是因为生物从环境中吸取营养的同时，也吸收和积累一些有害物质。采集生物样品要根据具体情况而定,因污染物在生物体内各部位的分布是不均匀的,如植物从土壤中吸取的污染物存留在各部位的含量是不同的,一般分布规律为:

果瓣＜壳＜穗＜叶＜茎＜根

对采集生物样品中的污染物浓度进行测试,然后对结果进行分析来评价环境污染程度。这样的方法有很多,如营养状态指数法(TSI)、污染量指数法(IPC)等。

2. 生态破坏的生态监测

对生态破坏的生态监测,可根据生态破坏的对象,从植被破坏的生态监测、土壤退化的生态监测、水域破坏的生态监测等方面着手进行。

(1)植被破坏的生态监测

我国早期对草地破坏的生态监测主要集中在对草地资源以及承载力的调查等方面,通过调查建立全国性的草地动态监测网,根据草地变化及时调整管理对策,取得了明显的经济效益和生态效益。

我国对森林生态系统监测采用地面样地调查、森林资源监测、航空调查,以及其他的生物和非生物的数据源调查等方面。监测可从探测性监测、评价性监测、定点持续监测三个层次进行。探测性监测利用航空监测等不同来源的数据进行监测,倾向于探测区域尺度上不同灾害引起的森林健康参数变化;如果森林植被遭受的破坏问题较为严重,一般通过评价性监测来确定问题的严重程度、范围,即在个别的样地进行强化监测调查,采集的数据包括灌木、树木、地衣、土壤等;定点持续监测是指在一定地点开展不同空间尺度的长期研究。

水生植物在防止沉积物再悬浮、固定底泥、净化水质等方面起着非常重要的作用,是水体生态系统的重要调节者。近年来,水生植物遭到破坏,进而影响了水环境。因此,对水生植被破坏进行监测,对合理利用水资源,改善水质具有重要的意义。

对水生植被破坏的生态监测有以下几个方面:

①群落结构。

②水生植被的种类。

③时空变化。

④生物多样性。

(2)土壤退化的生态监测

土壤退化主要有土壤盐化、土壤沙化、土壤侵蚀、土壤污染、耕地的非农业占用等方面,针对不同的退化类型,应采取相应的生态监测方法。土壤生物对土壤污染会有相应的变化,据此可以用来监测土壤污染的成分和浓度,具体可从土壤植物、动物和微生物等方面进行监测。如1999 年李忠武等研究了敌敌畏对土壤动物群落的影响,结果表明,土壤动物的种类和个体数均随敌敌畏农药的增加而呈明显的递减趋势,同样群落多样性指数也随浓度升高而递减,如图10-3 所示。土壤受到废弃物的污染,导致了土壤微生物数量组成和种群组成发生改变,研究表明,许多土壤微生物对土壤中农药或重金属等污染物含量的稍许提高就会表现出明显的不良反应。当污染物进入土壤后首先受害的是土壤微生物,因此通过测定污染物进入土壤系统前后的微生物种类、数量、生长状况及生理生化变化等特征就可监测土壤污染的程度。

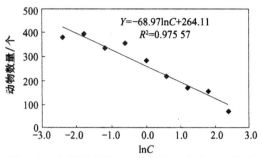

$$Y=-68.97\ln C+264.11$$
$$R^2=0.975\ 57$$

图 10-3 土壤动物数量与敌敌畏农药浓度的关系

(李忠武等,1999)

3. 生物多样性监测

生物多样性是生物及其环境形成的生态复合体及与此相关的各种生态过程的总和,由遗传多样性、物种多样性和生态系统多样性等部分组成。生物多样性的生态监测是为了解生物多样性所面临的压力、生物多样性的现状及变化,以及生物多样性的保护及其有效性,在时间尺度上对生物多样性的反复编目,从而确定其变化的监测方法。生物多样性监测时间因监测对象、所采用的手段不同而不同,长期的监测可能需要几年或几十年。监测的空间尺度包括地方监测、地区监测和全球监测。监测的内容包括基因监测、种群监测、物种监测、生态系统与景观监测、保护区监测等。

10.2.4 环境监测的程序

1. 现场调查与资料收集

主要调查收集区域内各种污染源及其排放规律和自然与社会环境特征。自然和社会环境特征包括地形地貌、气象气候、地理位置、土壤利用情况以及社会经济发展状况。

2. 确定监测项目

监测项目主要根据国家规定的环境质量标准、本地主要污染源及其主要排放物的特点来选择,同时,还要测定一些气象及水文参数。当环境监测的项目很多不可能同时进行时,必须坚持优先监测的原则。如在大气污染监测中,根据国家《环境空气质量标准》规定,现阶段常规分析的指标有 SO_2、H_2S、CO_2、NO_x、CO、Cl、HCl、烟尘和粉尘。而水污染监测的项目是水污染综合指标和单个污染物的浓度,综合指标主要有水温、pH、电导率、DO、浑浊度、COD、BOD、TOD、TN、TOC、溶解性和悬浮性固体等。监测单个污染物的浓度项目有 F^-、NH_4^+、NO_3^-、SO_4^{2-}、CN^-、As、Cd、Pb、Cr^{6+}、Hg、酚等。

3. 监测点布设及采样时间和方法

(1)水质污染监测

地表水水质监测布点的基本原则为:在大量废水排入河流的主要工业区的下游和上游、居民区;河流主流道、河口、湖泊和水库的代表性位置;水库、湖泊、河口的主要入口和出口;主要支流汇入主流、河口或沿海水域的汇合口;主要用水地区,如公用给水的取水口、商业性捕鱼水域等。目前水质污染监测的布点方法是采用设置断面的布点方法,所设置的断面有对照断面、控制断面和削减断面三种。

在采样方法方面,根据监测项目确定是混合采样还是单独采样。采样方法通常有采集表层水样可用桶、瓶等容器直接采取;水文气象参数及部分水质监测项目,需在现场进行测试;当水深大于 5m 时,或采集有溶解性气体、还原性物质等水样时,需选择适宜采样器采样。

在采样时间方面,为了掌握水质的变化,最好能 1 个月采 1 次水样。一般常在丰、枯、平水期,每期采样 2 次。另外,北方的冰封期和南方的洪水期各增加采样 2 次。如受某些条件限制,至少也要在丰水期和枯水期各采样 1 次。

(2)大气污染监测

大气污染监测优化布点的基本原则为采样点的位置应包括污染源集中、主导风向比较明显时,污染源的下风向为主要监测范围,应布设较多的采样点,上风向布设较少采样点作对照;整个监测地区的高浓度、中浓度和低浓度三种不同的地方;工业比较集中的城区和工矿区,采样点数目多些,郊区和农村则可少些;超标地区采样点的数目多些,未超标地区可少些;人口密度小的地方可少些,人口密度大的地方采样点的数目多些。目前大气污染监测的布点方法有扇形布点法、网格布点法、同心圆布点法和按功能区划分的布点法。

在采样方法方面,当大气中污染物浓度较高和测定方法灵敏度高时,采用直接采样法;当大气中被测物质的浓度较低或分析方法的灵敏度不够高时,采用浓缩采样法。浓缩采样法有溶液吸收法、固体阻留法和低温冷凝法。

在采样时间方面,尽可能在污染物出现高、中、低浓度的时间内采集。对于日平均浓度的测定,每隔 2～4h 采取 1 次,测定结果能较好地反映大气污染的实际情况。特殊情况下,每天至少也应测定 3 次,时间分配在大气稳定的夜间、不稳定的中午和中等稳定的早晨或黄昏。对于年平均浓度的测定,最好是每月 1 次,每次测 3～5d,每天的采样时间和次数与测定日平均浓度相同。

4.环境样品的保存

环境样品在存放过程中可能受氧化还原、沉淀、吸附、微生物作用等的影响,因此要缩短采样到分析检测的时间间隔,来减少样品的成分可能发生变化而引起的误差。目前较为普遍的保存方法有冷藏冷冻法和加入化学试剂法。

5.环境样品的分析测试

根据所测组分的特点和样品的特征,选择合适的分析测试放大。目前化学分析和仪器分析是用于环境监测的分析的两大类分析方法。

6.数据处理与结果上报

监测误差存在于环境监测的全过程,数据处理的方法是采样和分析测试的基础上,运用数理统计的方法处理数据,得到符合客观要求的数据。

环境监测由多个环节组成,只有把各个环节都做好了,才能获得代表环境质量的各种标志的数据,才能将反映真实的环境质量的结果以数据的形式上报。

10.2.4　环境监测技术

环境监测技术多种多样,大体可分为仪器分析法、化学分析法和生物监测技术等。

1. 仪器分析法

仪器分析法也叫"理化分析法",是基于物理或物理化学原理和物质的理化性质而建立起来的分析监测方法。

仪器分析法有如下特点：

1）灵敏度高,适用于微量、痕量甚至超痕量组分的分析。

2）选择性强,对试样预处理要求简单；响应速度快,容易实现连续自动测定。

3）有些仪器可以联合使用,可使每种仪器的优点都可能得到充分的利用。

4）仪器的价格高,设备复杂,对于操作环境条件要求较高,需要经常维护保养,推广使用受到一定的限制。

仪器监测技术是监测技术的发展方向。

根据工作原理不同,仪器分析法可分为色谱分析法、光谱分析法、质谱分析法、波谱分析法、电化学分析法、射线分析法等。

（1）光谱分析法

以物质的光学光谱性质为基础进行分析,可以分为原子光谱和分子光谱。原子光谱按跃迁形式的不同分为发射光谱、吸收光谱和荧光光谱；分子光谱按波长的长短不同分为远红外、红外、紫外可见光谱及激光拉曼光谱。

光谱分析法操作简单,选择性好,准确度和稳定性高,分析速度快,成本低,应用范围广,主要适用于环境样品重金属含量监测,可测 50 多个元素,准确度高达 10^{-6} 级。

（2）质、波谱分析法

包括质谱法和核磁共振谱法。质谱与电镜结合构成离子探针,能进行同位素、微区、表面、结构分析,所需试样的量很少,可以在不损伤试样的情况下分析。

（3）色谱分析法

使混合物在不同的两相中作相对运动反复分配达到分离的效果,然后进行分析。以气体为流动相的色谱称为气相色谱；以液体为流动相的称为液相色谱。

色谱技术具有很好的分离效果,但在定性分析上尚不能满足要求,而如果色谱与质谱或红外光谱联机使用将是一个理想的分析手段。若色谱和质谱联用,那么在分离手段和监测方法上可以实现优势互补,能够解决很多复杂的监测分析问题,并且随着计算机的应用,可以自动控制色谱—质谱的操作,自动采集质谱数据,自动校准和计算精确质量,自动给出元素组成,显示并打印出色谱质谱图。

（4）电化学分析法

这类方法是以电化学理论和物质的电化学性质为基础建立起来的,通常将试样溶液作为化学电池的一个组成部分,研究和测量溶液的电物理量,如电极电位、电流、电阻、电容和电量等,从而测定物质的含量。电化学方法包括电位法、电量法（库仑法）、电导法、极谱法。

1）电位法。该方法基于能斯特原理,溶液中的指示电极的电位和溶液中某离子的浓度有一定的关系,通过测定指示电极的电位,即可求得离子的浓度。常见的离子选择性电极有玻璃膜电极、固膜电极、液膜电极、气敏电极等。离子选择性电极法可以测定 F^-、Br^-、Cr^-、CN^-、SO_4^{2-}、NO_3^-、Pb^{2+}、Ca^{2+}、Hg^{2+} 等几十种离子。

2）库仑法。它是在电解法的基础上发展起来的一种电化学分析方法。在电场的作用下,利用原电池的氧化还原反应的平衡破坏,通过溶液中消耗电量的多少来计算被测组分的含量。此法主要用来测定大气中 SO_2 的浓度。

3)电导法。在一定温度下,电解质溶液的电导率与其溶液的浓度成正比,通过测定溶液的电导率可以求得溶液中某种离子的浓度。电导法使用的仪器是电导仪。此法仪器简单,操作容易,广泛应用于水质自动监测、盐度、水的纯度、溶氧的测定中。

4)极谱法。极谱法是在特殊条件下的电解法。通过二电极在被测溶液中的氧化还原反应,得到电流电压曲线——极谱图来测定物质含量。此法常用来测定地下水及环境食品中的微量重金属 Cu、Pb、Zn、Cd 等。

（5）射线分析法

射线分析法包括 X 光荧光光谱法、电子能谱法、仪器中子活化法。

2. 化学分析法

化学分析法主要是利用化学反应及其计量关系进行分析监测,是目前广泛使用的分析技术。它以分析化学为基础,对污染物侧重于定量分析,包括重量法、容量法、比色法。

其主要特点如下:

1)准确度高,相对误差一般小于 0.2%;

2)仪器设备简单,价格便宜;

3)灵敏度低,适用于常量组分测定,不适于微量组分测定。

（1）重量法

将待测样品中的被测组分与其他组分分离,称量该组分的重量,并计算出待测组分在样品中的含量,这种方法称为重量法。根据反应原理不同可分为气化重量法和沉淀重量法。

当被测组分是挥发性的,或加入试剂反应后能生成气体的,可采用气化重量法。常用来测定土壤及固体环境样品中的水分。

沉淀重量法常采用的监测项目是空气中的总悬浮微粒（TPS）、飘尘（IP）、水中的悬浮物（SS）及油类（OI）等。一般过程是:称样→溶样→制备成溶液→沉淀出被测组分→过滤、洗涤→烘干、灼烧→称量沉淀物重量→计算被测组分含量。

重量分析法的全部数据都是由分析天平称量得来的,一般不需要基准物质,且设备简单,操作容易,但比较费时,由于是手工操作所以人为误差较大。

（2）容量法

容量法将已知准确浓度的标准溶液,滴加到被测样品的溶液中,当加入的标准溶液的量与被测组分的含量相当时（称为等当点）,由用去的标准溶液的量可以计算出被测组分的含量,这种方法称为容量法。容量分析法装置简单、操作简便,反应迅速,适于现场快速测定,其结果准确度较高。根据反应原理不同,可以分为中和法、沉淀滴定法、络合滴定法、氧化还原法等。

（3）比色法

比色法的基础是"朗伯-比尔"定律,即"显色溶质的吸光度与溶液的浓度和液层的厚度成正比"。当制备不同浓度的标准溶液,将其一定厚度的液层所测得的吸光度作为纵坐标,溶液浓度作为横坐标,则可以得到二者之间的关系。比色法可以分为目视比色法和光电比色法。比色分析法具有简便、迅速、灵敏等特点,对微量成分也有较好的测定精度。

光电比色法是由光电比色计滤光片得到单色光与被测液的颜色互补,取得最大吸收,通过测其吸光度的大小来求得试样浓度,同样要作标准曲线。由于分光光度法更准确、更灵敏,所以目前此法已多被分光光度法所代替。

目视比色标准系列法是对所测定的成分,制备一系列已知浓度的标准溶液,将其置于直径相等的比色管中,加显色剂显色,在完全相同的条件下进行操作,并将试样颜色与此标准系列比较,从颜色最接近的标准比色管的浓度,求出试样浓度。此法操作简便,便于野外现场测定,但精度较差,人为误差大。

3. 生物监测方法

生物监测是应用生物评价技术和方法对环境中某一生物系统的质量和状况进行测定,常用来弥补理化监测之不足。目前生物监测方法主要包括生物残毒监测法、生物群落监测法、细菌学检验监测法、急性毒性实验和致突变物监测法等。

(1)生物群落监测法

1)大气污染的植物监测法。植物对大气污染的特殊敏感性,以及不同植物对各种污染物反应的差异,使得植物可以作为一种监测器,来监测大气环境的污染水平。该法包括指示植物监测法和植物群落监测法。其中指示植物监测法又包括盆栽定点监测法,利用地衣、苔藓植物的监测法现场调查法。

2)水体污染的生物群落监测法。主要是根据浮游生物在不同污染带中的物种频率或相对数量或通过数学计算所得出的简单指数值来作为水污染程度的指标。该法又可分为污水生物体系法、生物指数法和水生植物法。

(2)生物残毒监测法

生物组织中有害物质的分析方法与大气、水体中有害物质的分析监测方法基本一致,只是在试样的采集、制备和预处理方面有所差别。特别值得注意的是污染物在生物体中各部位的分布是不均匀的,并且与生物的种类有关。因此,了解生物体中各种有害物质含量的分布情况和特点对生物残毒监测结果的代表性和可比性是至关主要的。

(3)细菌学检验监测法

天然水体被污染后,污水中的有机物在一定条件下会影响着水中微生物的变化。一般的水域在未受污染的情况下细菌数量较少,当水体受到污染后细菌数量相应增加,细菌数量越多说明污染越严重。细菌检验法包括细菌总数法和大肠杆菌监测法。

10.3 环境影响评价

10.3.1 环境影响评价概述

1. 环境影响评价的概念及类型

生态评价包括生态环境质量评价和生态环境影响评价。

生态环境质量评价主要是对区域内生态系统结构与功能、环境污染状况等的评价。例如野生生物种群状况、自然保护区的保护价值、栖息地适宜性与重要性等,都属于生态环境质量评价。

生态环境影响评价是通过定量揭示和预测人类活动对生态影响及其对人类健康和经济发展作用的分析,确定一个地区的生态负荷或环境容量,也包括生态风险评价。

在特定的时间和空间范围内,生态评价以生态学理论为基础,从生态系统层次上,分析生态环境对人类生存及社会经济持续发展的适宜程度或环境污染对生态系统的影响。生态评价实际上是根据特定的目的,选择具有代表性、可比性、可操作性的评价指标和方法,对生态环境质量的优劣程度或污染的生态影响进行定性或定量的分析和评价。

2. 环境评价等级

评价等级的划分是为了确定评价工作的深度和广度。根据评价项目对生态环境影响程度和影响范围的大小,生态评价等级可分为三级:

①1 级为深入全面的调查与评价,生态环境保护要求严格,必须进行技术经济分析和编制生态环境保护行动计划或实施方案。

②2 级为一般评价与重点因子评价相结合,生态环境保护要求较严格,必须针对重点问题编制生态环境保护计划和进行相应的技术经济分析。

③3 级为重点因子评价或一般性分析,生态环境保护要求一般,必须按规定完成绿化指标和其他保护与恢复措施。

3. 环境评价的原则

环境评价在综合分析生态环境及人类活动的相互作用的基础上,提出行之有效的保护途径和措施,并依据生态学和生态环境保护基本原理进行生态系统的恢复和重建设计。生态评价应该注意遵从政策性原则、针对性原则、自然资源优先保护原则、生态系统结构与功能协调原则、生态环境保护与社会经济发展协调原则。

4. 环境评价的任务

环境评价的主要任务是认识生态环境的特点与功能,明确人类活动对生态环境影响的性质、程度,为了维持自然资源可持续利用和生态环境功能而采取的对策和措施,一般有保护生物物种多样性、保护生存性资源、保护区域性生态环境、保护生态系统的整体性、保持生态系统的再生能力、合理利用自然资源等。

10.3.2　环境影响评价方法

环境影响评价的方法包括环境影响因素预测方法和环境影响综合评价方法。

1. 环境影响因素预测方法

环境影响因素预测方法包括数学模式方法、物理模拟方法、对比法与类似法、专业判断法。

(1)数学模式方法

数学模式方法是以数学模式为主的客观预测方法,它根据变化状态分为稳态和非稳态;针对分析确定相关模式,可分为黑箱模型、灰箱模型和白箱模型三大类。用于环境预测的解析模式可以分为零维、一维、二维、三维。

(2)物理模拟方法

物理模拟方法是利用与原型在某个方面相似(几何相似、热力相似、动力相似、运动相似等)的实物模型,通过实验进行预测。

（3）类似法

在进行一个未来建设项目的环境影响评价时，可以通过研究一个已知的类似工程在兴建前后对环境的影响情况，推测工程可能的环境影响。

（4）对比法

通过工程兴建前后某些环境因子影响的机制及变化过程进行对比分析，进行环境影响的预测。

2. 环境影响综合评价方法

包括指数法、矩阵法、图形叠置法、网格法和动态系统模型法。

（1）指数法

指数法分为一般指数法和巴特尔指数法。

1）一般指数法。在测定表示环境质量的参数后，与环境质量标准比较，将它们的比值作为评价的指数。表示式为

$$P = C/C_S$$

式中，C 为污染物浓度的实测值；C_S 污染物浓度的标准值。

通过分析 P 值的大小可以判定环境污染的状况。当 P 值大于 1 时，环境因子超标，P 值越大，环境状况越恶劣；当 P 值小于 1 时，环境因子达标，P 值越小，环境状况越好。

2）巴特尔指数法。它是采取函数作图的方法，把评价因子浓度值转换为环境质量值，再将各环境质量值乘以权重值求和，得综合指数值，用于表示环境质量状况。

（2）图形叠置法

最早由 Mc Hary 在 1968 年用于公路建设的环境影响评价中，用来确定建设法案。常用于变量空间分布范围很广的开发活动，有很长时间的历史。

（3）矩阵法

矩阵法包括相关矩阵法和迭代矩阵法。

1）相关矩阵法矩阵由 100 项开发行为组成的横轴，由 88 项开发影响的环境要素组成纵轴。这样可以直观地识别开发项目的环境影响。

2）迭代矩阵法由四步组成：把开发项目分解为一份完整的基本行为清单；同时把环境分解为一份完整的基本环境因素清单；两份清单列出后，与相关矩阵处理方法一样，建立开发项目与环境影响的对应关系；进行"影响"评价进行迭代。

（4）网格法

在矩阵法的基础上，采用原因-结果的分析网格来阐明开发行为与环境影响的关系。

（5）动态系统模型法

以动态的观点综合分析世界范围内的人口、工农业生产、资源和环境污染之间的复杂关系，并用数学模型表达出来，在计算机上进行模拟，推测今后的发展趋势。

3. 生态影响的减缓措施和替代方案

制定减缓措施的原则：

①凡涉及珍稀濒危物种和敏感地区等生态因子不可逆影响时，必须提出可靠的保护措施和方案。

②凡涉及尽可能需要保护的生物物种和敏感地区,必须制定补偿措施。

③对于再生周期较长、恢复速度较慢的自然资源损失要制定补偿措施。

④对于普遍存在的、再生周期短的资源损失,当其恢复的基本条件没有发生逆转时,不必制定补偿措施;

⑤需制定区域的绿化规划。

实施减缓措施的途径为:

$$保护 \rightarrow 恢复 \rightarrow 补偿 \rightarrow 建设$$

即在项目开发前后要注意保护生态环境的原貌,尽可能减少对环境的破坏;如果开发活动使生态环境造成影响,应尽力使生态系统的结构或环境功能得到一定程度的修复;补偿措施的确定应考虑流域生态环境功能的最大依赖和需求,分为就地补偿和异地补偿两种形式;建设是保证建设项目和促进区域的可持续发展,开发建设项目需要采取改善区域生态环境,建设具有更高环境功能的生态系统的措施。

替代方案主要是指开发项目的规模、选址的可替代方案,也包括项目环境保护措施的多方案比较,这种替代方案原则上应达到与原拟建项目或方案同样的目的和效益,并在评价工作中描述替代项目或方案的优缺点。

10.3.3　环境影响评价程序

环境影响评价的工作程序如图 10-4 所示。我国环境影响评价工作大体分为三个阶段。

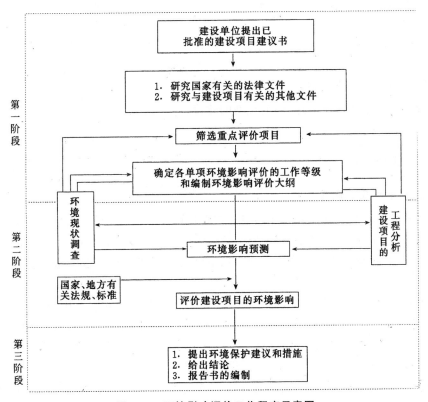

图 10-4　环境影响评价工作程序示意图

第一阶段为准备阶段,主要工作为研究有关文件,进行初步的工程分析和环境现状调查,筛选重点评价项目,确定各单项环境影响评价的工作等级,编制评价大纲。

第二阶段为正式工作阶段,其主要工作是进一步做工程分析和环境现状调查,并进行环境影响预测和评价环境影响。

第三阶段为报告书编制阶段,其主要工作是汇总、分析第二阶段工作所得的各种资料、数据,给出结论,完成环境影响报告书的编制。

10.3.4 环境影响评价报告书的编写

环境影响评价的内容十分广泛,各国的要求也不完全一致,我国环境影响评价的主要内容包括以下几个方面:

1)总则。包括编制环境影响报告书的目的、依据、采用标准以及控制污染与保护环境的主要目标。

2)建设项目概况。包括建设项目的名称、地点、性质、规模、产品方案、生产方法、土地利用情况及发展规划。

3)工程分析。包括主要原料、燃料及水的消耗量分析;工艺过程、排污过程;污染物的回收利用、综合利用和处理处置方案;工程分析的结论性意见。

4)建设项目周围地区的环境现状。包括地形、地貌、地质、土壤、大气、地面水、地下水、矿藏、森林、植物、农作物等情况。

5)环境影响预测。包括预测环境影响的时段、范围、内容以及对预测结果的表达及其说明和解释。

6)评价建设项目的环境影响。包括建设项目环境影响的特征、范围、大小程度和途径。

7)环境保护措施的评述及技术经济论证,提出各项措施的投资估算。

8)环境影响经济损益分析。

9)环境监测制度及环境管理、环境规划的建议。

10)环境影响评价结论。

10.3.5 生态风险评价

1. 生态风险的基本概念

每一个人或生物及其群体随时随地都暴露在风险中。可以说,与风险共存是人类乃至生物界的基本特征之一。在日常生活、工作中都可能遇到这样那样的风险。在工业生产中,存在着发生爆炸、毒气泄漏和其他事故的风险。其他生物群体在生活中也会遇到来自人类或自然的风险。

有机遇的项目同时也伴随着风险。一项开发活动在提供获取效益机遇的同时,存在的风险只有在开发行动成功地结束时才会消失,但又会产生新的风险。当发生了一个污染事故时,就事故本身而言,其发生的风险已不存在了;但是继发性事故的风险仍将存在。风险的后果难以度量。许多的风险后果是可以用货币度量的,但更多的风险并不能够用货币来度量。例如,一次污染事故的发生,在事故中或事故后所受影响的范围是可以确定的,但要计算所带来的损失却很难,即使以货币计,也是相当复杂和难以度量的。

环境风险是指由自发的自然原因和人类活动(对自然或社会或二者同时)引起的,并通过环境介质传播的,是能对人类社会及自然环境产生破坏乃至毁灭性作用等不幸事件发生的概率及其后果。生态风险(Ecological Risk,ER),指一种种群、生态系统或整个景观的正常功能受外界胁迫,从而在目前和将来减小该系统健康、生产力、遗传结构、经济价值和美学价值的一种状况。

2. 生态风险评价的步骤

生态风险评价过程包括 4 个主要步骤,即危险性的界定(也就是问题的提出)、生态风险的分析、风险表征和风险管理,其评价内容及程序如图 10-5 所示。

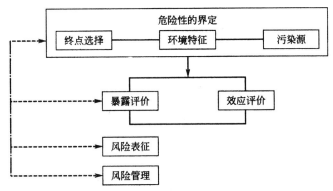

图 10-5　预测性生态风险评价内容及程序

危险性的界定,主要是通过了解所评价的环境特征及污染源情况,作出是否需要进行生态风险评价的判断。如果需要进行生态风险评价,则首先要科学地选定评价结点。所谓生态风险评价结点就是指由风险源引起的非愿望效应。

选择生态风险评价结点时,主要考虑到 3 方面的因素:一是问题本身受社会的关注程度;二是具有的生物学重要性;三是实际测定的可行性。其中,具有社会和生物学重要性的结点应是优先考虑的问题。例如,酸雨引起的鱼类死亡,杀虫剂引起鸟类死亡等都是典型的结点。

生态风险的分析,则需要进行暴露评价与效应评价。要通过收集有关数据,建立适当的模型,对污染源及其生态效应进行分析和评价。

风险表征就是将污染源的暴露评价与效应评价的结果结合起来加以总结,评价风险产生的可能性与影响程度,对风险进行定量化描述,并结合相关研究提出生态评价中的不确定因素的结论。

3. 风景资源质量评价

表征风景资源质量的指标有地理位置、建设年代、优美程度、稀缺程度和游人项目等五项。

(1)地理位置

表征风景资源的空间指标,一般以距离省会城市的远近给予相应的评分值 A_1。即离省会中心城市不超过 100km 的给予 10 分,以后每增加 100km,评分值降低 1 分,不足 100km 按 100km 计。另规定最低评分值为 0。

(2)建设年代

表征风景资源的时间指标,用来评价各个时期的名胜古迹、人文景观的历史价值,根据其开发年代,给出相应的评分值 $A_2=21-t$,式中,t 为风景建设的年代(世纪)。另规定,公元前的风景资源评分值为 21 分。

(3)优美程度

作为评价风景资源艺术价值的标准,一般根据风景资源的现状,采用专家咨询给出评分值 A_3,如表 10-4 所示。

表 10-4　风景资源的优美程度赋值

优美级别	1 级	2 级	3 级	4 级	5 级
评分值	10	8	6	4	2

(4)稀缺程度

作为评价风景资源在国内外的地位,也采用专家咨询给出评分值 A_4,如表 10-5 所示。

表 10-5　风景资源的稀缺程度赋值

稀缺级别	区县级	省市级	国家级	世界级
评分值	1	4	7	10

(5)游人数目

游人数目一定程度上反映了风景区的环境质量。可以根据游人的数目给出相应的评分值 A_5,如表 10-6 所示,来综合风景资源的环境效果。

表 10-6　游人数目的评分值

游人数目(万/a)	＞500	500～200	200～100	100～50	＜50
评分值	10	8	6	4	2

在进行上述五项单项评价后,采用加权平均数进行风景资源的综合评价(A)。其评价模型为:

$$A = \sum_{i=1}^{5} W_i A_i$$

式中,W_i 为每个单项指标的权重。

最后对风景资源的综合评价进行质量分级,并给出相应的评语,如表 10-7 所示。

表 10-7　风景资源的综合评价等级

评分值	＞20	20～15	15～10	10～5	＜5
等级	1 级	2 级	3 级	4 级	5 级

第 11 章 可持续发展理论与实践

11.1 可持续发展概述

在漫长的社会发展过程中,人类经历了从对自然的恐惧膜拜,到总结经验具备一定的征服自然的能力。从采集食物到食物生产,标志着人类文明发生了根本性的改变。长期以来,人们对自然的开发一直处于盲目的状态。人类重点关注自身的发展,在改造自然、发展经济方面取得了辉煌的成就,然而与此同时,人类不断地从自然中索取资源,尤其是工业化过程中,对自然环境造成了极大的破坏,面临着环境污染加重、自然资源枯竭、生物多样性减少等生态灾难。20 世纪 70 年代,人们认识到通过高消耗追求经济数量增长和"先污染后治理"的传统发展模式已不再适应当今和未来发展的要求,必须努力寻求一条人口、经济、社会、环境和资源相互协调的可持续发展之路。

11.1.1 传统工业发展带来的三大误区

受 18 世纪工业革命将科学技术转化为直接生产力的影响,长期以来人们总是认为科学技术的发达和国民生产总值(GNP)的增长就是发展,这种思想是片面的。传统工业文明发展存在的误区主要表现在以下 3 个方面:

1. 忽视生态系统的承载能力

在人类社会发展的很长一个时期,由于受到生产力水平的制约,生态知识有限,人们对自然界的本质规律的认识水平较低,任意索取美丽、富饶、奇妙的大自然中越来越多的东西,以为大自然是取之不尽的原料库。另一方面任意排放越来越多的对自然有害的废弃物,将养育人类世世代代的自然界视为填不满的垃圾场。特别是近 300 年来,人类忽视了环境、资源和生态系统的承载力,肆意掠夺和摧残自然界的状况,自然界的生态平衡严重被破坏,自然的自我调节和自我修复能力也受到了极大地损害了。

2. 无视资源环境成本

传统发展观点是通过人类单向从自然界中获取的资源核算经济利益增长的方式,付出的资源成本被忽略。这种核算体系给人们灌输了"资源无限、环境无价、消费无忧"的观点,在实践行为上则采取"高投入、高污染、高消耗"的外延式、粗放式发展方式。这种方式带来了经济的快速发展,但对环境造成的破坏、资源的浪费在很长一段时间内未被人类所重视。

3. 缺乏整体协调观念

长期以来,由于人们对物质财富的无限崇尚和追求,将注意力集中在的个经济指标上。经济学评价体系将 GNP 的增长作为评价经济福利的综合指标与衡量国民生活水准的象征,经济增长可以帮助人类拥有一切。于是将人文文化、环境保护、科技教育、社会公正、全球协调等重大的社会问题被淡忘或受冷落,增长和效率成了1930年以来衡量发展的唯一尺度。这种对经济增长的狂热崇拜与追求,导致了社会发展畸形,引发了大量短期行为,同时将人异化为物质的奴隶。

由于传统发展观存在着上述种种弊端,当人们庆贺经济这棵大树结出累累硕果的同时,人类赖以生存和发展的环境却被破坏得百孔千疮、污迹不堪。

11.1.2 可持续发展的由来

20世纪70年代,人类开始重新审视人与自然的关系,80年代提出了与以往发展模式不同的新途径,即可持续发展。可持续发展的概念是对传统发展观的反思与创新,是人类生存和发展受到了严重的危及,经济发展和社会进步受到了传统发展模式的严重制约这样的背景下提出来的。

在人类长期的奋斗历程中,大致经历了以下5个重要的里程碑。

(1)第一阶段

20世纪50~60年代初,工业化国家的许多地区都爆发了危害程度不同的公害事件,对人民的日常生活甚至生命造成了严重的威胁。在这样的背景下,不仅受害者奋起抗争,很多有良知、有远见的学者也都从不同的角度,撰文论述盲目地发展经济、开发自然将会造成的毁灭性影响,呼吁改变以自然环境为代价的经济增长模式,保护自然,保护人类,1962年美国海洋生物学家蕾切尔·卡逊(Rachel Karson)发表了环境保护科学著作《寂静的春天》。卡逊女士列举了工业革命以来对自然界的生态平衡所产生的破坏性影响大量资料事实,其中化学药品特别是杀虫剂的使用最为显著,阐述了杀虫剂在自然界中的聚积对自然的生产力乃至对人类健康的不可挽回的影响,指出人类在冒着极大的风险来改造自然,征服自然,但最终的结果适得其反。《寂静的春天》从环境污染的新视角唤起了人们对古老的生态学的兴趣,通过对污染物在自然界中的迁移转化规律的描述,揭示了环境污染对地球生态的深远影响,强调人与自然之间必须建立起"合作的协调"的关系。卡逊是环境保护的先行者,她的思想在世界范围内引起了人类对自己行为和观念的深入反思。

(2)第二阶段

1968年,来自世界各国的几十位人类学家、教育家、科学家、经济学家和实业家等在意大利奥莱利欧·佩西的组织下,在罗马山猫科学院成立了罗马俱乐部,该俱乐部属于非政府国际协会。其工作目标是探讨、研究、关注人类共同面临的环境问题,并深入和传播对人类困境的理解,激励产生能使人类摆脱这些困境的新政策、新理念和新制度。

罗马俱乐部关注的人类面临的共同问题包括环境退化、富足中的贫困、就业无保障、传统价值遗弃、青年的异化、通货膨胀以及金融和经济混乱等。围绕这一系列的问题,罗马俱乐部对长期以来流行于西方的高增长理论进行了深刻反思,并于1972年提交了一份研究报告《增长的极限》,这是该俱乐部成立以来的第一份研究报告。该报告从自然资源、人口、粮食、工业生产和污染方面进行深刻阐述,认为这些是最终决定和限制全球增长的基本因素。报告在阐述环境的重要性以及资源与人口之间的基本联系的基础上获得如下结论:如果世界人口、工业化、污染、粮食生产和资源消耗按照现有的趋势继续发展下去,地球增长的极限最终会在今后100年中发生。最有可能导致人口和工业生产力都出现突然和不可控制的衰退。粮食生产、工业发展、人口增长、环境污染和资源消耗这五项基本因素的运行方式是指数增长,因为粮食短缺和环境破坏在全球的增长,并会在下世纪某个时段内达到极限,世界将会崩溃,而解决的唯一办法就是"零增长"。

《增长的极限》一经发表便引起了国际社会的强烈反响,并触发了一场激烈的学术之争。虽然由于多种因素的局限,该报告中的一些结论与观点尚存在十分明显的缺陷,但是该报告是以"系统动力学"的方法建立了一个动态的世界模型,在该模型的基础上进行的深入阐述。因此,该报告中关于对地球潜伏的危机和发展面临的困境的警告,是冷静而客观的,表现出了对人类发展前途的"严肃忧虑",唤起了人类自身的觉醒。报告中阐述的"合理的、持久的均衡发展",为孕育可持续发展的思想萌芽提供了土壤。

(3)第三阶段

1972 年 6 月 5 日至 6 月 14 日,来自世界 113 个国家和地区的代表汇集一堂,在斯德哥尔摩召开了联合国人类环境会议,共同讨论环境对人类的影响问题,这是首次将环境问题提到国际议事日程上。会议通过了《联合国人类环境会议宣言》(简称《人类环境宣言》),指出,"人类如果使用不当,或轻率使用改造环境的能力,就会给人类和人类环境带来损害性的破坏","保护和改善环境成为全世界各国政府的责任和各国人民的迫切希望,全世界各国人民的幸福和经济发展都受到环境保护和改善环境的制约";宣言指出:发展不足造成了发展中国家的环境问题","在工业化国家里,工业化和技术发展与环境紧密相关"。保护和改善环境是目前人类一个紧迫的目标。因该受到各国政府和人民的高度重视,各国政府和人民为了全体人民和他们的子孙后代的利益而做出共同的努力!

(4)第四阶段

尽管联合国人类环境会议对环境问题的认识还比较粗浅,没有找到问题的根源和责任,未确定解决环境问题的具体途径,但启示人类共同面对环境问题,增强了各国政府和公民的环境意识。世界环境与发展委员会(WCED)也因这次会议的召开,在 20 世纪 80 年代初成立了。该委员会于 1987 年向联合国提交了研究报告《我们共同的未来》,这份报告是在挪威前首相布伦特兰夫人的领导下,经过长达 3 年的深入研究与充分论证得出的。由"共同的问题"、"共同的挑战"和"共同的努力"三个部分组成。该报告将环境与发展作为一个整体,并指出错误的政策和漫不经心都会对人类的生存造成威胁。"世界各国政府和人民必须从现在起对经济发展和环境保护这两个重大问题担负起自己的历史责任,制定正确的政策并付诸实施;人类必须立即行动起来改变严重损害生态环境的行为"。该报告在对人类面临的一系列重大经济、社会和环境问题的系统探讨基础上,进一步提出了"可持续发展"的概念。报告中指出了人类发展的新道路,实际也是《寂静的春天》中未明确指出的"另一条道路",即"可持续发展"的道路。

《我们共同的未来》这一研究报告,引导人类将环境保护与人类发展切实结合起来,实现了人类有关环境与发展的可持续发展。该报告标志着可持续发展思想逐渐成熟起来。

(5)第五阶段

1992 年 6 月 3 日至 6 月 14 日由 183 个国家的代表、102 名国家元首和政府首脑,以及联合国机构和国际组织的代表参加的联合国环境与发展会议在巴西里约热内卢召开。

会议通过了《里约宣言》、《关于森林问题的框架声明》、《21 世纪议程》三个纲领性文件,签署了《气候变化框架公约》和《生物多样性公约》。通过会议,国际社会达成了为生存必须结成

"新的全球伙伴关系"、环境与发展密不可分等问题的共识,接受了体现可持续发展思想的《里约宣言》和《21 世纪议程》重要纲领。大会为人类走可持续发展道路做了总动员,开创了人类社会走向可持续发展的新阶段,是人类的可持续发展的一座重要的里程碑。

11.2　可持续发展的基本理论

11.2.1　可持续发展的定义

可持续发展概念是在 1980 年发表的世界自然资源保护大纲中首次给予系统阐述的。在世界自然保护大纲中改变了过去就保护论保护的做法,明确提出其目的在于把资源保护和发展有机地结合起来,即保护自然资源使其既能有利于经济的发展,以满足人类的物质文化需要,不断提高生活质量,又能保护人类及其他生物赖以生存的环境条件。

可持续发展包含可持续性和发展两个方面的内容。由于它作为一个全新的理论体系,正在逐步形成、完善,至今还未形成一定定义,下面是几种具有代表性的定义。

1. 从自然属性定义可持续性发展

生态学家将可持续发展定义为"是寻求一种最佳的生态系统,以支持生态的完整性和人类愿望的实现,使人类的生存环境得以持续";"保护与增强(自然)环境系统的生产力和再生能力的发展模式"。

2. 从社会属性定义可持续发展

1991 年世界自然保护联盟在其发表的《保护地球》中将可持续发展定义为"在生命支持系统的承载能力内,提高人类的生活质量",可持续发展是一个全球性的经济、社会、环境、技术等许多方面协调发展的过程。人类可持续发展的最终落脚点是改善人类的生活质量,创造美好的生活环境。

3. 基于科技属性的定义

科学技术是实现可持续发展的重要保障。工业活动通过改进生产工艺和提高生产效率,提高科技水平、实现可持续发展。该定义的核心是将可持续发展转向更清洁、更有效的工业技术,采用接近"零排放"或"密闭式"的工艺方法,尽可能减少能源和其他自然资源的消耗。

4. 基于经济属性的定义

经济是人类个体发展和社会整体进步的动力,是可持续发展的核心。从该角度出发,可持续发展强调发展过程,通过自然资本和人造资本的替代来维持资本库存的动态平衡,发展的结果要达到使人均福利随着时间的增长而增长的目的。因此,定义中的经济发展不再是传统意义上以牺牲资源和环境为代价的经济发展,而是指不降低环境质量和不破坏世界自然资源基础的经济发展。

综上所述,可持续发展概念的核心在于尽可能保证人类的生存、人类的发展及社会的全面进步。既满足现代人的需求又不损害后代人满足需求的能力。

可持续发展既要达到发展经济的目的,又要保护好人类生存的环境。可持续发展的实质是协调,经济、社会、环境、资源等各方面的协调发展。通过人的合理组织与调控来增强自然界的相对稳定。合理配置各种资源,改善组织管理,不断提高系统的有序程度,使大系统达到最优化、最和谐,促进社会进步、经济发展、资源开发和环境保护协调一致,同步运行是协调发展的内容。

11.2.2　可持续发展的内涵

可持续发展是以保护自然环境为基础,以激励经济发展为条件,以改善和提高人类生活质量为目标的发展理论和战略。它是一种新的发展观、道德观和文明观。其内涵如下:

可持续发展的内涵极其丰富,从自然、经济、社会的观点出发,主张人类与自然的和谐相处,持续的经济发展应建立在保护自然系统的基础上,即当代人和后代人之间应公平分配。其主要内容应包括下面基层含义。

1. 经济可持续

经济可持续发展是国家的重要战略选择,人口增长和人们生活质量提高的需要都得靠发展经济来解决。可持续发展经济增长的数量和质量并重,它要求改变传统生产和消费模式,节约资源、减少废物、提高效率、降低消耗、增加效益,实施清洁生产和文明消费。经济的可持续发展强调经济增长的必要性是数量的增长和质量的提高。经济的可持续发展是可持续发展的前提,提倡依靠科学技术的进步,改变生产和消费模式。

2. 生态可持续

保护地球生命支持系统和生态系统结构与功能的完整性,预防、控制和治理生态破坏和环境污染是可持续发展的一个基本内容。可持续发展以资源的可持续利用和良好的生态环境为基础。工业化进程加快和人口急剧增长,自然资源的损耗大量开采,使资源的削弱、枯竭,将引发严重的生态问题与环境问题。

3. 社会可持续

人类如何与大自然和谐共处是可持续发展的实质。改善人类生活质量、促进全社会整体进步是社会可持续发展的最终目的。社会可持续发展需要做到以下几点:

1)控制人口数量,提高人口质量。

2)合理调节社会分配关系,消除失业、两极分化和不平等现象。

3)大力发展教育、文化和卫生事业,提高人民科学文化水平及健康水平。

4)建立和健全社会保障体系,保持社会稳定等。

可持续发展要以改善和提高生活质量为目的,以保护自然为基础,与资源和环境的承载能力相协调,与社会进步相适应。生态持续、经济持续和社会持续是可持续发展的三大特征,它们之间互相关联、不可分割。生态持续是基础,经济持续是条件,社会持续是目的。孤立追求经济增长必然导致经济崩溃;孤立追求生态持续不能遏制全球环境的衰退。人类共同追求的应该是自然-经济-社会复合系统的持续、稳定、健康发展。

11.2.3　可持续发展的基本特征

根据有关专家学者的研究成果和资料,可持续发展应具备以下主要特征:

1. 发展性

发展是可持续发展的前提,唯有发展才有出路,唯有发展才有美好的未来。可持续发展的基本特征是发展性,离开了发展性,也就没有持续。持续依赖发展,发展才能持续。

2. 持续性

持续性强调发展既要满足当代人的基本需求,又不危害子孙后代满足其需要的能力。持续性是可持续发展生命力特征的体现,持续性反映可持续发展的源泉、潜力、因果关系和发展过程的动态联系。

3. 公平性

持续发展是建立在社会公平和人与人之间平等的基础上的。主张人与人之间、国家之间的关系应该互相尊重、互相平等,一个社会(团体)的发展不应以牺牲另社会(团体)的利益为代价。只有保持公平,才能调动人的主观能动性和发明创造性,才能真正实现可持续发展。

4. 整体性

全人类是一个相互联系、相互依存的整体。当前世界上的许多资源与环境问题已超越国界和地区界限,并具有全球的规模。因此,要达到全球的持续发展,也必须通过全人类的共同努力,必须建立巩固的国际秩序和合作关系。

5. 和谐性

可持续发展追求的正是人与自然、人类社会与生存环境的高度和谐统一。

6. 多样性

多样性是保证可持续发展生机勃勃、内涵丰富、气象万千的主要因素,是衡量可持续发展状态的重要标志之一。可持续发展是多样性、多元化的发展,只能建立在生物多样性、区域多样性、经济多样性、社会多样性的基础上。不具备多样性特征的可持续发展不是真正意义上的可持续发展。

7. 高效性

高效性体现综合效益、总体效益和最佳效益,是反映和衡量可持续发展运动的价值和效益的主要参数,是人类社会持续、高速发展的重要保障。

8. 开放性

开放性是衡量可持续发展程度的重要标志,是可持续发展不可缺少的本质特征之一。开放性主要体现在:人与自然要和谐的人类社会的开放;要打破地区间的封锁,实现"块块"之间要合作的行政区开放;各国要交流、合作,要发展自由贸易,形成世界市场的国家的开放;各行各业之间要交流,要打破部门、行业之间的限制的部门和行业之间的开放;提倡管理的公开性和民主性,充分实现管理者与被管理者之间的交流与合作的国际管理、国家管理、社会管理和企业管理的开放;破保守的文化、思想和信息的禁锢,让先进的文化、思想、信息自由传播和交流的文化、思想和信息的开放。

9. 协调性

这一特性揭示,可持续发展只能是经济、社会和环境的协调发展。可持续发展是由许多发展活动组成的宏观活动,核心是国家级的可持续发展。可持续发展建立在现代国家主要由国土、国民、国家机关或者自然系统、经济系统、社会系统组成事实的基础上的。其中国土是立国之基础,国民是立国之根本,经济系统是立国之支撑,社会系统是立国之灵魂。可持续发展强调的是综合决定、全面规划、统筹兼顾以及各个系统的协调发展、同步发展,单个系统的孤立发展不是持续发展的特征。

10. 广泛性

可持续发展作为一种思想观念和行动纲领,指导产生了全球发展的指令性文件《21 世纪议程》,而这一《议程》的贯彻实施,则需要全社会的广泛参与。管理者在决策过程中就应当自觉地把可持续发展思想与环境、发展紧密结合起来,并不断地向人民大众灌输可持续发展思想,动员广大群众参加到可持续发展工作的全过程中来。

11.3　可持续发展战略的实施

11.3.1　可持续发展的基本模式

要实现可持续发展,需建立一种将经济与环境内在统一起来的生态经济模式,改变传统的经济与环境二元化的经济模式。

1. 生产过程的生态化

传统的生产流程是"原料-产品-废料"模式。只追求产品,将生产过程中产生的与产品无关的废料都排进环境中。而生态模式的生产中,废料则成为另一生产过程的原料而得到循环利用。因此,在生产过程中,建立一种少废料或无废料的既节约资源,又减少了污染封闭循环的技术系统。在对生物资源的开发中,应当是"养鸡生蛋"而不应该是"杀鸡取蛋"。

2. 经济运行模式的生态化

我们应当运用经济的机制刺激和鼓励节约资源和环境保护,把节约资源和环境保护因素作为经济过程的一个内在因素包含在经济机制之中。为此我们应当遵循以下原则:

第一,我们社会能量转换的相对效率作为评价经济行为的重要指标之一。新经济学应当把利润同能量消耗联系起来,依据净能量消耗来测定生产过程的效率。

第二,将"自然价值"纳入经济价值之中,形成一种"经济-生态"价值的统一体。资源价值应遵循着"物以稀为贵"的原则。随着某些资源的减少,资源的天然价值就会越高,使用这些资源制造的产品的价格也就应当越高。这种经济机制能够抑制对有限资源的浪费。

第三,清洁、美丽的适合人类生存的环境本身就具有一种"环境价值",因此应当建立一种抑制污染环境的经济机制。破坏环境是一种"负价值",应对破坏环境的活动予以经济上的惩罚。

3. 消费方式的生态化

传统经济模式中生产不断创造出新的消费品,通过广告宣传造成不断变化的消费时尚,诱使消费者接受,大量的生产要求大量消费,都是为了获得更大的利润。因此,挥霍浪费型的非生态化生产造成了一种挥霍浪费型消费方式。这种消费方式的反生态性质主要表现在以下方面：

1)它追求一种所谓"用毕即弃"的消费方式。大量一次性用品的出现，不仅浪费了自然资源，而且污染了环境。

2)在消费中追求所谓"深加工"产品只是追求形式上的翻新。违反生态原理和热力学第二定律(熵定律)。在食品多次加工中，不仅浪费了能量，而且由于各种化学添加剂的加入，还对人的健康造成了威胁。有些深加工商品属于不同能量层次的转化，浪费的能量就更多。

11.3.2　可持续发展水平的衡量

1. 可持续发展的判定目标

1992 年联合国通过的《21 世纪议程》号召国际组织、各国政府、非政府组织开发和应用可持续发展的指标，其目的是为行为决策提供基础，对行为结果作出判定。

可持续发展指标需要具有以下几个方面的功能：

①反映和描述某一时期内各方面可持续发展的水平和状况。

②评价和监测某一时期内各方面可持续发展的趋势和速度。

③综合衡量各领域整体可持续发展的协调程度。

由于可持续发展关联的范围非常广，涉及社会政治、经济、文化以及资源、环境、人口综合协调发展的价值理念和行动纲领，要建立衡量可持续发展的指标体系，无论是其适宜性还是所需数据的可获得性都是很困难的。但经过世界各国学者近十几年来的积极努力，判定可持续发展的指标体系研究取得了一些成果。下面主要讨论我国可持续发展能力指标体系。

我国科学院可持续发展战略研究组，设计了一套"五级叠加，逐层收敛，规范权重，统一排序"的可持续发展指标体系。该体系分为总体层、系统层、状态层、变量层和要素层，如图 11-1 所示，将可持续发展视为由具有相互内在联系的五大子系统构成的复杂巨系统的正相演化轨迹，在世界上独立地开辟了可持续发展研究的系统学方向。

2. 衡量发展指标的新思路

国内生产总值(GDP)是基于市场交易量的常用经济增长测度，从可持续发展的观点看，它存在着明显的缺陷，如忽视市场活动、忽视收入分配状况以及不能体现环境退化状况等。为了克服其缺陷，使衡量发展的指标更具科学性，不少权威的世界性组织和专家学者提出了一些衡量发展的新思路。下面简略介绍衡量财富新标准、绿色国民账户、人文发展指数和国际竞争力评价体系的基本要点。

11.3.3　可持续发展的衡量要素

1. 基本衡量要素

各个国家、各个地区的资源状况与环境状况不同，科技水平和发展条件也不一样。因此，决定可持续发展的水平，大体可由以下五个基本要素加以衡量。

(1)资源的承载能力

资源的承载能力指的是一个国家或地区的人均资源数量和质量，以及它对于该空间内人口的基本生存和发展的支撑能力。如不能满足，应依靠科技进步挖掘替代资源，使得资源承载

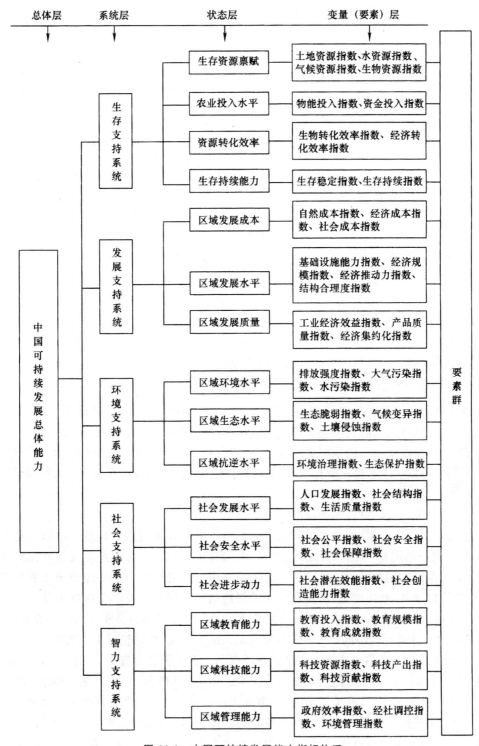

图 11-1 中国可持续发展能力指标体系

(引自 2008 中国可持续发展战略报告)

能力保持在区域人口需求的范围之内;如果可以满足当代及后代的需求,则具备了持续发展条件。

(2)区域的生产能力

区域的生产能力指的是一个国家或地区的资源、人力、技术和资本的总体水平可以转化为产品和服务的能力。可持续发展需求区域的生产能力在不危及其他系统的前提下,应当与人的需求同步增长。

(3)进程的稳定能力

在整个发展的轨迹上,不希望出现由于自然波动和经济社会波动所带来的灾难性后果。这里有两条途径可以选择:一是培植系统的抗干扰能力;二是增加系统的弹性。一旦受到干扰,其恢复能力应当是强的,也就是要有迅速的系统重建能力。

(4)环境的缓冲能力

人们对区域开发,对资源利用,对生产的发展,对废物的处理处置等,均应维持在环境的允许容量之内,保持有利的生态平衡,否则,发展将不可能持续。

(5)管理的调节能力

它要求人的行动能力、人的认识能力、人的决策和调整能力应当适应总体发展水平,即人们的智力开发和对于"自然-社会-经济"复合系统的驾驭能力要适应可持续发展水平的要求。

在上述五个要素全部被满足之后,就可以对一个国家或地区可持续发展能力作出判断,也可以对不同国家或不同地区的可持续发展潜力作出全面的比较和评价。

2. 衡量发展指标的新思路

国内生产总值(GDP)是基于市场交易量的常用经济增长测度,从可持续发展的观点看,它存在着明显的缺陷,如忽视市场活动、忽视收入分配状况以及不能体现环境退化状况等。为了克服其缺陷,使衡量发展的指标更具科学性,不少权威的世界性组织和专家学者提出了一些衡量发展的新思路。下面简略介绍衡量财富新标准、绿色国民账户、人文发展指数和国际竞争力评价体系的基本要点。

(1)衡量国家(地区)财富的新标准

国家财富由自然资本、人造资本和人力资本三个主要资本组成。自然资本指的是大自然为人类提供的自然财富,如土地、森林、空气、水、矿产资源等;可持续发展就是要保护这些财富,至少应从保证它们在安全的或可更新的范围之内。人造资本为通常经济统计和核算中的资本,包括机械设备、基础设施、建筑物等人工创造的固定资产。很多人造资本是以大量消耗自然资本来换取的,所以应该从中扣除自然资本的价值。如果将自然资本消耗计算在内,一些人造资本的生产未必是经济的。人力资本指的是人的生产能力,它包括了人的体力、身体状况、能力水平、受教育程度等各个方面。人力资本不仅与人的先天素质有关,而且与人的健康水平、营养水平、教育水平有直接关系。因此,人力资本是可以通过投入人造资本来获得增长的。

国家生产出来的财富,减去国民消费,再减去产品资产的折旧和消耗掉的自然资源。这就是说,一个国家必须在使其自然生态保持稳定的前提下,使用和消耗本国的自然资源,且高效地转化为人力资本和人造资本,以保证人力资本和人造资本的增长能补偿自然资本的消耗。

按照上述标准排列,中国在世界192个国家和地区中排于161位。人均财富6600美元,其中自然资本占8%,人造资本占15%,人力资本占77%。从人均财富的绝对量来看,中国拥有的各种财富也非常低,特别是高素质人才少,人力资本中只有发达国家或地区的 1/50;从人均财富相对结构来看,中国的自然资源相当贫乏。因此,今后如果仍一味地追求以自然资源高消耗、环境高污染为代价来换取经济高增长的模式,中国的人均财富不仅难以大幅度增长,而且还有可能下降。

(2)人文发展指数

人文发展指数(HDI)由收入、寿命、教育三个衡量指标构成,用以衡量一个国家的进步程度。"收入"是指人均 GDP 的多少,通过估算实际人均国内生产总值的购买力来测算;"寿命"反映了营养和环境质量状况,根据人口的平均预期寿命来测算;"教育"是指公众受教育的程度,也就是可持续发展的潜力,通过成人识字率(2/3 权数)和大、中、小学综合入学率(1/3 的权数)的加权平均数来衡量。

HDI 强调了国家发展应以人为中心,强调了追求合理的生活水平,向传统的消费观念提出了挑战。HDI 将收入与发展指标相结合,人类在健康、教育等方面的社会发展是对以收入衡量发展水平的重要补充,倡导各国更好地投资于民,关注人们生活质量的改善。

在这个报告中,中国的 HDI 在世界 173 个国家中排序为第 94 位,比人均 GDP(第 143 位)名次提高了 49 位。但我们却比朝鲜和蒙古还要低,差距主要在于环境质量和教育水平,特别是学龄儿童入学率。

(3)国际竞争力评价体系

国际竞争力评价体系是由世界经济论坛和瑞士国际管理学院共同制定的。这套评价体系由国内经济实力、国际化程度、企业管理、政府作用、金融环境、基础设施、科技开发和国民素质八大竞争力要素、41 个方面、224 项指标构成。其中国民素质主要有人口、生活质量教育结构和就业等七个要素;生活质量中包含营养状况、医疗卫生状况和生活环境等状况。这套评价体系比较全面地评价和反映一个国家的整体水平,包括现实的竞争能力和潜在的竞争力,揭示未来的发展趋势。

1996 年,在参加国际竞争力评价的 46 个国家和地区中,美国排在榜首,新加坡排名第二,中国香港排名第三,日本排名第四。中国排名第 26 位。在八大要素中,中国国内经济实力一项排名最好,名列世界第二。国民素质一项排名世界第 35 位,其中生活质量排名世界第 42 位,劳动力状况与教育结构排名第 43 位,分别位居世界倒数第 3 和第 4 位。基础设施一项排名最差,名列世界第 40 位。由此表明,我国的教育状况和环境状况是阻碍我国国民素质提高的主要因素。

(4)绿色国民账户

近年来,世界银行与联合国统计局合作,试图将环境问题纳入当前正在修订的国民账户体系框架中,以建立经过环境调整的国内生产净值(EDP)和经过环境调整的净国内收入(EDI)统计体系。目前,已有一个试用性的框架经过环境调整的经济账户体系(SEEA)。简单说来,SEEA 寻求在保护现有国民账户体系完整性的基础上,通过增加附属账户内容,鼓励收集和汇入有关自然资源与环境的信息。其目的在于,在尽可能保持现有国民账户体系的概念和原则的情况下,将环境数据结合到现存的国民账户信息体系中。环境成本、环境收益、自然资产以及环境保护支出均与以国民账户体系相一致的形式,作为附属账内容列出。SEEA 的一个重要特点在于,它能够利用其他测度的信息,如利用区域或部门水平上的实物资源账目。因此,附属账户是实现最终计算 EDP 和 EDI 的一个重大进展。

加以环境因素进行调整后的国内生产净值,即 EDP 为最终消费品加上产品资产的净资本积累加上非产品资产的净资本积累减去环境资产的耗减和退化加上(出口减去进口)。

3.21 世纪议程

《21 世纪议程》是将环境、经济和社会关注事项纳入一个单一政策框架的具有划时代意义的成就;《21 世纪议程》载有包括如何扶贫、保护大气、减少浪费和消费形态、海洋和生活多样化、以及促进可持续农业的 2500 余项各种各样的行动建议,后来联合国关于人口、社会发展、城市和粮食安全、妇女的各次重要会议又予以扩充并加强。《21 世纪议程》是一个前所未有的全球可持续发展计划。

在《21 世纪议程》中,各国政府提出了从而改变世界目前的非持续的经济增长模式,转向从事保护和更新经济增长和发展所依赖的环境资源的活动的详细的行动蓝图。行动领域包括保护大气层,水土流失和沙漠化,防止空气污染和水污染,阻止砍伐森林,预防渔业资源的枯竭,改进有毒废弃物的安全管理。议程还提出了:"发展中国家的贫穷和外债,非持续的生产和消费模式,人口压力和国际经济结构"是引起环境压力的发展模式。行动计划提出了加强妇女、工会、农民、儿童和青年、土著人、科学界、当地政府、商界、工业界和非政府组织等主要人群在实现可持续发展中所应起的作用。各国要求联合国支持它们促使《21 世纪议程》生效的努力,联合国也采取行动将可持续发展的思想运用到所有相关的政策和计划中。增加收入的一些项目越来越多的考虑到环境影响。由于认识到贫穷和环境质量密切关系,人们从道义上更加迫切地认识到减少贫穷的社会责任。由于妇女是物品、服务、食物的生产者和环境的照料者,发展援助计划越来越多的偏向她们。为了全面支持在世界范围内落实《21 世纪议程》,联合国大会在 1992 年成立了可持续发展委员会。通过其可持续发展司,联合国经济和社会事务署为委员会提供了秘书处,并为促进可持续发展的贯彻落实提供政策建议。它还提供分析、技术和信息方面的服务,其中一个重要的因素是在政府、非政府和国际参与者之间打造合作伙伴关系。

在 2000 年联合国千年首脑会议上,大约 150 名世界领导人商定了一系列有时限的指标,包括把全世界收入少于一天一美元的人数减半,以及把无法取得安全饮水的人数比率减半。南非约翰内斯堡首脑会议提供了一个重要的机会,让今天的领导人得以采取具体步骤,并认明更好地执行《21 世纪议程》的量化指标。当各国政府在地球首脑会议上签署《21 世纪议程》的时候,他们为确保地球未来的安全迈出了历史性的一步。

1994 年 3 月 25 日,《中国 21 世纪议程》经国务院第十六次常务会议审议通过,是全球第一部国家级的《21 世纪议程》,它把可持续发展原则贯穿到各个方案领域。《中国 21 世纪议程》共 20 章 78 个方案领域,主要涉及可持续发展总体战略与政策、社会可持续发展、经济可持续发展、资源的合理利用与环境保护四个方面的内容。

11.3.4 可持续发展面临的主要问题

1. 人口规模庞大,资源相对短缺

人口问题已成为当前人类环境的首要问题。中国人口基数大,人口数量增长过快,如图

11-2 所示。我国每年不得不将新增国民收入的 1/4 用来满足新增人口的生活需要,而且人口素质也亟待提高,我国的工业化还尚未完成却即将进入人口老龄化社会,这是需要认真对待的又一新问题。

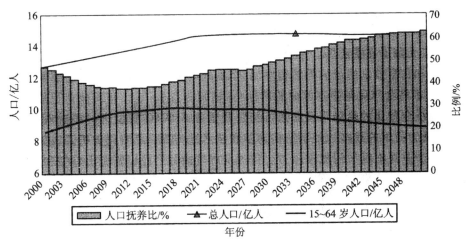

图 11-2　未来我国总人口、劳动年龄人口及人口抚养比预测

(引自 2007 国家人口发展战略报告)

　　人口增大过快,使资源短缺也日益严重。我国人均资源占有量较少的国家,许多重要资源如淡水、耕地、森林、矿产等人均占有量都低于世界平均值,如表 11-1 所示。能源方面也存形势严峻,资源可持续利用和资源安会问题日渐紧迫,对社会经济可持续发展形成严重冲击。人口压力大、人均资源少,二者已经成为制约我国实施可持续发展的最基本和关键性因素。

表 11-1　中国主要资源人均占有量与其他国家的比较

项目	世界平均	中国	加拿大	美国	巴西	澳大利亚	中国占世界比例/%
土地面积/hm²	2.77	0.91	39.31	3.92	6.28	48.99	32.9
耕地和园地面积/hm²	0.31	0.10	1.84	0.8	0.56	3.10	32.3
永久草地面积/hm²	0.66	0.27	1.22	1.01	1.22	27.95	0.9
森林面积/hm²	0.84	0.13	12.85	1.11	4.15	6.76	15.5
森林蓄积量/hm²	69.65	8.51	1061.5	109.1	485.5	79.03	12.2
河川径流量/hm²	0.97	0.25	12.30	1.24	3.83	2.22	25.7
可用水能量/kW	0.47	0.36	3.72	0.78	0.67	—	76.6
矿产储量总值/万美元	1.77	1.04	12.58	5.67	1.90	17.57	58.8

　　2. 环境和生态条件变化态势日趋严峻

　　人口增长,以及人类的不合理行为,对环境造成了严重损害。受全球气候变化的影响,近年来,我国自然灾害发生频繁,如连续不断的地震、干旱、雪灾、沙尘暴、洪涝等。特别是最近几十年,由于对资源开发利用强度加大,引发的次生环境问题(如水土流失、植被破坏、土地荒漠化等)日渐突出。越来越多的证据证明,人类活动产生的温室气体正在促使全球变暖,并将产生一系列重大而深刻的影响,使灾害风险加剧。作为世界温室气体的第二排放大国,我国还将面临加快发展与节能减排的巨大压力。

11.3.5 实现可持续发展对策

1. 美国实现可持续发展对策

在可持续发展战略思想推动下,发达国家正努力建立环境与经济综合决策和鼓励社会自愿行动的政策体系。西方国家或经济合作组织的环境政策发展都经历了 2～3 个阶段,如图11-3 所示。下面以美国为例,加以说明。

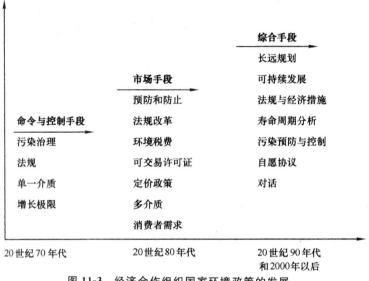

图 11-3　经济合作组织国家环境政策的发展

(曲格平,1998)

1996 年,美国政府出台了《美国国家可持续发展战略——可持续的美国和新的共识》的战略报告,由可持续社区联合中心(JCSC)和总统持续发展理事会(PCSD)共同负责战略实施。PCSD 就美国可持续发展提出了以下几个相互依存的国家目标。

(1)健康与环境

确保每个公民在家中,在工作和娱乐场所享有清洁的空气、清洁的水和健康的环境。

(2)平等

确保所有美国公民得到公平对待,拥有为实现幸福目标奋斗的机会。

(3)自然保护

运用有益于社会、经济、环境长远利益的方法,恢复、保护和利用自然资源。

(4)经济繁荣

保持美国经济健康和充分发展,创造富有意义的就业机会,在日趋激烈的世界竞争氛围中,向所有美国公民提供通向高质量生活的机会。

（5）人口

人口的增长速度合理,促使美国人口趋于稳定。

（6）服务管理

树立道德规范,激励企业、团体、个人对自身行为后果全面负责的服务管理道德。

（7）公众参与

可持续发展和每个人的利益都息息相关,要创造机会,鼓励市民、工商企业和社区参与有关自然资源、环境和经济的决策活动。

（8）可持续发展的社区

鼓励人们携手合作,共同创建健康社区,以及向居民提供改善生活质量的各种机会。

（9）国际责任

美国在制定和执行有关全球可持续发展政策、行为标准,以及贸易和对外政策方面应起表率作用。

2. 中国实现可持续发展的对策

中国要实现可持续发展,就必须从国情出发,在不断实践中探索适合国情的发展模式。

我国在实施可持续发展战略的过程中,建立了推动战略实施的组织保障体系,制定了国家、部门、地方不同层次的可持续发展战略,提高了公众意识,加快了可持续发展的立法进程,加强了执法力度,在人口、资源、环保等方面迈出了坚实的步伐。但从总体上看,尚有诸多不完善之处。我国在经济落后与人口众多等特殊国情下选择可持续发展。因此不应照搬发达国家的做法,而应走一条具有中国特色的可持续发展之路。具体有以下几点对策:

（1）控制人口数量,提高人口素质

人口数量决定资源需求规模。人口失控必将加重资源和环境压力,发展中出现的一切问题无不与人口剧增有关。走可持续发展道路关键在于加强科技进步,提高劳动者素质,实施科教兴国战略,为可持续发展战略的实施提供保证。

（2）加强技术研究,采用清洁生产

科教兴国,技术研究,不仅能解决当前环境危机,还能防治污染。过去的生产技术和方法影响可持续发展。因此我们要合理地利用资源,使工业生产与环境相容,走可持续发展道路。"清洁生产"则是实施可持续发展战略的最好方式。清洁生产是将污染整体预防战略持续地应用于生产全过程,通过不断改善管理和技术进步,提高资源综合利用率,减少污染物排放以降低对环境和人类的危害。

（3）大力加强环境法律建设

首先,要加快环境和资源保护立法的步伐,必要时加强制定具体量化标准。立法时应从全局利益出发,运用多种手段,并借鉴国外的经验教训。其次强化执法力度,建立和完善环保法规,抓好检查工作,坚持中央检查与地方检查、集中检查与经常性检查相结合,建立有效制度,如复查制度、奖惩制度,强化法制管理,做到执法必严、违法必究。

（4）充分调动政府、企业和公众的积极性,参与环境保护

公众作为监督和参与者是实现可持续发展的社会基础;企业是保护环境和防治污染的主要参与主体;政府作为调控者是推动社会发展的主要力量。

(5)强调充分发展,寻求广泛的国际合作

为了加强中国可持续发展能力建设和实施示范工程,中央政府从各地各部门实施可持续发展战略的优先项目计划中,选择有代表性的适合于国际合作的项目,列入中国 21 世纪议程优先项目计划,以争取国际社会的支持与合作。其中,许多项目已经与国际组织、外国政府和企业,或非政府组织进行了实质性合作。此外,充分利用可持续发展是当今国际合作热点的有利时机,通过多种途径引进国外资金、技术和管理经验,拓宽国际合作渠道。

总之,实施可持续发展战略,处理好经济建设与人口、资源、环境的关系是一项极其复杂的系统工程,我们一定要结合实际、全面规划、整体推进、突出重点、狠抓落实。在我们国家走可持续发展道路时如能够考虑到这几点,相信我们一定会在保护环境的前提下,使经济可持续发展取得更辉煌的成就,促使全面建设小康社会的伟大目标早日实现。

11.4　实践中的可持续发展

11.4.1　循环经济

1. 循环经济的概念

循环经济以低消耗、低排放、高效率为基本特征的社会生产和再生产模式,以"减量化、再利用、再循环"为原则,是以资源的高效利用和循环利用为核心,以尽可能少的资源消耗和尽可能小的环境代价实现最大的发展效益,运用生态学规律来指导人类社会的经济活动。传统工业社会的经济是一种按"资源-产品-污染"物排放简单流动的线性经济。在传统经济中,人们最大限度地把地球上的物质和能量提取出来,将无用的废物作为污染物毫无节制的排放到环境中,这种线性经济将资源持续不断的转化成垃圾,以牺牲环境来换取经济的数量型增长的。而循环经济倡导一种与环境和谐发展的经济方式。循环经济是按照生态规律利用自然资源和环境容量,实现经济活动的生态化转向。它要求把经济活动组织成一个"资源-产品-再生资源"的反馈式流程,其特征是低开采、高利用、低排放。把经济活动对自然环境的影响降低到尽可能小的程度,所有的物质和能量要能在这个不断进行的经济循环中得到合理和持久的利用。循环经济的特征可以概括为以下几点。

1)对生产和生活用过的废旧产品进行全面回收,最大限度地利用不可再生资源,最大限度地减少造成污染的废弃物的排放。

2)延长和拓宽生产技术链,将污染尽可能地在生产企业内进行处理,减少生产过程中的污染排放。

3)提高资源利用效率是提高经济效益的重要基础,也是污染排放减量化的前提。这样可以减少生产过程的资源和能源消耗。

4)扩大环保产业和资源再生产业的规模,对生产企业无法处理的废弃物进行集中回收、处理。

2. 循环经济的原则

循环经济的实现依赖于以"减量化(Reduce)、再利用(Reuse)、再循环(Recycle)"为内容的行为原则。每一个原则对循环经济的成功实施都是必不可少的。其中减量化原则属于输入端方法,目的是减少进入生产和消费流程的物质量;再循环原则是输出端方法,目的是通过废弃物的资源化来减少终端处理量;再利用原则属于过程性方法,目的是延长产品和服务的时间。

（1）减量化原则

循环经济的第一原则是要减少进入生产和消费流程的物质量。换言之,人们必须学会预防废物产生而不是产生后治理。在生产中,厂商可以通过减少每个产品的物质使用量、通过重新设计制造工艺来节约资源和减少排放。例如,用光缆代替传统电缆,可以大幅度减少电话传输线对铜的使用。在消费中,人们可以减少对物品的过度需求。

（2）再利用原则

循环经济的第二个有效方法是尽可能多次和尽可能以多种方式使用人们所买的东西。通过再利用,人们可以防止物品过早成为垃圾。在生产中,制造商可以使用标准尺寸进行设计。在生活中,人们把一样物品扔掉之前,可以想一想家中和单位里再利用它的可能性。

（3）再循环原则

循环经济的第三个原则是废弃物尽可能多地再生利用或资源化。资源化是把物质返回到工厂,经过适当处理后进行重新利用。资源化能够减轻垃圾填埋场和焚烧场的处理压力,减少处理费用。

3. 国内外实现循环经济的实例

在发达国家,循环经济正在成为一股潮流和趋势,一些发达国家开始了积极的尝试。目前从企业层次污染物排放最小化实践,到区域工业生态系统内企业间废物的相互交换,都有许多很好的成功实例。

（1）企业内部循环

循环经济的最微观层次是厂内物质的循环,一般来说,厂内废物再生循环包括下列几种情况。

将生产过程中生成的废料经过适当处理后作为原料或原料替代物返回生产流程中,如铜电解精炼的废电解液,经处理后回收其中的铜,再返回到电解精炼流程中;将流失的物料回收后作为原料返回原来的工序之中,如从人造纸废水中回收纸浆、从转炉污泥中回收有用金属成分等;将生产过程中生成的废料经过适当处理后作为原料用于厂内其他生产过程。

（2）企业之间循环

生态工业园区是依据循环经济理念和工业生态学原理,在工业集中区建立共生企业组织生产群落,是一种完整的闭合工业生态系统。园区内的企业或公司之间形成一种相互依存、类似于自然生态系统食物链的工业生态系统产业链。在这一生态系统中,可能减少污染排放,提高区域经济运行质量,达到园区资源的最佳配置和利用。要求物流的闭路循环、能量的多级利用和废物产生量的最小化,废物交换、循环利用、清洁生产,实现污染物的"零排放",达到区域社会、经济和环境的可持续发展。

生态工业园区的主要特征是通过园区内各单元间的副产物和废物交换、能量和废水的梯级利用以及基础设施的共享,实现资源利用的最大化和废物排放的最小化;生态工业园区是一个包括工业、自然和社会的复合体通过现代化管理手段、政策手段以及新技术的采用保证园区的稳定和持续发展。

1)丹麦卡伦堡工业区模式。该园区以炼油厂、制药厂、发电厂和石膏制板厂4个厂为核心企业,把一家企业的废弃物或副产品作为另一家企业的投入或原料,通过企业间的工业共生和代谢生态群落关系,建立"废气-燃料"、"灰渣-水泥"和"冷却水-厂外循环"等工业联合体。发电厂以炼油厂的废气为燃料,其他公司与炼油厂共享发电厂的冷却水,使水消耗量降低25%;发电厂的灰渣可用于生产水泥和铺路材料,余热可为养鱼场和城市居民住宅提供热能。该园区闭环方式的生产构想,要求各厂家的输入和产品相匹配,形成一个连续的生产流,每个厂家的废物至少是另一个合作伙伴的有效燃料或原料。同时对各参与方来讲,必须具备经济效益,如节省成本等。卡伦堡的工业共生仍在不断进化,它的成功提示人们人为创造这种副产品交换网络的可能性,如图 11-4 所示。

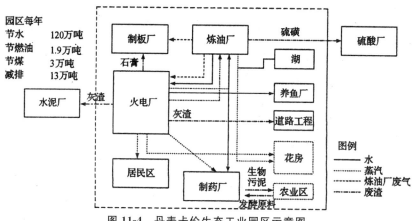

图 11-4　丹麦卡伦生态工业园区示意图

2)中国贵港生态工业示范园区。中国的贵港生态工业(制糖)示范园区是以上市公司股份有限公司为核心,以蔗田、制糖、热电联产、酒精、造纸、环境综合处理等系统为框架建设起来的生态工业示范园区。该示范园区的 6 个系统,各系统之间通过中间产品和废物的相互交换而互相衔接,各系统内分别有产品产出,从而形成一个比较完整的闭合的生态工业网络,园区内资源得到最佳配置、环境污染减少、废物得到有效利用到最低水平。目前,公司已形成以甘蔗蔗渣造纸-制浆黑液碱回收,以及甘蔗制糖为核心的甘蔗制糖-废糖蜜制酒精-酒精废液制复合肥两条主线工业生态链。此外,还形成制糖滤泥、制水泥、造纸中段废水用于锅炉除尘、脱硫、冲灰等多条副线生态工业链。物流中没有废物概念,只有资源概念,各环节实现了充分的资源共享,变污染负效益为资源正效益。而且,这一生态园区是纵向闭合的,将甘蔗用于糖、纸、酒精等主要产品的生产,最后,酒精厂复合肥车间产出的甘蔗专用复合肥和热电厂生产出的部分煤灰又作为肥料回到了蔗田,供蔗田生产甘蔗,实现了物质的闭路循环。

11.4.2　社会-经济-自然复合生态系统原理

1. 复合生态系统的组成与结构

20 世纪 80 年代初,我国著名生态学家马世骏等在总结以整体、协调、循环、自生为核心的生态控制论原理基础上,指出人类社会是一类以人的行为为主导、自然环境为依托、资源流动为命脉,社会体制为经络的人工生态系统,提出了社会-经济-自然复合生态系统理论。其组成可用图 11-5 表示。

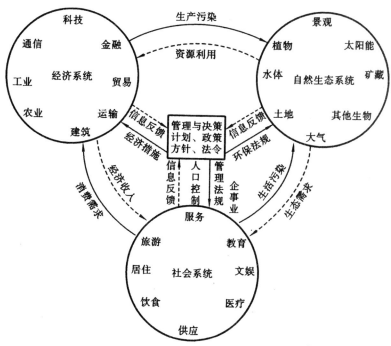

图 11-5　社会-经济-自然复合生态系统组成示意图

社会亚系统以人为中心，以满足人的生活需求为目标，并为经济亚系统提供劳力和智力。

经济亚系统以资源为核心，由金融、信息、工业、交通等子系统组成。以物质从分散向集中运转，能量从低质向高质集聚，信息从低序向高序的积累为特征。

自然生态亚系统以物理结构和生物结构为主，包括动人工设施、植物、自然要素以及人文景观等，以环境和生物的协同共生及环境对社会经济活动的缓冲、容纳、净化、支持为特征。

复合生态系统的结构如图 11-6 所示，它由区域生态环境（调节缓冲库、产品废弃物的汇和物质供给的源）、人的栖息劳作环境（人工智能环境、生物环境、地理环境）、文化社会环境（宗教、政治、文化、组织、技术等）相互耦合而成。

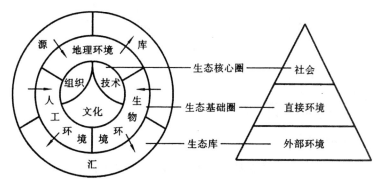

图 11-6　社会-经济-自然复合生态系统结构示意图

2. 复合生态系统的演化及动力学机制

社会-经济-自然复合生态系统的演化受以下两种过程的支配。

（1）系统内禀增长率

当环境容量很大时，系统呈指数增长。内禀增长是系统发展的内在强机制，导致系统不断演化和发展。系统发展规模指标（P）为

$$P = P_0 \cdot e^{r(t-t_0)} \tag{11-1}$$

式中，r 为系统的内禀增长率。

（2）外部资源，环境承载力

外部资源是系统维持生态平衡的内在弱机制，在一定范围内维持系统的平衡和协调。当人类活动影响很小时，系统的发展取决于资源的可获取程度，它呈双曲线模式，即

$$R = \frac{1}{J \cdot t} \tag{11-2}$$

式中，R 为 K 中可利用的部分；$J = r/K$，为生态参数，与系统内禀增长率 r 成正比，与资源环境承载力 K 成反比。

上述两过程的增长率为

$$\frac{dP}{dt} = r \cdot P \tag{11-3}$$

$$\frac{dR}{dt} = -J \cdot R^2 \tag{11-4}$$

设复合系统的发展程度 C 与 P、R 成比例，则

$$\frac{dC}{dt} = \frac{dP}{dt} + \frac{dR}{dt} = r \cdot P - J \cdot R^2 = r \cdot C\left(1 - \frac{C}{K}\right) \tag{11-5}$$

其发展具有图 11-7 所示的 3 种情况：模式 Ⅰ 增长率高，发展迅速，但可持续能力低；模式 Ⅱ 稳定性好，但系统发展缓慢；模式 Ⅲ 则符合可持续发展的要求。

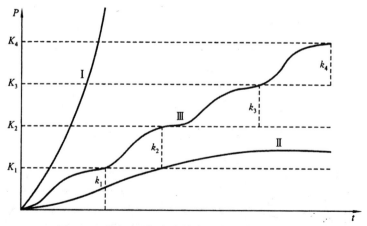

图 11-7　社会-经济-自然符合生态系统的烟花模式

复合生态系统的动力学机制来源于自然和社会两种作用力。自然作用力和社会作用力的耦合，导致不同层次的复合生态系统的发展。两种作用力的合理耦合和系统搭配是复合生态系统持续演替的关键，偏废其中任何一方面都可能导致灾难性的后果。当然，这种灾难性的突

变也是复合生态系统的一种反馈调节机制,能进一步促进人们对复合生态系统的理解,调整管理策略,但付出的代价是巨大的。

11.4.3　生态农业

随着全球工业化的发展,在遇到来自"石油农业"的各种困扰后,发达国家纷纷在寻求新的替代农业模式,包括有机农业、生物动力农业、自然农业、生物农业、持续农业以及狭义的生态农业等。由于这些所有的替代农业模式都以生态学为其最优化的指导思想,因此有人也统称为生态农业。生态农业是世界农业发展的趋势,也是我国农业可持续发展的根本途径。

1. 生态农业的内涵

生态农业是一个农业生态经济复合系统,将农业生态系统同农业经济系统综合统一起来,以取得最大的生态经济整体效益。它也是农、林、牧、副、渔各业综合起来的大农业,又是将农业生产、加工、销售综合起来,适应市场经济发展的现代农业。

生态农业是指在保护、改善农业生态环境的前提下,遵循生态学、生态经济学规律,运用系统工程方法和现代科学技术,集约化经营的农业发展模式,是按照生态学原理和经济学原理,运用现代科学技术成果和现代管理手段,以及传统农业的有效经验建立起来的,能获得较高的经济效益、生态效益和社会效益的现代化农业。

中国生态农业的基本内涵是按照生态学原理和生态经济规律,因地制宜地设计、组装、调整与管理农业生产和农村经济的系统工程体系。它要求把发展粮食与多种经济作物生产,发展大田种植与林、牧、副、渔业,发展大农业与第二、第三产业结合起来,利用传统农业精华和现代科技成果,通过人工设计生态工程、协调发展与环境之间、资源利用与保护之间的矛盾,形成生态上与经济上两个良性循环,经济、生态、社会三大效益的统一。

2. 生态农业的特点

（1）综合性

生态农业强调发挥农业生态系统的整体功能,以大农业为出发点,按"整体、协调、循环、再生"的原则,全面规划,调整和优化农业结构,使农、林、牧、副、渔各业和农村第一、第二、第三产业综合发展,并使各业之间互相支持,相得益彰,提高综合生产能力。

（2）高效性

生态农业通过物质循环和能量多层次综合利用和系列化深加工,实现经济增值,实行废弃物资源化利用,降低农业成本,提高效益,为农村大量剩余劳动力创造农业内部就业机会,保护农民从事农业的积极性。

（3）多样性

生态农业针对我国地域辽阔,各地自然条件、资源基础、经济与社会发展水平差异较大的情况,充分吸收我国传统农业精华,结合现代科学技术,以多种生态模式、生态工程和丰富多彩的技术类型装备农业生产,使各区域都能扬长避短,充分发挥地区优势,各产业都根据社会需要与当地实际协调发展。

（4）持续性

发展生态农业能够保护和改善生态环境,防治污染,维护生态平衡,提高农产品的安全性,改变农业和农村经济的常规发展为持续发展,把环境建设同经济发展紧密结合起来,在最大限度地满足人们对农产品日益增长的需求的同时,提高生态系统的稳定性和持续性,增强农业发展后劲。

3. 典型生态农业模式

农业主产区主要具有以下几种典型生态农业模式:

1)轮作套种立体复合生态工程模式。以粮食作物为主,把粮、菜、棉、油不同作物进行不同时空组合、相互支持、相互利用、形成多种多收的复合群体模式。

2)"农-牧-渔"复合生态工程模式。主要利用种植业生产粮食和秸秆发展养殖业,利用处理过的鸡粪喂鱼,鱼塘进行立体养殖。

3)"四位一体"复合生态工程模式。把猪圈和沼气池建在生产蔬菜的日光温室中,既解决了沼气池越冬问题,又可为生猪补充热量,为温室增温,为蔬菜提供优有机肥,充分体现了生态工程综合性创新的特点。

4)"种-养-沼-加"复合生态工程模式。一般以生态村的发展模式最为典型。

5)"生态猪场"模式。猪粪经沼气发酵,沼渣作为有机肥,沼液经水葫芦养殖利用,再用来养鱼,最后灌溉,达到资源充分利用、环境污染防治和经济收益增加的目的。

6)果粮间作复合生态工程模式。

7)"林-鱼-鸭"复合生态工程模式。池杉林中蓄水养鱼放鸭,形成空中林、水蓄鱼、水面鸭的立体种养优化结构的共生互利模式。

8)种养加一体化绿色食品规模化开发模式。

11.4.4 生态城市建设

1. 生态城市的概念和内涵

生态城市是一种不耗竭人类所依赖的生态系统和不破坏生物地球化学循环,为人类居住者提供可接受的生活标准的城市。

1971年,"生态城市"的概念被提出。其已经超越了传统意义上的"城市"的概念,不是单纯的环境保护与建设的范畴,而是融合了文化、经济、社会以及技术生态等方面的内容,强调实现社会-经济-自然复合共生系统的全面持续发展,其真正目标是创造人-自然系统的整体和谐。

自1990年,在美国的伯克利(Berkeley)召开的第一届国际生态城市大会以来,国际组织及相关专家,从各种不同角度对生态城市进行了深入研究和探讨,认为生态城市是一个经济发达、社会繁荣、生态保护三者保持高度和谐,技术与自然达到充分融合,城市、乡村环境整洁优美,从而能最大限度地发挥人的创造力与生产力,并有利于提高城市文明程度的稳定、协调、持续发展的人工复合生态系统。

生态城市的内涵随着社会的发展得到补充与完善。现阶段国内相对权威的定义是生态城市是按生态学原理建立起来的一类社会、经济、自然协调发展,物质、能量、信息高效利用,生态良性循环的人类聚居地。而实际上,生态城市的定义并不是孤立的、一成不变的,它是随着社会和科技的发展而不断完善更新的。就目前来说,可以大致地认为"生态城市"是城市空间范围内的居民与自然环境系统、人工建造的社会环境系统相互作用而形成的统一体。

生态城市建设的目的如下：

1）为城市人类提供一个良好的生活工作环境。

2）通过这一过程使城市的社会系统和经济在环境承载力允许的范围之内，在一定的可接受的市民生活质量前提下得到持久的发展，最终促进城市整体的持续发展。

2. 生态城市的特征

生态城市是城市生态化发展的结果，城市生态系统是在自然生态系统的基础上，由人类创造而形成的社会-经济-自然复合生态的整体和谐，以及社会、生态、经济的可持续发展。与传统城市相比，生态城市主要有如下特征。

（1）全球性

生态城市以人与人、人与自然的和谐为价值取向，就广义而言，要实现这一目标，就需要全球的共同合作，因为我们只有一个地球，是"地球村"的主人，为保护人类生活的环境及其自身的生存发展，全球人必须加强合作，共享技术与资源，全球性映射出生态城市是具有全人类意义的共同财富。

（2）高效性

生态城市一改现代城市的"高能耗"、"非循环"的运行机制，采用可持续、可循环的生产、消费模式，经济发展强调质量与效益的同步提高，努力提高资源的再生和综合利用水平。

（3）和谐性

生态城市要实现的是人与自然、人与人之间的和谐共处。人类自觉的环境意识增强，更加尊重环境，人的价值观、素质、健康水平较高，人与人之间互相关怀帮助，相互尊重，人人平等。这种和谐性是生态城市的核心内容。

（4）整体性

生态城市强调的是人类与自然系统在一定时空整体协调的新秩序下共同发展。

（5）可持续性

在可持续发展思想的指导下，生态城市以保护自然环境为基础，最大程度的维持生态系统的稳定，保护生命支持系统及其演化过程，保证人类的开发活动都限制在环境承载能力之内，合理地分配资源，平等地对待后代和其他物种的利益。

根据以上生态城市的主要特征，可以构建出其系统特征的概念模型，如图 11-8 所示。在该模型中，自然是基础，经济是支柱，社会是支持也是压力，最终要实现三者的和谐。

3. 生态城市建设的内容

2002 年，在深圳召开了第五届生态国际会议通过了《生态城市建设的深圳宣言》，呼吁实现人与自然的和谐相处，把生态整合办法和原则应用于城市规划和管理。宣言阐述了建设生态城市所包含的 5 个层面的内容。

（1）生态安全

生态安全是指向所有居民提供安全可靠的水、食物、洁净的空气、住房和就业机会，以及市政服务设施和减灾防灾措施的保障。

（2）生态卫生

通过高效率低成本的生态工程手段，对粪便等处理以及再生利用。

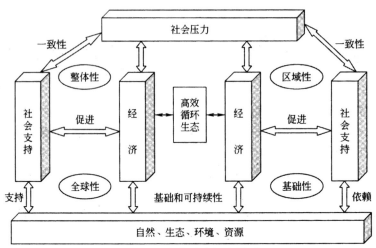

图 11-8 生态城市概念模型

（3）生态产业代谢

促进产业的生态转型，强化资源的再利用、产品的生命周期设计、可更新能源的开发、生态高效的运输，在保护资源和环境的同时，满足居民的生活需求。

（4）生态景观整合

通过公共环境的整合，在节约能源、便利、有利的前提下，为所有居民提供便利的城市交通。同时，防止水环境恶化，减少热岛效应和对全球环境恶化的影响。

（5）生态意识培养

使人们认识其在与自然关系中所处的位置和应负的环境责任，引导人们的消费行为，改变传统的消费方式，增强自我调节的能力，以维持城市生态系统的高质量运行。

4. 生态城市建设的原则

1984 年，雷吉斯特提出了建立生态城市的原则如下：

1）以相对较小的城市规模建立高质量的城市。

2）就近出行。使基本生活出行实现就近出行。就近出行还包括许多政策性措施。

3）小规模的集中化。从生态城市的角度看，小城镇、城市甚至村庄在物质环境上应该更加集中，根据参与社区生活和政治的需要适当分散。

4）保持物种的多样性有利于健康。

1996 年，雷吉斯特领导的"城市生态组织"又提出了建立生态城市的 10 项原则。

1994 年，国内学者王如松提出建立"天城合一"的中国生态城市思想，认为生态城市的建设要满足人类生态学的满意原则、经济生态学的高效原则和自然生态学的和谐原则等标准。

5. 生态城市建设的指标体系

生态城市建设的内容需要用指标体系来加以体现，生态城市建设指标体系不仅是生态城市内涵的具体化，而且是生态城市规划和建设成效的度量。

2003 年，国家环境保护部通过 3 年推行生态城市建设的经验于公布了《生态县、生态市、生态省建设指标体系（试行）》。该指标体系分成 3 大块，即经济发展、环境保护和社会进步，如表 11-2 所示，这是由城市生态系统是一个经济-社会-环境复合系统的特性所决定的。

表 11-2　生态城市建设指标体系

项目	序号	指标名称		单位	指标
经济发展	1	人均国内生产总值	经济发达地区	元/人	≥30000
			经济欠发达地区		≥20000
	2	年人均财政收入	经济发达地区	元/人	≥3600
			经济欠发达地区		≥2400
	3	农民人均收入	经济发达地区	元/人	≥7500
			经济欠发达地区		≥5500
	4	城镇居民年人均可支配收入	经济发达地区	元/人	≥16000
			经济欠发达地区		≥13000
	5	第三产业占 GDP 比例		%	≥50
	6	单位 GDP 能耗		吨标煤/万元	≤1.4
	7	单位 GDP 水耗		m²/万元	≤150
	8	规模化企业通过 ISO14000 认证比例		%	≥20
环境保护	9	森林覆盖率	山区	%	≥70
			丘陵区		≥40
			平原地区		≥15
	10	受保护地区占国土面积比例		%	≥17
	11	退化土地恢复治理率		%	≥90
	12	城市空气质量	南方地区	每年好于或等于 II 级标准的天数	≥330
			北方地区		≥280
	13	城市水功能区水质达标率近岸海域水环境质量达标率		%	100,城市无超IV类水体
	14	主要污染物排放强度		kg/万元 (GDP)	<5.0
		SO₂			<5.0
		COD			不超过国家主要污染物排放总量控制
	15	集中式饮用水源水质达标率		%	100
		城镇生活污水集中处理率			≥70
		工业用水重复率			≥50
	16	噪声达标区覆盖率		%	≥95
	17	城镇生活垃圾无害化处理率		%	100
		工业固体废物处置利用率			≥80,无危害废物排放

项目	序号	指标名称	单位	指标
环境保护	18	城镇人均公共绿地面积	m²/人	≥11
	19	旅游区环境达标率	%	100
	20	环境保护投资占GDP比例	%	≥3.5
社会进步	21	城市生命线系统完好率	%	≥80
	22	城市人均铺装道路面积	m²/人	≥8
	23	城市化水平	%	≥50
	24	城市气化率	%	≥90
	25	城市集中供热率	%	≥40
	26	恩格尔系数	%	<40
	27	基尼系数		0.3~0.4
	28	高等教育入学率	%	≥60
	29	科技、教育经费占GDP比例	%	≥7
	30	环境保护宣传教育普及率	%	>85
		公众对环境的满意率		>90

参考文献

[1]杨永杰.环境学基础[M].北京:化学工业出版社,2002.

[2]陈英旭.环境学[M].北京:中国环境科学出版社,2001.

[3]吴彩斌,雷恒毅,宁平.环境学概论[M].北京:中国环境科学出版社,2005.

[4]王玉梅.环境学基础[M].北京:科学出版社,2010.

[5]李红枚.环境学[M].北京:知识产权出版社,2011.

[6]李洪远.生态学基础[M].北京:化学工业出版社,2006.

[7]鞠美庭,邵超峰,李智.环境学基础[M].第2版.北京:化学工业出版社,2010.

[8]樊芷芸,黎松强.环境学概述[M].第2版.北京:中国纺织出版社,2004.

[9]何强,井文涌.环境学导论[M].第3版.北京:清华大学出版社,2004.

[10]胡筱梅.环境学概论[M].武汉:华中科技大学出版社,2010.

[11]陈立民,吴人坚,戴星翼.环境学原理[M].北京.科学出版社,2003.

[12]曲向荣.环境学概论[M].北京:北京大学出版社,2009.

[13]刘克峰,张颖.环境学导论[M].北京:中国林业出版社,2012.

[14]汪劲.环境法学[M].北京:中国环境科学出版社,2004.

[15]夏立江,王宏康.土壤污染及防治[M].上海:华东理工大学出版社,1994.

[16]刘成武.自然资源概论[M].北京:科学出版社,2000.

[17]李博.生态学[M].北京:高等教育出版社,2001.

[18]孔繁德.生态保护概论[M].北京:中国科学出版社,2001.

[19]郭怀成.环境规划方法与应用[M].北京:化学工业出版社,2006.

[20]吴彩斌.环境学概论[M].第2版.北京:中国环境科学出版社,2014.